嵌入式系统与智能硬件

主　编　陈君华
副主编　陈康悦

北京理工大学出版社
BEIJING INSTITUTE OF TECHNOLOGY PRESS

内 容 简 介

本书根据物联网工程专业工程认证的发展方向和教学需要，结合嵌入式和人工智能的最新发展及其应用现状编写而成。本书主要内容包括：嵌入式系统开发基础(第1~2章)；基于STM32库模板的嵌入式外设接口，传感器测控，存储器通信等软、硬件开发技术(第3~9章)；智能硬件的应用场景和设计的关键技术(第10~12章)。本书强调实践，引领读者顺利进入嵌入式人工智能世界。

本书可作为普通本科院校物联网工程、计算机科学、自动化、智能科学与技术等工科专业本科或研究生教材，也可供广大从事单片机应用系统开发的工程技术人员参考。

图书在版编目（CIP）数据

嵌入式系统与智能硬件 / 陈君华主编. --北京：
北京理工大学出版社，2024. 6.
ISBN 978-7-5763-4304-5

Ⅰ. TP360. 21

中国国家版本馆 CIP 数据核字第 20247SK930 号

责任编辑：江　立　　　文案编辑：李　硕
责任校对：刘亚男　　　责任印制：李志强

出版发行 / 北京理工大学出版社有限责任公司
社　　址 / 北京市丰台区四合庄路 6 号
邮　　编 / 100070
电　　话 / (010) 68914026（教材售后服务热线）
　　　　　　(010) 68944437（课件资源服务热线）
网　　址 / http://www.bitpress.com.cn

版 印 次 / 2024 年 6 月第 1 版第 1 次印刷
印　　刷 / 河北盛世彩捷印刷有限公司
开　　本 / 787 mm×1092 mm　1/16
印　　张 / 15
字　　数 / 352 千字
定　　价 / 88. 00 元

前　言

随着物联网、大数据、云技术等技术的发展，嵌入式技术已无处不在。从人们随身携带的可穿戴智能设备，到智慧家庭中的远程抄表系统、智能洗衣机和智能音箱，再到智慧交通中的车辆导航、流量控制和信息监测等，各种创新应用及需求不断涌现。行业的发展促进了嵌入式技术的进步，催生了对嵌入式人才的需求，很多高校的计算机类、电子信息类专业都针对嵌入式技术开设了一系列课程。

本书是按照《高等学校物联网工程专业规范(2020版)》教学要求，基于深圳市普中科技有限公司(以下简称普中科技)的玄武F103开发板、苏州大学嵌入式学习社区的AHL-EORS平台和对应的开发手册，对计算机类专业课"嵌入式系统与智能硬件"进行编写，从基础理论到相关硬件设计和软件实现等多个方面、多个维度介绍嵌入式智能硬件的开发技术。

本书共12章。第1~2章主要介绍嵌入式系统开发基础；第3~9章基于STM32库模板介绍嵌入式外设接口，传感器测控，存储器通信等软、硬件开发技术；第10~12章详细讨论智能硬件的应用场景和设计的关键技术。本书强调实践，为了便于读者理解，书中列举了大量应用实例。本书所有的应用实例均在开发板上调试通过，可以直接运行，且每个应用实例均给出参考程序，适合读者阅读。

本书由陈君华撰写并审稿，陈康悦、张亚、刘建贵等参与了部分代码仿真与实验内容的整理。本书的出版得到了全国高等学校计算机教育研究项目(CERACU2024R07)、计算机科学与技术一级学科硕士点建设项目和物联网"四新"专业、一流课程等项目的资助。同时，北京理工大学出版社有限责任公司为本书的出版和编辑做了大量的工作，在此深表感谢。本书在编写过程中也参考了大量书刊和网上资料，在此对相关作者表示感谢。

限于编者的水平，书中难免有疏漏和欠妥之处，希望专家和读者提出宝贵意见，以便我们进一步修改完善。

编　者
2024年4月

目　录

第1章　嵌入式系统概述 ·· （1）

1.1　嵌入式系统的定义 ·· （1）

1.1.1　主要特征 ·· （2）

1.1.2　系统种类 ·· （3）

1.1.3　系统组成 ·· （3）

1.2　嵌入式系统开发板 ·· （4）

1.2.1　开发板功能介绍 ·· （4）

1.2.2　开发板使用方法 ·· （6）

1.2.3　STM32 介绍 ·· （7）

1.3　STM32 最小系统 ·· （8）

1.3.1　STM32 最小系统的构成 ·· （8）

1.3.2　STM32 的启动模式 ·· （9）

1.4　智能硬件介绍 ·· （9）

第2章　嵌入式开发基础 ·· （10）

2.1　Keil5 软件安装 ·· （10）

2.1.1　Keil5 软件的获取 ·· （10）

2.1.2　Keil5 软件的安装 ·· （10）

2.2　STM32 固件库介绍 ·· （11）

2.2.1　CMSIS 标准 ·· （12）

2.2.2　库目录及文件介绍 ·· （12）

2.3　库函数工程模板的创建 ·· （13）

2.3.1　固件库的获取 ·· （13）

2.3.2　创建库函数工程 ·· （14）

2.3.3　启动文件介绍 ·· （17）

2.4　使用库函数控制 LED 和板载有源蜂鸣器 ·· （17）

2.4.1　GPIO 介绍 ··· （17）

2.4.2　蜂鸣器 ……………………………………………… (18)

2.4.3　硬件设计 …………………………………………… (19)

2.4.4　软件设计 …………………………………………… (20)

2.4.5　实验现象 …………………………………………… (24)

第3章　按键控制 ………………………………………………… (26)

3.1　按键控制蜂鸣器 …………………………………………… (26)

3.1.1　按键介绍 …………………………………………… (26)

3.1.2　硬件设计 …………………………………………… (26)

3.1.3　软件设计 …………………………………………… (27)

3.1.4　实验现象 …………………………………………… (30)

3.2　基于外部中断的红外遥控 ………………………………… (30)

3.2.1　外部中断与红外遥控 ………………………………… (30)

3.2.2　硬件设计 …………………………………………… (31)

3.2.3　软件设计 …………………………………………… (31)

3.2.4　实验现象 …………………………………………… (34)

第4章　PWM 呼吸灯 …………………………………………… (35)

4.1　STM32 PWM 简介 ………………………………………… (35)

4.2　通用定时器的 PWM 输出配置步骤 ……………………… (35)

4.3　硬件设计 …………………………………………………… (38)

4.4　软件设计 …………………………………………………… (38)

4.4.1　TIM3 通道 2 的 PWM 初始化函数 ……………… (38)

4.4.2　主函数 ……………………………………………… (39)

4.5　实验现象 …………………………………………………… (40)

第5章　串口输出重定向 ………………………………………… (41)

5.1　STM32 的 USART 介绍 …………………………………… (41)

5.1.1　USART 简介 ………………………………………… (41)

5.1.2　USART 串口通信配置步骤 ………………………… (41)

5.1.3　硬件设计 …………………………………………… (45)

5.1.4　软件设计 …………………………………………… (46)

5.1.5　实验现象 …………………………………………… (49)

5.2　printf( ) 函数重定向 ……………………………………… (50)

5.2.1　printf( ) 函数重定向介绍 …………………………… (50)

5.2.2　硬件设计 …………………………………………… (51)

5.2.3　软件设计 …………………………………………… (51)

5.2.4　实验现象 …………………………………………… (52)

第6章　看门狗 …………………………………………………… (54)

6.1　IWDG 简介 ………………………………………………… (54)

6.1.1　IWDG 结构框图 ·· (54)

6.1.2　IWDG 配置步骤 ·· (55)

6.1.3　硬件设计 ·· (56)

6.1.4　软件设计 ·· (56)

6.1.5　实验现象 ·· (58)

6.2　WWDG 简介 ··· (59)

6.2.1　WWDG 结构框图 ·· (59)

6.2.2　WWDG 配置步骤 ·· (60)

6.2.3　硬件设计 ·· (61)

6.2.4　软件设计 ·· (61)

6.2.5　实验现象 ·· (63)

第 7 章　触摸按键 ·· (64)

7.1　电容式触摸按键 ··· (64)

7.1.1　电容式触摸按键介绍 ··· (64)

7.1.2　硬件设计 ·· (64)

7.1.3　软件设计 ·· (65)

7.1.4　实验现象 ·· (69)

7.2　FSMC-TFTLCD 显示 ··· (69)

7.2.1　TFTLCD 简介 ·· (69)

7.2.2　FSMC 简介 ··· (70)

7.2.3　FSMC 配置步骤 ··· (70)

7.2.4　硬件设计 ·· (74)

7.2.5　软件设计 ·· (75)

7.2.6　实验现象 ·· (83)

7.3　触摸屏 ··· (84)

7.3.1　触摸屏介绍 ··· (84)

7.3.2　硬件设计 ·· (86)

7.3.3　软件设计 ·· (87)

7.3.4　实验现象 ·· (99)

第 8 章　ADC 与 DAC ··· (101)

8.1　ADC ·· (102)

8.1.1　STM32F10x ADC 简介 ·· (102)

8.1.2　STM32F10x ADC 配置步骤 ······································ (106)

8.1.3　硬件设计 ·· (109)

8.1.4　软件设计 ·· (109)

8.1.5　实验现象 ·· (112)

8.2　内部温度采集 ··· (112)

8.2.1　STM32F10x 内部温度传感器简介 ······························· (112)

8.2.2　内部温度传感器配置步骤 ……………………………（113）

8.2.3　硬件设计 ……………………………………………（113）

8.2.4　软件设计 ……………………………………………（113）

8.2.5　实验现象 ……………………………………………（116）

8.3　光敏传感器检测 ……………………………………………（116）

8.3.1　光敏传感器简介 ……………………………………（116）

8.3.2　硬件设计 ……………………………………………（117）

8.3.3　软件设计 ……………………………………………（117）

8.3.4　实验现象 ……………………………………………（120）

8.4　DAC ……………………………………………………………（120）

8.4.1　STM32F10x DAC 简介 ………………………………（120）

8.4.2　STM32F10x DAC 配置步骤 …………………………（123）

8.4.3　硬件设计 ……………………………………………（125）

8.4.4　软件设计 ……………………………………………（125）

8.4.5　实验现象 ……………………………………………（127）

第9章　嵌入式存储器通信 …………………………………………（129）

9.1　内部 FLASH 读写 …………………………………………（129）

9.1.1　内部 FLASH 操作步骤 ……………………………（131）

9.1.2　硬件设计 ……………………………………………（132）

9.1.3　软件设计 ……………………………………………（132）

9.1.4　实验现象 ……………………………………………（136）

9.2　FSMC 外扩 SRAM …………………………………………（136）

9.2.1　FSMC 配置步骤 ……………………………………（136）

9.2.2　硬件设计 ……………………………………………（137）

9.2.3　软件设计 ……………………………………………（138）

9.2.4　实验现象 ……………………………………………（143）

9.3　IIC 与 EEPROM 通信 ………………………………………（143）

9.3.1　AT24C02 简介 ………………………………………（145）

9.3.2　硬件设计 ……………………………………………（145）

9.3.3　软件设计 ……………………………………………（146）

9.3.4　实验现象 ……………………………………………（153）

9.4　SPI 与外部 FLASH 通信 …………………………………（153）

9.4.1　SPI 配置步骤 ………………………………………（154）

9.4.2　硬件设计 ……………………………………………（156）

9.4.3　软件设计 ……………………………………………（157）

9.4.4　实验现象 ……………………………………………（163）

9.5　SDIO 与 SD 卡通信 …………………………………………（163）

9.5.1　硬件设计 ……………………………………………（165）

9.5.2 软件设计 ⋯⋯⋯⋯⋯⋯⋯⋯⋯⋯⋯⋯⋯⋯⋯⋯⋯⋯⋯⋯ (166)

9.5.3 实验现象 ⋯⋯⋯⋯⋯⋯⋯⋯⋯⋯⋯⋯⋯⋯⋯⋯⋯⋯⋯⋯ (174)

第 10 章 MPU6050 智能硬件 ⋯⋯⋯⋯⋯⋯⋯⋯⋯⋯⋯⋯⋯⋯⋯⋯ (176)

10.1 MPU6050 传感器介绍 ⋯⋯⋯⋯⋯⋯⋯⋯⋯⋯⋯⋯⋯⋯⋯⋯ (176)

10.1.1 MPU6050 传感器简介 ⋯⋯⋯⋯⋯⋯⋯⋯⋯⋯⋯⋯⋯ (176)

10.1.2 MPU6050 传感器的使用步骤 ⋯⋯⋯⋯⋯⋯⋯⋯⋯ (177)

10.2 利用 DMP 进行姿态解算 ⋯⋯⋯⋯⋯⋯⋯⋯⋯⋯⋯⋯⋯⋯ (177)

10.3 硬件设计 ⋯⋯⋯⋯⋯⋯⋯⋯⋯⋯⋯⋯⋯⋯⋯⋯⋯⋯⋯⋯⋯ (180)

10.4 软件设计 ⋯⋯⋯⋯⋯⋯⋯⋯⋯⋯⋯⋯⋯⋯⋯⋯⋯⋯⋯⋯⋯ (180)

10.5 实验现象 ⋯⋯⋯⋯⋯⋯⋯⋯⋯⋯⋯⋯⋯⋯⋯⋯⋯⋯⋯⋯⋯ (188)

第 11 章 面向云平台的智能硬件 ⋯⋯⋯⋯⋯⋯⋯⋯⋯⋯⋯⋯⋯ (189)

11.1 无线模块与通信应用协议 ⋯⋯⋯⋯⋯⋯⋯⋯⋯⋯⋯⋯⋯ (189)

11.1.1 ESP8266 模块 ⋯⋯⋯⋯⋯⋯⋯⋯⋯⋯⋯⋯⋯⋯⋯⋯ (189)

11.1.2 MQTT 的通信应用协议 ⋯⋯⋯⋯⋯⋯⋯⋯⋯⋯⋯ (190)

11.1.3 在线公共 MQTT 服务器 ⋯⋯⋯⋯⋯⋯⋯⋯⋯⋯⋯ (190)

11.2 硬件设计 ⋯⋯⋯⋯⋯⋯⋯⋯⋯⋯⋯⋯⋯⋯⋯⋯⋯⋯⋯⋯⋯ (191)

11.3 软件设计 ⋯⋯⋯⋯⋯⋯⋯⋯⋯⋯⋯⋯⋯⋯⋯⋯⋯⋯⋯⋯⋯ (191)

11.3.1 开发板端智能感知程序 ⋯⋯⋯⋯⋯⋯⋯⋯⋯⋯⋯ (191)

11.3.2 手机端微信小程序 ⋯⋯⋯⋯⋯⋯⋯⋯⋯⋯⋯⋯⋯ (203)

11.4 实验现象 ⋯⋯⋯⋯⋯⋯⋯⋯⋯⋯⋯⋯⋯⋯⋯⋯⋯⋯⋯⋯⋯ (214)

第 12 章 嵌入式人工智能 ⋯⋯⋯⋯⋯⋯⋯⋯⋯⋯⋯⋯⋯⋯⋯⋯ (216)

12.1 AHL-EORS 数据处理基本流程 ⋯⋯⋯⋯⋯⋯⋯⋯⋯⋯⋯ (216)

12.2 模型训练算法 ⋯⋯⋯⋯⋯⋯⋯⋯⋯⋯⋯⋯⋯⋯⋯⋯⋯⋯⋯ (217)

12.2.1 基本的卷积神经网络 ⋯⋯⋯⋯⋯⋯⋯⋯⋯⋯⋯⋯ (217)

12.2.2 基于 MobileNetV2 的图像识别算法 ⋯⋯⋯⋯⋯ (220)

12.2.3 基于神经回路策略的图像识别算法 ⋯⋯⋯⋯⋯⋯ (221)

12.3 AHL-EORS 嵌入式终端 ⋯⋯⋯⋯⋯⋯⋯⋯⋯⋯⋯⋯⋯⋯ (222)

12.3.1 开发环境部署 ⋯⋯⋯⋯⋯⋯⋯⋯⋯⋯⋯⋯⋯⋯⋯⋯ (222)

12.3.2 工程编译下载 ⋯⋯⋯⋯⋯⋯⋯⋯⋯⋯⋯⋯⋯⋯⋯⋯ (223)

12.3.3 数据采集 ⋯⋯⋯⋯⋯⋯⋯⋯⋯⋯⋯⋯⋯⋯⋯⋯⋯⋯ (225)

12.3.4 上位机训练 ⋯⋯⋯⋯⋯⋯⋯⋯⋯⋯⋯⋯⋯⋯⋯⋯⋯ (226)

12.3.5 终端推理 ⋯⋯⋯⋯⋯⋯⋯⋯⋯⋯⋯⋯⋯⋯⋯⋯⋯⋯ (229)

参考文献 ⋯⋯⋯⋯⋯⋯⋯⋯⋯⋯⋯⋯⋯⋯⋯⋯⋯⋯⋯⋯⋯⋯⋯⋯ (230)

第1章
嵌入式系统概述

嵌入式系统即嵌入式计算机系统(Embedded Computer System),它不仅具有通用计算机的主要特点,还具有自身特点。嵌入式系统不单独以通用计算机的产品形式出现,而是隐含在各类具体的智能产品中,如手机、机器人、自动驾驶系统等。嵌入式系统在嵌入式人工智能、物联网、工厂智能化等产品中起核心作用。

 ## 1.1 嵌入式系统的定义

嵌入式系统是以应用为中心,以现代计算机技术为基础,能够根据用户需求(功能、可靠性、成本、体积、功耗、环境等)灵活裁剪软、硬件模块的专用计算机系统,其定义最初源于传统测控系统对计算机的需求。随着以微处理器(Micro Processor Unit,MPU)为内核的微控制器(Micro Controller Unit,MCU)制造技术的不断进步,计算机技术在通用计算机系统与嵌入式系统这两个方面分别发展。通用计算机已经在科学计算、通信、日常生活等领域产生重要影响。一般来说,嵌入式系统的应用范围可以粗略分为两大类:一类是电子系统的智能化(如工业控制、汽车电子、数据采集、测控系统、家用电器、现代农业、嵌入式人工智能及物联网应用等),这类应用属于微控制器领域;另一类是计算机应用的延伸(如平板电脑、手机、电子图书等),这类应用属于多媒体应用处理器(Multimedia Application Processor,MAP)领域。在 ARM 系列产品中,ARM Cortex-M 系列与 ARM Cortex-R 系列适用于电子系统的智能化类应用,即微控制器领域;而 ARM Cortex-A 系列适用于计算机应用的延伸,即多媒体应用处理器领域。无论如何进行分类,嵌入式系统的技术基础是不变的,即要完成一个嵌入式系统产品的设计,需要掌握硬件、软件及行业领域相关知识。

嵌入式系统从定义上来讲,主要特点如下。

(1)以应用为中心。嵌入式系统的目标是满足用户的特定需求。就绝大多数完整的嵌入式系统而言,用户打开电源即可直接使用其功能,无须二次开发或仅须进行少量配置操作。

(2)以现代计算机技术为核心。嵌入式系统的最基本支撑技术大致包括集成电路设计技术、系统结构技术、传感与检测技术、嵌入式操作系统和实时操作系统技术、资源受限系统的高可靠软件开发技术、系统形式化规范与验证技术、通信技术、低功耗技术、特定应用领域的数据分析、信号处理和控制优化技术等，它们围绕计算机基本原理集成进特定的专用设备，就形成了一个嵌入式系统。

▶▶▶ 1.1.1　主要特征 ▶▶▶ ▶

嵌入式系统的硬件和软件必须根据具体的应用任务，以功耗、成本、体积、可靠性、处理能力等为指标来进行选择。嵌入式系统的核心是系统软件和应用软件，由于存储空间有限，因而要求软件代码紧凑、可靠，且对实时性有严格要求。

从构成上看，嵌入式系统是集软/硬件于一体的、可独立工作的计算机系统；从外观上看，嵌入式系统像是一个"可编程"的电子"器件"；从功能上看，它是对目标系统（宿主对象）进行控制，使其智能化的控制器。从用户和开发人员的不同角度来看，与普通计算机相比，嵌入式系统具有以下特点。

(1)专用性强。因为嵌入式系统通常是面向某个特定应用的，所以嵌入式系统的硬件和软件，尤其是软件都是为特定用户群设计的，通常具有某种专用性的特点。

(2)体积小型化。嵌入式计算机把通用计算机系统中许多由板卡完成的任务集成在芯片内部，从而有利于实现小型化，方便将嵌入式系统嵌入目标系统。

(3)实时性好。嵌入式系统广泛应用于生产过程控制、数据采集、传输通信等场合，主要用来对宿主对象进行控制，因此对嵌入式系统有或多或少的实时性要求。例如，针对武器中的嵌入式系统，某些工业控制装置中对控制系统的实时性要求就极高。有些系统对实时性要求也并不是很高，如近年来发展速度比较快的掌上电脑等。但总体来说，实时性是对嵌入式系统的普遍要求，是设计者和用户应重点考虑的一个重要指标。

(4)可裁剪。从嵌入式系统专用性的特点来看，嵌入式系统的供应者理应提供各式各样的硬件和软件以备选用，力争在同样的硅片面积上实现更高的性能，这样才能在应用中更具竞争力。

(5)可靠性高。由于有些嵌入式系统所承担的计算任务涉及被控产品的关键质量、人身设备安全，甚至国家机密等重大事务，且有些嵌入式系统的宿主对象工作在无人值守的场合，如在危险性高的工业环境和恶劣的野外环境中的监控装置，因此与普通系统相比，嵌入式系统对可靠性的要求较高。

(6)功耗低。有许多嵌入式系统的宿主对象是一些小型应用系统，如移动电话、MP4、数码相机等，这些设备不可能配置交流电源或容量较大的电源，因此低功耗一直是嵌入式系统追求的目标。

(7)嵌入式系统本身不具备自身开发能力，必须借助通用计算机平台来开发。嵌入式系统设计完成以后，普通用户通常没有办法对其中的程序或硬件结构进行修改，必须有一套开发工具和环境才能进行。

(8)嵌入式系统通常采用"软、硬件协同设计"的方法实现。早期的嵌入式系统的设计方法经常采用"硬件优先"原则，即在只粗略估计软件任务需求的情况下，首先进行硬件设计与实现，然后在此硬件平台上进行软件设计。如果采用传统的设计方法，那么一旦在测试中发现问题，需要对设计进行修改时，整个设计流程将重新进行，对成本和设计周期的影响很大。系统的设计在很大程度上依赖设计者的经验。在后个人计算机（Personal Computer，PC）时代，随着电子和芯片等相关技术的发展，嵌入式系统的设计和实现出现了软、硬件协同设计方法，即使用统一的方法和工具对软、硬件进行描述、综合和验证。在系统目标要求的指导下，通过综合分析系统软、硬件功能及现有资源，协同设计软、硬件体系结构，以最大限度地挖掘系统软、硬件能力，避免由于独立设计软、硬件体系结构而带来的种种弊病，得到高性能、低代价的优化设计方案。

▶▶▶ 1.1.2　系统种类 ▶▶▶

（1）嵌入式微处理器。嵌入式微处理器是以通用计算机中的标准 CPU 为微处理器，并将其装配在专门设计的电路板上，且仅保留与嵌入式应用有关的母板功能，从而构成嵌入式系统。与通用计算机相比，其系统体积和功耗大幅度减小，而工作温度的范围、抗电磁干扰能力、系统的可靠性等均有提高。

在嵌入式微处理器中，微处理器是整个系统的核心，它通常由 3 个部分组成：控制单元、算术逻辑单元和寄存器。

（2）嵌入式微控制器。嵌入式微控制器又称单片机，它以某一种微处理器为核心，芯片内部集成了一定容量的存储器（ROM、EPROM、RAM）、IO 接口（串行接口、并行接口）、定时器、计数器、看门狗、脉宽调制输出、模数转换器、数模转换器、总线、总线逻辑等。与嵌入式微处理器相比，嵌入式微控制器的最大特点是单片化、体积小、功耗低、可靠性较高。嵌入式微控制器是嵌入式系统工业的主流。

（3）嵌入式数字信号处理器。嵌入式数字信号处理器（Embedded Digital Signal Processor，EDSP）是在传统的数字信号处理器（Digital Signal Processor，DSP）基础上发展而来的，它对系统结构和指令进行了特殊设计，使其适合执行 DSP 算法，编译效率高，指令执行速度也较快，在数字滤波、FFT、谱分析等方面，DSP 算法已广泛应用于嵌入式领域，DSP 应用正从在单片机中以普通指令实现 DSP 功能，过渡到采用 EDSP。

（4）嵌入式片上系统。嵌入式片上系统（System on Chip，SoC）是集系统性能于一块芯片上的系统组芯片。它通常含有一个或多个微处理器 IP 核，根据需求也可增加一个或多个 DSP IP 核，相应的外围特殊功能模块，以及一定容量的存储器（RAM、ROM）等，并针对应用所需的性能将其设计集成在芯片上，成为系统操作芯片。其主要特点是嵌入式系统能够运行于各种不同类型的微处理器上，兼容性好，操作系统的内核小，效果好。

▶▶▶ 1.1.3　系统组成 ▶▶▶

从外部特征上看，一个嵌入式系统通常是一个功能完备、几乎不依赖其他外部装置即可独立运行的软/硬件集成的系统。如果对这样一个系统进行分解，则可以发现它大致包括以下几个层次，如图 1-1 所示。

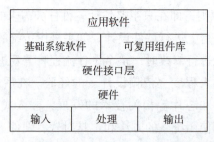

应用软件	
基础系统软件	可复用组件库
硬件接口层	
硬件	
输入	处理	输出

图 1-1　嵌入式系统的层次

嵌入式系统最核心的部件是中央处理器（Central Processing Unit，CPU），它包含运算器和控制器模块，在 CPU 的基础上进一步增加存储器模块、电源模块、复位模块等，就构成了人们通常所说的最小系统。由于技术的进步，集成电路生产商通常会把许多外部设备（或称外围设备，简称外设）做进同一个集成电路中，这样在使用上更加方便，一块芯片通常称为微控制器。在微控制器的基础上进一步扩展电源传感与检测、执行器模块及配套软件，就构成了一个具有特定功能的完整单元，即一个嵌入式系统或嵌入式应用。

 ## 1.2　嵌入式系统开发板

在学习嵌入式系统开发技术时，准备一块开发板是必要的，初学者不要盲目追求处理器性能，使用常见的 51 单片机、IAR、STM32 均可。

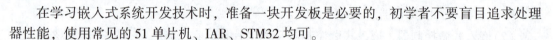 ### 1.2.1　开发板功能介绍

本书配套的实验平台：玄武 F103 开发板，搭配的是 STM32F103ZET6 芯片，芯片外观、引脚具体功能、系统架构、总线矩阵及其内部资源可查阅其数据手册。玄武 F103 开发板的外观如图 1-2 所示。

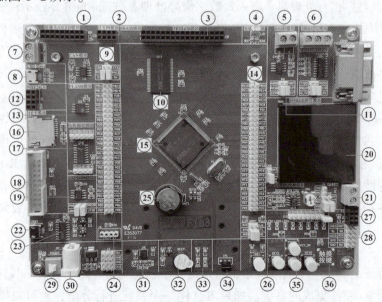

图 1-2　玄武 F103 开发板的外观

玄武 F103 开发板各模块功能如下。

①摄像头模块，可实现拍照/视频监控等。

②以太网模块，可用于以太网通信等。

③TFTLCD 模块，可用于液晶显示项目开发，如人机触摸屏、广告机等。

④光敏传感器，可检测环境光照强度。

⑤RS485 模块，采用 MAX3485 芯片，可实现 RS485 通信及 Modbus 协议等。

⑥两路 RS232 模块，采用 MAX3232 芯片，232、Wi-Fi 切换端子，可实现 RS232 通信及 Modbus 协议等。

⑦CAN 模块，采用 TJA1040 芯片，可实现 CAN 通信及 Modbus 协议等。

⑧USB Slave 模块，可实现读卡器、虚拟串口等功能。

⑨通信切换端口 P9，可切换 USB 和 CAN 通信。

⑩SRAM 模块，采用 IS62WV51216 芯片，1 MB 容量，为设计 GUI、RTOS、复杂算法等应用提供足够内存保障。

⑪485、232 切换端口 P6，可切换 485 和 232 与 STM32 的通信。

⑫NRF24L01 接口，可实现 2.4 GHz 无线通信，如遥控器手柄、NB-IoT 无线传输等。

⑬FLASH 模块，采用 EN25Q128 芯片，16 MB 容量，可用于存储字库、图片文件等。

⑭STM32 引出口 P1 和 P2，方便用户二次开发。

⑮STM32F103ZET6 主芯片，32 位高性能 ARM Cortex-M3 处理器，主频 2 MHz，512 KB 的 FLASH，64 KB 的 SRAM。

⑯TF 卡模块，可用于大文件的存储，如存放 MP4 视频、图片等。

⑰电动机驱动模块，可以驱动五线四项步进电动机或直流电动机。

⑱JTAG1 接口，搭配 ARM 仿真器，可实现程序烧录，在线仿真调试等功能。

⑲EEPROM 模块，采用 AT24C02 芯片，256 B 容量，可存储重要数据，如密码、触摸屏校准系数等。

⑳5×5RGB 彩灯模块，内置 WS2812 芯片，可实现炫彩点阵字符、圈形等显示。

㉑ADC&NTC&PT100 模块，可实现 AD、热敏电阻、PT100 采集/DAC 输出，兼容多功能端子块/DAC 模块。

㉒Mini-USB2 接口，用于下载固件和调试程序的串口，兼有为开发板供电的功能。

㉓USB 转串口模块，采用 CH340C 芯片，实现 USB 转 TTL 串口功能，既可下载程序，又可与串口通信。

㉔DS18B20&DHT11 模块，可以外接 DS18B20 或 DHT11 温湿度模块使用。

㉕BAT1 纽扣电池，STM32 RTC 后备供电。

㉖LED 跑马灯，8 个 LED，可用于流水灯控制。

㉗Wi-Fi 模块，兼容 Wi-Fi、蓝牙、GPS 模块，配合 App，可实现 Wi-Fi、蓝牙、GPS 无线控制及定位。

㉘MP3 模块，可以外接 MP3 模块进行 MP3 实验。

㉙电源开关模块，用于系统电源控制，有良好的轻触手感。

㉚直流 5 V 输入模块，可接 DC 5 V 电源，方便脱离计算机。

㉛MPU6050 六轴模块，采用 MPU6050 芯片，可用于四轴飞控、平衡车等应用。

㉜蜂鸣器模块，有源蜂鸣器，控制更简单，可实现报警提示/音乐盒等功能。

㉝用户 LED 模块，有两个 LED，可用于系统运行指示和程序调试等。

㉞红外接收模块，可以接收遥控发送的红外信号。

㉟按键模块，可用于参数的调节控制等，其中 RST 是复位功能。

㊱触摸按键模块，可实现按键功能，在电磁炉、电饭煲、触控台灯等产品中常见。

▶▶▶ 1.2.2　开发板使用方法 ▶▶▶ ▶

1. CH340 驱动的安装

对于大多数计算机系统，将 USB 线连接计算机和开发板的 USB 接口后，会自动检测安装 CH340 驱动。如果计算机没有自动安装 CH340 驱动，则可以手动安装，打开配套资源目录"\开发工具"，双击 CH341SER3.8 2023-02. exe 文件进行安装。如果安装成功，则会出现图 1-3 所示的安装成功信息。注意，必须使用 USB 线将计算机的 USB 接口和开发板的 USB 接口连接。

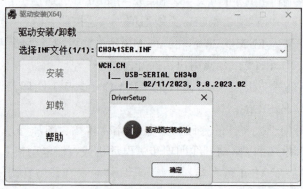

图 1-3　安装成功信息

驱动安装成功后，可以双击配套资源目录下的 PZ-ISP V3.5. exe 文件，查看串口号中是否有"CH340"字样，如果有则证明驱动安装成功，否则安装失败。

2. 程序的下载

安装好 CH340 驱动后，就可以下载程序。在下载程序前，应先确认开发板上的 USB 转 TTL 串口模块上的 P4 端子短接片是否短接好(即 PA9T 与 URXD 短接，PA10R 与 UTXD 短接)，以及 BOOT 端子是否短接好(即 BT0 短接到 GND 侧，BT1 短接到 GND 侧)。

双击 PZ-ISP V3.5. exe 文件，在打开的窗口中选择芯片类型为"STM32Fxxx Series"，串口号为"COM3 USB-SERIAL CH340"，波特率为"115200"(如果发现此波特率下载速度比较慢，则可以提高波特率，如果下载失败，则可以把波特率降低，总之选择一个能下载的波特率即可)，其他的选项保持默认设置。

单击"打开文件"按钮，选择需要下载的 Template.hex 文件，单击"程序下载"按钮，即可完成程序的下载。当程序下载完成，会提示程序下载成功，如图 1-4 所示。

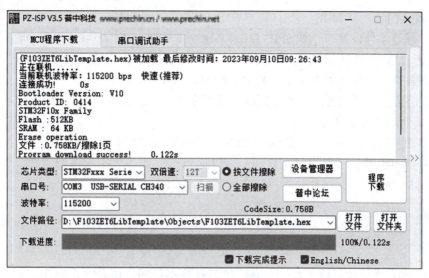

图 1-4 程序下载成功

开发板也含有标准 JTAG 接口，可使用 ARM 仿真器进行程序下载或在线调试，同时需要在所选择的开发环境(如 Keil5)软件内设置相关仿真器参数。

▶▶▶ 1.2.3 STM32 介绍 ▶▶▶

1. STM32 是什么

从字面意义上看，ST 是意法半导体公司的名称；M 是 Microcontroller 的缩写，表示微控制器；32 表示这是一个 32 位的微控制器。玄武 F103 开发板上使用的是 STM32F103ZET6 芯片，也就是 Cortex-M3 内核，采用 ARMv7-M 架构，该架构定义了 3 个分工明确的系列：A 系列面向尖端的、基于虚拟内存的操作系统和用户应用；R 系列针对实时系统；M 系列针对微控制器。

2. STM32 能做什么

STM32 的应用取决于其内部资源，STM32 内部拥有非常多的通信接口，如果所使用的模块拥有此接口，那么就可以通信。

(1) USART 接口：ESP8266 Wi-Fi 模块、GSM 模块、蓝牙模块、GPS 模块、指纹识别模块、IoT 模块、串口屏等。

(2) I2C 接口：EEPROM、MPU6050 陀螺仪、0.96 寸 OLED 屏、电容屏等。

(3) SPI 接口：串行 FLASH、以太网 W5500、VS1003/1053 音频模块、SPI 接口的 OLED 屏、电阻屏等。

(4) AD/DA 接口：光敏传感器模块、烟雾传感器模块、可燃气体传感器模块、简易示波器等。

日常生活中可采用由 STM32 开发的电子产品有智能手环、微型四轴飞行器、平衡车、扫地机器人、移动 POS 机、智能电饭锅、3D 打印机、群体机器人、移动支付端扫描仪、智能家居控制系统等。

3. STM32 的学习方法

(1) 熟悉基本外设，如 GPIO 输入输出、外部中断、定时器、串口。掌握了这 4 个外设，基本就入门了一款 MCU。

（2）掌握基本外设接口，如 SPI、I2C、WDG、FSMC、ADC/DAC、SDIO 等。这些外设接口的功能和原理对每块芯片几乎都是一样，对不同芯片的区别就是多和少而已。

（3）理解高级功能，如 RTOS、LWIP、FATFS、EMWIN、USB 及一些应用。

（4）C 语言能力要加强。C 语言是嵌入式开发的基础，如果 C 语言不过关，则将大大限制嵌入式学习的进度和深度。

（5）多动手编程。编程能力是练出来的，不是看出来的。

（6）遇到问题多上网查找解决方法，可以通过百度或各大论坛进行查找，如 ST 官方论坛。

1.3　STM32 最小系统

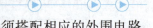

STM32 嵌入式单片机要工作，光靠一块芯片是不行的，还必须搭配相应的外围电路，通常把能使 STM32 工作的最简单、最基础的电路称为 STM32 最小系统。

▶▶▶ 1.3.1　STM32 最小系统的构成 ▶▶▶

要使系统正常运行，必须确保 STM32 最小系统稳定工作。STM32 最小系统由晶振电路、复位电路、电源电路、下载电路 4 部分组成。

实际上，STM32 最小系统只由前面 3 部分组成，下载电路是单独添加进来的，原因是仅靠前面 3 个电路只能使嵌入式单片机正常运行，如果要下载更新程序，那么还必须依靠下载电路。STM32 除支持串口下载，还支持 JTAG/SWD 模式下载，芯片自带 JTAG/SWD 引脚，通过相应仿真器可实现程序下载、在线仿真调试等功能。多数情况下，上位机下载软件可将编译器生成的 xxx.hex 文件通过串口写入嵌入式单片机。

晶振电路提供时钟给嵌入式单片机工作，其作用犹如人的心脏。由于单片机正常工作需要一个时钟，因此，对于 STM32 这种高级单片机来说，其内部自带高速时钟/低速时钟源。但通常不使用内部时钟源，而是在单片机主晶振引脚上外接一个晶振，如 STM32F103ZET6 芯片的主晶振引脚在 23、24 引脚，至于需要多大晶振，这就取决于所使用的单片机，STM32F103ZET6 时钟频率可在 0 ~ 72 MHz 上运行，一般情况下建议选择 8 MHz，其适合 STM32 内部其他外设时钟的计算。若直接将此晶振接入单片机的晶振引脚，则会发现系统工作不稳定，这是因为晶振起振的一瞬间会产生一些电感，为了消除这些电感所带来的干扰，可以在此晶振两端分别加上一个电容，电容需要选取无极性的，另一端需要共地。根据选取的晶振大小决定电容值，通常电容值可在 10~33 pF 范围内选取，只有保证晶振电路稳定，单片机才能继续工作。STM32 芯片上还有一个外设需要晶振，它就是 RTC。要让 RTC 工作，通常需要外接一个 32.768 kHz 的晶振。

复位电路提供系统复位操作，当系统出现运行不正常或死机等情况时，可以通过复位按键重新启动系统。前面已经介绍了晶振电路犹如人的心脏，无时无刻给单片机提供运行周期。但即使晶振电路在不停地运行，系统也有可能崩溃或瘫痪。这就好比人会生病一样，人一旦生病就得看医生，服用医生开的药后才会康复。那么单片机是如何获取重生的？这就需要设计一个复位电路来实现此功能。STM32 引脚中有一个低电平复位引脚

NRST，让这个引脚保持一段时间低电平就可以了。要实现此功能通常有两种方式：一种是通过按键进行手动复位；另一种是上电复位，即电源开启后自动复位。手动复位装置由一个按键及 *RC* 组成，利用按键开关功能实现复位，按键被按下后，GND 直接接入单片机 NRST 引脚，松开后 GND 断开，NRST 被电阻拉为高电平。这样一合一开，就实现了手动复位。自动复位主要是利用 *RC* 充、放电功能，电源开启，由于电容具有隔直流的功能，因此 GND 直接进入 NRST，然后电容开始慢慢充电，直到充电完成，此时 NRST 被电阻拉为高电平，这样就起到上电复位的效果。不到系统崩溃，几乎不会操作复位。

电源电路也是一个非常关键的部分，任何电子器件都需要一个合适的电源进行供电，这就好比人要吃饭一样，没有电源，系统是不会工作的。单片机对供电电压是有要求的，如果电压过大，则将烧坏芯片；如果电压过小，则系统将运行不了，所以选择一个合适、稳定的电源电路非常关键。STM32 的工作电压是 1.8 ~ 3.3 V，通常使用 3.3 V 直流电压，将电源接入芯片电源引脚。

▶▶ 1.3.2 STM32 的启动模式 ▶▶ ▶

在 STM32F10x 中，可以通过 BOOT[1:0] 引脚选择 3 种不同的启动模式。一般情况下，如果想用串口下载程序，则必须配置 BOOT0 为 1、BOOT1 为 0；如果想让 STM32 一按复位键就开始运行用户程序，则需要配置 BOOT0 为 0、BOOT1 为 0 或 1 都可以。

玄武 F103 开发板专门设计了一键下载电路，通过串口的 DTR 和 RTS 信号来自动配置 BOOT0 和 RST 信号，因此不需要用户手动切换它们的状态，串口下载软件直接自动控制，方便用户下载程序。

1.4 智能硬件介绍

智能硬件是继智能手机之后的一个科技概念，它以平台底层软、硬件为基础，以智能传感互联、人机交互、新型显示及大数据处理等新一代信息技术为特征，以新设计、新材料、新工艺硬件为载体，提供新型智能终端产品及服务。

智能硬件一般通过软、硬件结合的方式，对传统嵌入式设备进行改造，改造对象可能是电子设备，如手表、电视和其他电器，也可能是以前没有被电子化的设备，如门锁、茶杯、汽车，甚至房屋，让其拥有智能化的功能。智能化之后，硬件具备连接的能力，实现互联网服务的加载，形成"云+端"的典型架构，具备大数据、人工智能等附加价值。

目前，智能硬件已经从可穿戴设备延伸到智能电视、智能家居、智能汽车、医疗健康、智能玩具、机器人等领域。目前比较典型的智能硬件包括天猫精灵、小度智能音箱、Google Glass、三星 Gear、360 空气卫士、麦开水杯、咕咚手环、Tesla 汽车、乐视电视等。

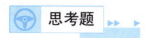

（1）简述嵌入式系统的主要特点。

（2）一般来说，嵌入式最小硬件系统包括哪几个核心组件？

第2章
嵌入式开发基础

玄武 F103 开发板提供 USB 和串口通信方式，其中 USB 可实现供电、编程、仿真、通信等多种功能。开发板有着丰富的外部资源，本章将介绍嵌入式开发基础知识，通过对该开发板的学习，读者不仅可以轻松、快速地掌握嵌入式软件系统，而且能快速掌握硬件电路设计及嵌入系统开发流程。

2.1　Keil5 软件安装

在计算机上安装一个 Keil5 软件，为后面学习嵌入式开发做好准备。

▶▶▶ 2.1.1　Keil5 软件的获取 ▶▶ ▶

Keil5 安装包、对应芯片包见配套资源目录"\ 开发工具 \"，也可在官网 https://www.keil.com/download/product/下载最新的 Keil5 安装包，本书使用 Keil5.28 版本。

▶▶▶ 2.1.2　Keil5 软件的安装 ▶▶ ▶

Keil5 安装包下载完成之后，双击 MDK528.exe 文件，弹出图 2-1 所示的安装对话框。

（1）选择软件安装的 Core 路径和 Pack 路径，此处保持默认即可。特别要注意，软件安装的保存路径不能出现中文，否则会出现错误；也不要将 Keil5 和 Keil4 或 C51 的 Keil 软件安装在一个文件夹内。

（2）与以前 Keil4 等软件不同，Keil5 需要单独安装芯片包，双击"\ 开发工具 \ Keil.STM32F1xx_DFP.2.4.0.pack"文件，安装目录与 Keil5 相同即可。

（3）安装完 Keil5 后，还需要在管理员模式下双击 keygen.exe 文件，安装完成效果如图 2-2 所示。

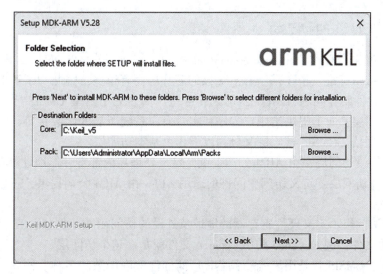

图2-1　安装对话框

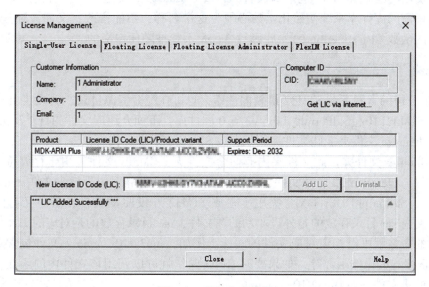

图2-2　安装完成效果

如果安装失败，请确认是否在管理员模式下打开 Keil5 软件和 keygen. exe 文件。

 2.2　STM32 固件库介绍

使用寄存器点亮开发板上的 LED，这种开发方式显然不适合大众，对于 STM32 这样庞大的芯片，其内部寄存器实在太多，如果操作的外设比较多，那么就需要花很多时间查询底层寄存器内容，而且即使程序写好，如果要换其他端口或外设，则修改起来也非常麻烦，而且容易出错，移植性也差。基于此原因，ST 公司推出了一套固件库，则内部已经将 STM32 的全部外设寄存器的控制封装好，给用户提供一些 API 函数，用户只需要学习如何使用这些 API 函数即可。

▶▶▶ 2.2.1　CMSIS 标准 ▶▶▶

CMSIS 的英文全称是 Cortex Microcontroller Software Interface Standard，即 ARM Cortex 微控制器软件接口标准。由于基于 Cortex 核的芯片厂商有很多，因此为了解决不同厂商的 Cortex 核芯片软件兼容问题，ARM 公司就和这些厂商建立了这套 CMSIS 标准，标准规定 CMSIS 处于中间层，向上提供给用户程序和实时操作系统所需的函数接口，向下负责与内核和其他外设通信。CMSIS 核心层又分为以下 3 个基本功能层。

(1)核内外设访问层：由 ARM 公司提供，定义处理器内部寄存器地址及功能函数。

(2)中间件访问层：定义访问中间件的通用 API，由 ARM 公司提供，芯片厂商根据需要更新。

(3)外设访问层：定义硬件寄存器的地址及外设的访问函数，例如，ST 公司提供的固件库外设驱动文件；例如，stm32f10x_gpio.c 文件就是在这个访问层。

总的来说，CMSIS 就是用来统一各芯片厂商固件库内函数的名称。例如，在系统初始化的时候使用的是 SystemInit 这个函数名，那么 CMSIS 标准就是强制所有使用 Cortex 核设计芯片的厂商的固件库系统初始化函数必须为这个名称，不能修改；又如，对 GPIO 接口输出操作的函数 GPIO_SetBits()，此函数名也是不能被随便定义的。

▶▶▶ 2.2.2　库目录及文件介绍 ▶▶▶

在 ST 公司的官网下载 STM32 最新固件库，也可在配套资源目录"\开发工具\"中使用下载好的 STM32F10x_StdPeriph_Lib_V3.6.0 固件库，下面介绍库文件的目录及文件。

(1)_htmresc 文件夹。此文件夹用于存放 ST 公司的 Logo 图标。

(2)Libraries 文件夹。此文件夹内有两个文件夹：CMSIS 文件夹用于存放符合 CMSIS 标准的文件，包括 STM32 启动文件、ARM Cortex 内核文件和对应外设头文件 stm32f10x.h；STM32F10x_StdPeriph_Driver 文件夹用于存放 STM32 外设驱动文件，其中又有两个文件夹，文件夹内 scr 目录存放的是外设驱动的源文件，inc 目录存放的是对应的头文件。从这些源文件的命名就可以知道对应文件的功能。例如，stm32f10x_gpio.c 文件包含对 STM32 的 GPIO 寄存器的操作函数等，如果要对 GPIO 操作就可以调用该文件内的函数，但需要添加对应的头文件，如 stm32f10x_gpio.h。

(3)Project 文件夹。此文件夹下有两个文件夹：STM32F10x_StdPeriph_Examples 文件夹用于存放 ST 公司提供的外设驱动例程，在开发过程中可以借鉴这些例程快速构建自己的外设驱动，其编程思路对我们很有帮助；STM32F10x_StdPeriph_Templates 文件夹用于存放官方的固件库工程模板，后面创建自己工程模板的时候就需要复制此文件夹内的几个文件。

(4)Utilities 文件夹。此文件夹中包括 ST 官方评估板的一些源文件。

(5)stm32f10x_stdperiph_lib_um.chm 文件。此文件是固件库的帮助文档，可以直接双击打开，文档对于后面学习库函数是非常有帮助的。

(6)core_cm3.h 文件。这个文件位于\Libraries\CMSIS\CM3\CoreSupport 目录中，此文件属于 CMSIS 标准，是用来提供进入 M3 内核的接口文件，属于 CMSIS 的核心文件，由 ARM 公司提供。所有 M3 内核的芯片这个文件都相同，不需要修改。

(7)stm32f10x.h、system_stm32f10x.h 和 system_stm32f10x.c 文件。这 3 个文件存放在

\Libraries\ CMSIS\CM3\DeviceSupport\ST\STM32F10x 目录中，system_stm32f10x. h 是片上外设接入层系统头文件，主要是设置系统及总线时钟相关函数的声明，对应源文件是 system_stm32f10x. c。该文件中有一个非常重要的 SystemInit( ) 函数声明，这个函数在系统启动的时候会被调用，用来设置系统的整个系统和总线时钟。而 stm32f10x. h 是 STM32F10x. c 的头文件，类似于 C51 单片机的 reg. 51 文件，在开发 STM32F10x 程序的时候基本上都会调用这个头文件，可见其重要性。此文件内部封装了 STM32 的总线、内存和外设寄存器等，该文件还包含一些时钟相关的定义和中断相关定义等。

（8）stm32f10x_ppp. c 文件。此文件是 STM32 外设驱动源文件，里面已经封装好操作 GPIO 外设底层的内容，提供给用户使用的是一些 API 函数。stm32f10x_ppp. h 是 stm32f10x_ppp. c 对应的头文件，此外还有 stm32f10x_rcc. c、misc. c 和 misc. h 文件，都是存放在\Libraries\STM32F10x_StdPeriph_Driver 目录内。

（9）stm32f10x_it. c 文件。此文件用于存放中断函数，不过中断函数也可以存放在其他工程文件内，所以这个文件很少操作，对应头文件是 stm32f10x_it. h。

（10）stm32f10x_conf. h 文件。此文件是配置文件，用于删减用户使用的外设头文件，如果使用 GPIO 外设，那么就需要调用 stm32f10x_gpio. h 头文件；如果不使用 GPIO 外设，则可以将此头文件注释掉。一般情况下不会对这个配置文件进行操作，因为如果不使用一个外设，那么在工程内不调用即可。这几个文件存放在\Project\STM32F10x_StdPeriph_Template 目录内。

（11）Application. c 文件。此文件用于存放用户编写的应用程序，文件名可以根据个人爱好命名，通常会命名为 main. c，表示存放用户的主函数代码。

在后面创建工程模板时，添加这些文件还不够，还要将 STM32 的启动文件添加进来，否则系统不能启动。ST 固件库提供的启动文件有很多，需根据使用的 STM32 芯片来选择，因为玄武 F103 开发板使用高容量的 STM32F10x 芯片，所以选择 startup_stm32f10x_hd. s 文件。启动文件 startup_stm32f10x_hd. s 并存放在\Libraries\CMSIS\CM3\DeviceSupport\ST\STM32F10x\startup\arm 目录内。

（12）stm32f10x_stdperiph_lib_um. chm 文件。此文件是一套库函数使用说明文档，因为 STM32 库函数非常多，用户不可能把所有的外设函数都记住，这个帮助文档就是学习 STM32 库函数时所必备的，所以要学会如何在这个帮助文档内查找函数。要查找哪个外设的库函数，只需要找到对应的外设名称即可。例如，要查找对 GPIO 外设操作的库函数，可以在这个列表下往下拉找到 GPIO 栏，其中 IO Functions 列表下就是 GPIO 所有操作的库函数。

2.3 库函数工程模板的创建

下面创建一个库函数工程模板，为后面基于库函数程序的嵌入式开发提供方便。

▶▶▶ 2.3.1 固件库的获取 ▶▶▶

要创建库函数工程模板，首先需要有固件库包，固件库版本有很多，目前官网最新版本为 V3.6 版本，如果后面有新版本出来，则可按照同样方法创建库函数工程模板。固件库包存放在配套资源目录"\开发工具\stsw-stm_v3_6. zip"内，用户直接使用即可。为了保证配套资源目录内的固件库包不被修改，可先备份一份。

▶▶ 2.3.2 创建库函数工程 ▶▶▶

1. 新建工程

固件库包获取后就可以创建工程模板，在任意位置创建一个文件夹，命名为 F103ZET6LibTemplate，然后在其中新建 4 个文件夹，文件夹的命名可任意，但不能使用中文或特殊符号，这里根据文件类型命名。

（1）CMSIS 文件夹：用于存放一些 CMSIS 标准文件和启动文件。

（2）STM32F10x_StdPeriph_Driver 文件夹：用于存放 STM32 外设驱动文件，文件夹内的 src 文件夹中存放的是外设驱动的源文件，inc 文件夹中存放的是对应的头文件。

（3）Hardware 文件夹：用于存放外设驱动文件，如 LED、BEEP 等。

（4）User 文件夹：用于存放用户编写的 main.c、stm32f10x.h 头文件、stm32f10x_conf.h 配置文件、stm32f10x_it.c 和 stm32f10x_it.h 中断函数文件，这些文件也是从固件库内复制而来的。

直接复制固件库中 CMSIS 和 STM32F10x_StdPeriph_Driver 相应的文件夹及内容。

打开 Keil5 软件，新建一个工程，工程名根据喜好命名，注意要使用英文，这里命名为 F103ZET6LibTemplate，直接保存在最开始创建的 F103ZET6LibTemplate 文件夹里。

在 Target 1 下新建 4 个与文件夹同名的工程组，并添加对应的源文件，例如在 STM32F10x_StdPeriph_Driver 工程组中添加 stm32f10x_gpio.c 和 stm32f10x_rcc.c 源文件，对于程序开发来说，这两个文件都是需要的，其他的外设源文件根据是否使用外设而添加。可以把所有源文件都添加进来，只不过工程在编译时会比较慢。添加原则是使用到哪个外设就添加哪个外设的源文件，这样才能进行有效的嵌入式程序的开发。添加库函数源文件后的工程模板如图 2-3 所示。

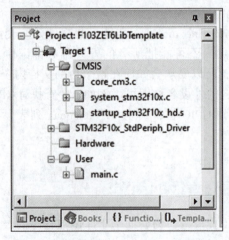

图 2-3　添加库函数源文件后的工程模板

2. 选择 CPU 型号

根据开发板使用的具体的型号来选择 CPU，玄武 F103 开发板采用的是 STM32F103ZET6 芯片，在 Target 1 的 Options 的 Device 选项卡中选择 STM32F103ZE，如图 2-4 所示。

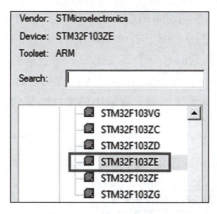

图 2-4 选择 CPU 型号

如果这里没有出现想要的 CPU 型号，或者一个 CPU 型号都没有，则可能是在安装 Keil5 软件时没有添加对应芯片包。Keil5 不像 Keil4 自带很多 MCU 型号，Keil5 需要自己添加。

3. 配置魔术棒

很多人编写程序并编译后发现找不到 .hex 文件，或者做 printf 重定向实验时打印不出信息，这些问题都是没有配置好魔术棒导致的。

（1）在 Target 选项卡中勾选 Use MicroLIB 复选框，主要是为了后面 printf 重定向输出使用，其他的设置保持默认即可，如图 2-5 所示。

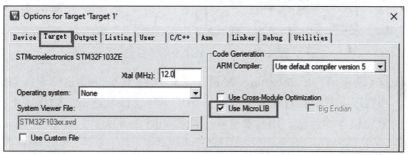

图 2-5 勾选 Use MicroLIB 复选框

（2）在 Output 选项卡中勾选 Create HEX File 复选框，可以在编译过程中生成 .hex 文件，如图 2-6 所示。

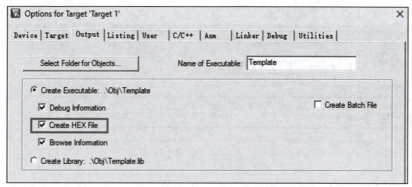

图 2-6 勾选 Create HEX File 复选框

（3）C/C++选项卡配置。在创建库函数工程模板时，还需要在C/C++选项卡中对处理器类型和库进行宏定义，即复制 USE_STDPERIPH_DRIVER 和 STM32F10X_HD 两个宏到 Define 文本框中。注意，它们之间有一个英文逗号。通过这两个宏，就可以对 STM32F10x 系列芯片进行库开发，因为通过宏 STM32F10X_HD 就可以选择到底是用哪种芯片的库驱动。设置好了宏，还需要将前面添加到工程组中的文件路径包括进来。C/C++选项卡配置结果如图2-7所示。

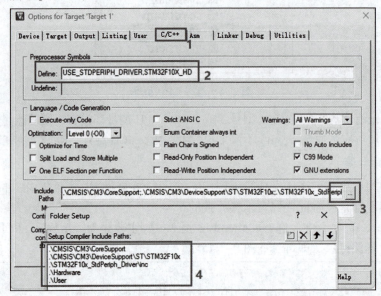

图2-7　C/C++选项卡配置结果

（4）在 Debug 选项卡内单击 Settings 按钮，打开 Flash Download 选项卡，勾选 Reset and Run 复选框，当程序下载后会自动复位运行。如果不勾选该复选框，则程序下载后需要按下开发板上的复位键才能运行。仿真器选项卡配置如图2-8所示。

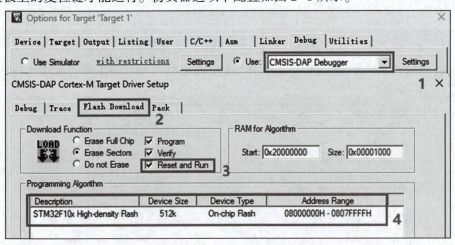

图2-8　仿真器选项卡配置

（5）双击工程组中的 main.c 文件，会发现里面有很多代码，这是直接从 ST 公司提供的模板上复制过来的。先把此文件内的所有内容删除，将下面这段程序复制到该文件中：

```
#include "stm32f10x. h"
int main(void){
    while(1){ }
}
```

编译工程，编译后如果提示 0 错误 0 警告，则表明创建的库函数工程模板完全正确。至此，就成功创建好了一个库函数工程模板。在以后的实验中，都将以此工程模板为基础来编写实验程序。

▶▶▶ 2.3.3　启动文件介绍 ▶▶▶

启动文件使用的是汇编语言，文件的作用是执行微控制器从"复位"到"开始执行 main( ) 函数"中间这段时间(称为启动过程)所必须进行的工作。它完成的具体工作有以下几个。

(1)初始化堆栈指针 SP = _initial_sp。

(2)初始化 PC 指针 = Reset_Handler。

(3)初始化中断向量表。

(4)配置系统时钟。

调用 C 语言库函数 _main( ) 初始化用户堆栈，从而转向用户应用程序的 main( ) 函数。

2.4　使用库函数控制 LED 和板载有源蜂鸣器

无论学习什么嵌入式单片机，最简单的外设莫过于 IO 接口的高、低电平控制。本节将介绍如何在创建好的库函数工程模板上，通过库函数控制 STM32 的 GPIO 输出高、低电平，使开发板上的 LED 点亮，蜂鸣器发声。

▶▶▶ 2.4.1　GPIO 介绍 ▶▶▶

1. GPIO 的概念

GPIO(General Purpose Input Output) 是通用输入输出端口的简称，可以通过软件来控制其输入和输出。STM32 芯片的 GPIO 引脚与外设连接起来，从而实现与外部通信、控制及数据采集的功能。不过，GPIO 最简单的应用还属点亮 LED，只需要通过软件控制其输出高、低电平即可。当然它还可以作为输入控制，例如在引脚上接入一个按键，通过电平的高、低判断按键是否被按下。

玄武 F103 开发板上使用的 CPU 型号是 STM32F103ZET6，此芯片共有 144 个引脚。那么是不是所有引脚都是 GPIO 呢？当然不是，STM32 引脚可以分为以下几大类。

(1)电源引脚。引脚中的 V_{DD}、V_{SS}、V_{REF+}、V_{REF-}、V_{SSA}、V_{DDA} 等都属于电源引脚。

(2)晶振引脚。引脚中的 PC14、PC15 和 OSC_IN、OSC_OUT 都属于晶振引脚，它们还可以作为普通引脚使用。

(3)复位引脚。引脚中的 NRST 属于复位引脚，其不作为其他引脚使用。

(4)下载引脚。引脚中的 PA13、PA14、PA15、PB3 和 PB4 属于 JTAG 或 SW 下载引脚，它们还可以作为普通引脚或特殊功能引脚使用，具体功能可以查看芯片数据手册。当然，STM32 的串口功能引脚也可以作为下载引脚使用。

（5）BOOT 引脚。引脚中的 BOOT0 和 PB2（BOOT1）属于 BOOT 引脚，PB2 还可以作为普通引脚使用。在 STM32 启动过程中会有模式选择，这就是依靠 BOOT0 和 BOOT1 的电平来决定的。

（6）GPIO 引脚。引脚中的 PA、PB、PC、PD 等均属于 GPIO 引脚，GPIO 占用了 STM32 芯片大部分的引脚。并且每一个端口都有 16 个引脚，例如 PA 端口有 PA0～PA15 引脚。其他的 PB、PC 等端口也是一样的。

对于这么多 GPIO 引脚，怎么知道某个引脚有什么功能呢？很简单，可以查阅 STM32 芯片数据手册获取信息，如引脚名、引脚类型、引脚容忍的电压值和引脚复用功能等信息。

2. GPIO 的工作模式

GPIO 内部的结构决定了 GPIO 可以配置成以下几种工作模式。

（1）输入（模拟、上拉、下拉、浮空）。

在输入模式时，施密特触发器打开，输出被禁止。可通过输入数据寄存器 GPIOx_IDR 读取 I/O 状态。输入模式可以配置为模拟、上拉、下拉及浮空模式。上拉和下拉输入默认的电平由上拉或下拉决定。浮空输入的电平是不确定的，完全由外部的输入决定，一般接按键的时候可以使用这个模式。模拟输入则用于 ADC 采集。

（2）输出（推挽/开漏）。

在输出模式中，采用推挽模式时，双 MOS 管以推挽方式工作，输出数据寄存器 GPIOx_ODR 可控制 I/O 输出高、低电平。采用开漏模式时，只有 N-MOS 管工作，输出数据寄存器 GPIOx_ODR 可控制 I/O 输出高阻态或低电平。输出速度可配置，有 2 MHz、25 MHz、50 MHz 等选项。此处的输出速度即 I/O 支持的高、低电平状态最高切换频率，支持的频率越高，功耗越大，如果对功耗要求不严格，则把速度设置成最大即可。在输出模式中，施密特触发器是打开的，即输入可用，通过输入数据寄存器 GPIOx_IDR 可读取 I/O 的实际状态。

（3）复用功能（推挽/开漏）。

复用功能模式中输出速度可配置，系统可工作在开漏及推挽模式，但是输出信号源于其他外设，输出数据寄存器 GPIOx_ODR 无效。该模式下输入可用，通过输入数据寄存器 GPIOx_IDR 可获取 I/O 实际状态，但一般直接用外设的寄存器来获取该数据信号。

（4）模拟输入输出（上下拉无影响）。

模拟输入输出模式中，双 MOS 管结构被关闭，施密特触发器停用，上/下拉也被禁止，其他外设通过模拟通道进行输入输出。通过对 GPIO 寄存器写入不同的参数，就可以改变 GPIO 的应用模式。

在 GPIO 外设中，通过设置端口配置寄存器 GPIOx_CRL 和 GPIOx_CRH 可配置 GPIO 的工作模式和输出速度。GPIOx_CRH 控制端口的高八位，GPIOx_CRL 控制端口的低八位。

▶▶▶ 2.4.2　蜂鸣器 ▶▶▶

蜂鸣器是一种一体化结构的电子讯响器，采用直流电压供电，广泛应用于计算机、打印机、复印机、报警器、电子玩具、汽车电子设备、电话机、定时器等电子产品中作为发声器件。蜂鸣器主要分为压电式蜂鸣器和电磁式蜂鸣器两种类型。

压电式蜂鸣器主要由多谐振荡器、压电蜂鸣片、阻抗匹配器及共鸣箱、外壳等组成。多谐振荡器由晶体管或集成电路构成，当接通电源后(1.5~15 V 直流工作电压)，多谐振荡器起振，输出 1.5~5 kHz 的音频信号，阻抗匹配器推动压电蜂鸣片发声。电磁式蜂鸣器由振荡器、电磁线圈、磁铁、振动膜片及外壳等组成。接通电源后，振荡器产生的音频信号电流通过电磁线圈，使电磁线圈产生磁场，振动膜片在电磁线圈和磁铁的相互作用下，周期性地振动发声。它们之间的区别是：要想压电式蜂鸣器发声，需提供一定频率的脉冲信号；要想电磁式蜂鸣器发声，只需提供电源即可。

开发板上使用的蜂鸣器是有源蜂鸣器，属于电磁式蜂鸣器。这里的有源，并不是指电源，而是指蜂鸣器内部是否含有振荡电路。有源蜂鸣器内部自带振荡电路，只需提供电源即可发声，而无源蜂鸣器则需提供一定频率的脉冲信号才能发声，频率大小通常为 1.5~5 kHz。如果给有源蜂鸣器加一个 1.5~5 kHz 的脉冲信号，同样也会发声，而且改变这个频率，就可以调节蜂鸣器音调，产生各种不同音色、音调的声音。如果改变输出电平的高、低电平占空比，则可以改变蜂鸣器的声音大小。

根据 STM32F10x 芯片数据手册可知，单个 IO 接口的最大输出电流是 25 mA，而蜂鸣器的驱动电流是 30 mA 左右，两者非常接近，有人就想直接用 IO 接口来驱动蜂鸣器，但是有没有考虑到整块芯片的输出电流，整块芯片的输出电流最大也就 150 mA，如果在驱动蜂鸣器时就耗掉了 30 mA，那么 STM32 其他的 IO 接口及外设电流就不足了。因此，不会直接使用 IO 接口驱动蜂鸣器，而是通过三极管把电流放大后再驱动蜂鸣器，这样 STM32 的 IO 接口只需要提供不到 1 mA 的电流就可控制蜂鸣器。由此可知，STM32 芯片是用来控制而不是驱动的。

▶▶▶ 2.4.3　硬件设计 ▶▶▶

开发板上的 LED 电路如图 2-9 所示。

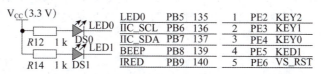

图 2-9　开发板上的 LED 电路

图 2-9 中相同网络标号表示它们是连接在一起的，因此 DS0、DS1 发光二极管的阴极连接在 STM32 的 PB5、PE5 引脚上。如果要使 DS0 亮，只需要控制 PB5 引脚输出低电平；如果要使 DS0 灭，只需控制 PB5 引脚输出高电平。其他的 LED 控制方法也一样。如果使用的是其他开发板，连接 LED 的引脚和极性不一样，那么只需要在程序中修改对应的 GPIO 引脚和输出电平状态即可。

开发板上的有源蜂鸣器电路如图 2-10 所示。

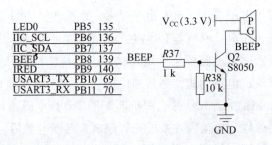

图 2-10　开发板上的有源蜂鸣器电路

从图 2-10 中可以看到，STM32 芯片的 PB8 引脚是用来控制蜂鸣器的，通过电阻 $R37$ 和 NPN 三极管 Q2 进行电流放大，从而驱动蜂鸣器。电阻 $R38$ 是一个下拉电阻，用来防止蜂鸣器误发声。当 PB8 引脚输出高电平时，三极管导通，蜂鸣器发声；当 PB8 引脚输出低电平时，三极管截止，蜂鸣器停止发声。

▶▶▶ 2.4.4　软件设计 ▶▶▶

软件所要实现的功能是点亮 DS0，即让 STM32 的 PB5 引脚输出一个低电平。实现该功能的主要程序框架如下：

（1）初始化系统时钟，默认配置为 72 MHz，初始化蜂鸣器；

（2）初始化 DS0 对应的 GPIO 相关参数，并使能 GPIOB 时钟；

（3）点亮 DS0。

因为采用的是库函数开发，所以需要复制创建好的库函数工程模板，在此模板上进行程序开发。将复制过来的模板文件夹重新命名为 F103ZET6LibTemplateLED，所要操作的外围器件是 LED，编写的 LED 驱动程序存放在 Hardware 文件夹中，同理开发板上的有源蜂鸣器的驱动程序存放在 Hardware 文件夹中，这样做的好处是方便快速移植代码，并且工程目录也非常清晰，给后续维护带来方便。创建的文件名可自定义，通常使用一定意义的英文来命名，例如看到 led.c 文件就知道里面存放的是 LED 驱动。本实验对 STM32 的 GPIO 外设操作，需在工程中添加 stm32f10x_gpio.c 和 stm32f10x_rcc.c 文件，对 GPIO 操作的函数都在 stm32f10x_gpio.c 文件中，stm32f10x_gpio.h 文件是函数的申明及一些选项配置的宏定义。在工程模板中这几个文件已经添加，在后续实验中就不再强调工程模板已调用的这几个文件了。

1. LED 初始化函数

在工程模板上完成 LED 的驱动，新建 led.c 和 led.h 文件，将其存放在 Hardware 文件夹内。这两个文件不是库文件，内容需要自己编写。通常 xxx.c 文件用于存放编写的驱动程序，xxx.h 文件用于存放 xxx.c 内的以 stm32 开头的文件、引脚定义、全局变量声明、函数声明等内容。因此，在 led.c 文件内编写如下代码：

```
#include "led.h"
void LED_Init(void){
    GPIO_InitTypeDef GPIO_InitStructure;                    //定义结构体变量
    RCC_APB2PeriphClockCmd(LED1_PORT_RCC|LED2_PORT_RCC,ENABLE);
    GPIO_InitStructure.GPIO_Pin=LED1_PIN;                   //选择要设置的 IO 接口
```

```
GPIO_InitStructure. GPIO_Mode=GPIO_Mode_Out_PP;    //设置推挽输出模式
GPIO_InitStructure. GPIO_Speed=GPIO_Speed_50MHz;    //设置传输速度
GPIO_Init(LED1_PORT,&GPIO_InitStructure);           //初始化 GPIO
GPIO_SetBits(LED1_PORT,LED1_PIN);                   //将 LED 端口拉高,熄灭所有 LED
GPIO_InitStructure. GPIO_Pin=LED2_PIN;              //选择要设置的 IO 接口
GPIO_Init(LED2_PORT,&GPIO_InitStructure);           //初始化 GPIO
GPIO_SetBits(LED2_PORT,LED2_PIN);                   //将 LED 端口拉高,熄灭所有 LED
}
```

　　函数中的 LED1_PORT_RCC、LED1_PIN 和 LED1_PORT 等是定义的宏，其存放在 led. h 头文件内。LED1_PORT_RCC 定义的是 DS0 端口时钟（如 RCC_APB2Periph_GPIOB），LED1_PIN 定义的是 DS0 的引脚（如 GPIO_Pin_5），LED1_PORT 定义的是 DS0 的端口（如 GPIOB）。这样定义宏的好处是有效提高了程序的可移植性，即使后续需要更换其他端口，只需简单修改这几个宏就可以完成对 LED 的控制。

　　在 led. h 头文件内编写如下代码：

```
#ifndef _led_H
#define _led_H
#include "stm32f10x. h"   //LED 时钟端口、引脚定义
#define LED1_PORT GPIOB
#define LED1_PIN GPIO_Pin_5
#define LED1_PORT_RCC RCC_APB2Periph_GPIOB
#define LED2_PORT GPIOE
#define LED2_PIN GPIO_Pin_5
#define LED2_PORT_RCC RCC_APB2Periph_GPIOE
    void LED_Init(void);
#endif
```

　　该文件主要是对 led. c 源文件的函数声明及端口引脚的宏定义，方便其他文件调用该函数。在该头文件中使用了一个定义头文件的结构，代码如下：

```
#ifndef _led_H
#define _led_H
    //此处省略头文件定义的内容
#endif
```

　　它的功能是防止头文件被重复包含，避免引起编译错误。在头文件的开头，使用 #ifndef 关键字判断标号 _led_H 是否被定义，若没有被定义，则从 #ifndef 至 #endif 关键字之间的内容都有效。也就是说，这个头文件若被其他文件使用 #include 包含，那么它就会被包含到其他文件中，且头文件中紧接着使用 #define 关键字定义上面判断的标号 _led_H。当这个头文件被同一个文件第二次使用 #include 包含时，由于有了第一次包含中的 #define _led_H 定义，这时再判断 #ifndef _led_H，判断的结果就是假，从 #ifndef 至 #endif 之间的内容都无效，从而防止了同一个头文件被包含多次，编译时就不会出现 redefine（重复定

义)错误了。

通常，在当前源文件中不会直接写两条#include 语句包含同一个头文件，但可能会存在当前源文件和其他源文件中的内部重复包含同一个头文件。例如，led. h 头文件中调用了#include stm32f1xx. h 头文件，可能在写主程序时会在 main. c 文件开始处调用#include stm32f1xx. h 和 led. h，这时 stm32f1xx. h 文件就被包含了两次，如果在头文件中没有这种机制，则编译器就会报错。

LED_Init( )函数就是对 LED 所接端口的初始化，按照 GPIO 初始化步骤完成，下面主要介绍库函数是如何实现 GPIO 初始化的。

在库函数中实现 GPIO 初始化的函数如下：

> void GPIO_Init(GPIO_TypeDef*GPIOx,GPIO_InitTypeDef*GPIO_InitStruct);

GPIO_Init( )函数内有两个形参。第一个形参是 GPIO_TypeDef 类型的指针变量，而 GPIO_TypeDef 又是一个结构体类型，其中封装了 GPIO 外设的所有寄存器，因此给它传输 GPIO 外设基地址即可通过指针操作寄存器内容，第一个参数值可以为 GPIOA、GPIOB、GPIOG 等，其实这些就是封装好的 GPIO 外设基地址，在 stm32f10x. h 文件中可以找到。第二个形参是 GPIO_InitTypeDef 类型的指针变量，而 GPIO_InitTypeDef 也是一个结构体类型，其中封装了 GPIO 外设的寄存器配置成员。初始化 GPIO，其实就是对这个结构体进行配置。如果想快速查看代码或参数，则可以单击要查找的函数或参数，然后右击，在快捷菜单中选择 Go To Definition Of 命令进入所要查找的函数或参数。查找函数内变量类型也是同样的方法，如果用此方法查找不出内容，则可能是所查找的内容被 Keil5 软件认为不正确，或者工程没有编译，或者没有勾选图 2-6 中 Output 选项卡的 Browse Information 复选框。

在 LED 初始化函数中，开始处调用的一个函数是：

> RCC_APB2PeriphClockCmd(LED1_PORT_RCC,ENABLE);

此函数的功能是使能 LED 对应 GPIO 外设时钟，在 STM32 中要操作外设，必须将其外设时钟使能，否则即使其他的内容都配置好也是徒劳。因为 GPIO 外设是挂接在 APB2 总线上的，所以是对 APB2 总线时钟进行使能。该函数内有两个参数：一个用来选择外设时钟，另一个用来选择使能(ENABLE)还是失能(DSIABLE)。

在 LED 初始化函数内，最后还调用了 GPIO_SetBits(LED1_PORT，LED1_PIN)函数，此函数的功能是让 GPIOB 端口的第 5 个引脚输出高电平，让 DS0 处于熄灭状态。如果要对同一端口的多个引脚输出高电平，则可以使用"｜"运算符。在对结构体进行初始化配置时，也可使用"｜"将引脚添加进去，前提条件是要操作的多个引脚必须是同一端口且配置了同一种工作模式，例如：

> GPIO_InitStructure. GPIO_Pin＝GPIO_Pin_0|GPIO_Pin_1;　//引脚设置
> GPIO_SetBits(GPIOC,GPIO_Pin_0|GPIO_Pin_1);

从函数名就可以知道函数的功能。该函数内有两个参数：一个用于端口的选择；另一个用于端口引脚的选择。如果要输出低电平，则可以使用库函数：

> GPIO_ResetBits(LED1_PORT,LED1_PIN);

这个函数的功能与 GPIO_SetBits( )函数相反，一个输出低电平，一个输出高电平，不过里面的参数功能一样。

GPIO 输出函数还有好几个，例如：

```
void GPIO_WriteBit(GPIO_TypeDef*GPIOx,uint16_t GPIO_Pin,BitAction BitVal);
void GPIO_Write(GPIO_TypeDef*GPIOx,uint16_t PortVal);
```

功能：设置端口引脚输出电平，这两个函数很少使用。

从 GPIO 内部结构可知，GPIO 还可以读取输入或输出引脚的电平状态。

（1）读取输入引脚，其函数如下：

```
uint8_t GPIO_ReadInputDataBit(GPIO_TypeDef*GPIOx,uint16_t GPIO_Pin);
```

功能：读取端口中某个引脚输的入电平，底层是通过读取 IDR 寄存器。

```
uint16_t GPIO_ReadInputData(GPIO_TypeDef*GPIOx);
```

功能：读取某组端口的输入电平，底层是通过读取 IDR 寄存器。

（2）读取输出引脚，其函数如下：

```
uint8_t GPIO_ReadOutputDataBit(GPIO_TypeDef*GPIOx,uint16_t GPIO_Pin);
```

功能：读取端口中某个引脚的输出电平，底层是通过读取 ODR 寄存器。

```
uint16_t GPIO_ReadOutputData(GPIO_TypeDef*GPIOx);
```

功能：读取某组端口的输出电平，底层是通过读取 ODR 寄存器。

2. 蜂鸣器初始化函数

新建 beep.c 文件，蜂鸣器初始化函数代码如下：

```
void BEEP_Init(void){
    GPIO_InitTypeDef GPIO_InitStructure;    //声明一个结构体变量,用来初始化 GPIO
    RCC_APB2PeriphClockCmd(BEEP_PORT_RCC,ENABLE);    //开启 GPIO 时钟
    //配置 GPIO 的模式和 IO 接口
    GPIO_InitStructure.GPIO_Pin=BEEP_PIN;                //选择要设置的 IO 接口
    GPIO_InitStructure.GPIO_Mode=GPIO_Mode_Out_PP;       //设置推挽输出模式
    GPIO_InitStructure.GPIO_Speed=GPIO_Speed_50MHz;      //设置传输速度
    GPIO_Init(BEEP_PORT,&GPIO_InitStructure);            //初始化 GPIO
    GPIO_ResetBits(BEEP_PORT,BEEP_PIN);
}
```

BEEP_Init()函数用来初始化蜂鸣器的端口及时钟，在函数内看到有几个参数不是库函数内的，如 BEEP_PIN、BEEP_PORT、BEEP_PORT_RCC，这种情况一般是自己定义的宏，通常放在对应的头文件内。在 beep.h 头文件中可以看到如下代码：

```
#ifndef _beep_H
#define _beep_H
#include "system.h"   //蜂鸣器时钟端口、引脚定义
#define BEEP_PORT GPIOB
#define BEEP_PIN GPIO_Pin_8
```

```
#define BEEP_PORT_RCC RCC_APB2Periph_GPIOB
#define BEEP PBout(8)
    void BEEP_Init(void);
#endif
```

这里面就将蜂鸣器的 GPIO 端口及引脚和端口时钟进行了宏定义，这样做是为了方便移植程序，只需要修改这个宏就能实现蜂鸣器的初始化修改。如果是自己做的开发板，将蜂鸣器放在 PA5 引脚上控制，那么只需要修改 beep.h 头文件的内容，把 RCC_APB2Periph_GPIOB 改为 RCC_APB2Periph_GPIOA，GPIOB 改为 GPIOA，GPIO_Pin_8 改为 GPIO_Pin_5，把 PBout(8)改为 PAout(5)，而 beep.c 文件完全不用修改。

3. 主函数

在 main.c 文件内输入如下代码：

```
#include "stm32f10x.h"
#include "led.h
#include "beep.h
int main(){
    SysTick_Init(72);
    LED_Init();
    BEEP_Init();
    while(1){
        GPIO_ResetBits(LED1_PORT,LED1_PIN);   //点亮 DS0
        delay_ms(500);
        GPIO_SetBits(LED1_PORT,LED1_PIN);
        BEEP=!BEEP;
    }
}
```

主函数非常简单，首先调用 LED 和 BEEP 初始化函数，将 PB5、PE5 引脚配置为通用推挽输出模式，引脚输出速度为 50 MHz。进入 while 循环内调用库函数 GPIO_ResetBits( )让 PB5 引脚输出一个低电平，从而点亮 DS0，不断翻转蜂鸣器的引脚状态，间隔时间是 0.5 s，因为使用了 delay_ms( )延时函数，所以在 main( )函数开始处就需要调用 SysTick_Init(72)初始化。这个过程在后面所有程序都会使用，后面不再重复介绍。

想要实现 LED 闪烁也非常简单，只需要在 PB5 引脚输出高、低电平间调用一个延时函数即可。

▶▶▶ 2.4.5　实验现象 ▶▶▶▶

将编写好的程序进行编译后，如果没有报错，即可将程序下载到开发板内运行，运行结果是 LED 模块上的 DS0 指示灯间隔 1 s 闪烁一次，蜂鸣器间隔 1 s 发声一次。

思考题 ▶▶ ▶

(1)使用库函数帮助文档查找几个函数：GPIO_Init( )、GPIO_SetBits( )、GPIO_RestBits( )，获取函数的功能及使用方法。

(2)创建一个自己的库函数工程模板。

(3)基于库函数工程模板，点亮 DS1。

(4)基于库函数工程模板，实现 LED 闪烁。

(5)基于库函数工程模板，实现 LED 流水灯效果。

(6)改变蜂鸣器的音调和声音大小(提示：改变音调即修改引脚输出频率，改变声音大小即修改占空比)。

第3章
按键控制

本章介绍玄武 F103 开发板的按键控制，包括板载 KEY0、KEY1、KEY2、KEY4 这 4 个按键模块和红外遥控 IR1 按键模块。

 ## 3.1 按键控制蜂鸣器

下面通过开发板上的 4 个按键来控制 LED 和板载有源蜂鸣器的开/关。

▶▶▶ 3.1.1 按键介绍 ▶▶▶

按键是一种电子开关，使用时轻轻按下开关按钮就可使开关接通，当松开时，开关断开。由于机械点的弹性作用，按键开关在闭合时不会马上稳定接通，在断开时也不会一下子断开，因而在闭合和断开的瞬间均伴随着一连串的抖动。抖动时间的长短由按键的机械特性决定，一般为 5~10 ms。按键稳定闭合时间的长短则由操作人员的按键动作决定，一般为零点几秒至数秒。按键抖动会引起按键被误读多次。为了确保 CPU 对按键的一次闭合仅做一次处理，必须进行消抖。

按键消抖有两种方式：一种是硬件消抖；另一种是软件消抖。为了使电路更加简单，通常采用软件消抖。玄武 F103 开发板采用软件消抖，一个简单的按键消抖就是先读取按键的状态，如果按键被按下，延时 10 ms，再次读取按键的状态，如果按键还是处于按下状态，那么说明按键已经被按下。其中，延时 10 ms 就是进行软件消抖处理。至于硬件消抖，请读者参考相关数据手册。

▶▶▶ 3.1.2 硬件设计 ▶▶▶

开发板上有 4 个控制按键，其硬件电路如图 3-1 所示。

图 3-1 中的按键 KEY_UP 连接在芯片的 PA0 引脚上，按键 KEY0、KEY1、KEY2 分别连接芯片的 PE4、PE3、PE2 引脚。需要注意的是，KEY_UP 按键的另一端接在 3.3 V 上，按下时芯片输入引脚即为高电平；KEY0、KEY1、KEY2 按键的另一端全部接在 GND 上，这与 51 单片机一样，采用独立式按键接法，按下时芯片输入引脚即为低电平。

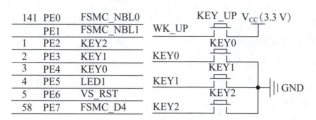

图 3-1　开发板上控制按键的硬件电路

▶▶▶ 3.1.3　软件设计 ▶▶▶

程序框架如下：

(1)初始化按键使用的端口及时钟；

(2)按键检测处理；

(3)按键控制处理。

1. 按键初始化函数

在 led. c 文件内编写如下代码：

```
void KEY_Init(void){
    GPIO_InitTypeDef GPIO_InitStructure;                //定义结构体变量
    RCC_APB2PeriphClockCmd(RCC_APB2Periph_GPIOA|RCC_APB2Periph_GPIOE,ENABLE);
    GPIO_InitStructure. GPIO_Pin=KEY_UP_PIN;            //选择要设置的 IO 接口
    GPIO_InitStructure. GPIO_Mode=GPIO_Mode_IPD;        //下拉输入
    GPIO_Init(KEY_UP_PORT,&GPIO_InitStructure);         //初始化 GPIO
    GPIO_InitStructure. GPIO_Pin=KEY0_PIN|KEY1_PIN|KEY2_PIN;
    GPIO_InitStructure. GPIO_Mode=GPIO_Mode_IPU;        //上拉输入
    GPIO_Init(KEY_PORT,&GPIO_InitStructure);
}
```

KEY_Init( )函数用来初始化按键的端口及时钟。要知道按键是否被按下，就需要读取按键所对应的 IO 接口的电平状态，因此需要把 GPIO 配置为输入模式，因为 KEY_UP 按键一端接 3.3 V，按下后 PA0 引脚即为高电平，所以需要将 PA0 引脚配置为下拉输入模式 GPIO_Mode_IPD，这样 PA0 引脚的默认电平就为低电平。如果读取到 PA0 引脚的电平为高电平，那么就说明 KEY_UP 按键被按下。其他几个按键是共地的，所以需要配置为上拉输入模式 GPIO_Mode_IPU，分析方法和 KEY_UP 类似。

在函数内有几个参数不是库函数，如 KEY_UP_PIN、KEY_UP_PORT。这种情况一般是自己定义的宏，通常放在对应头文件内。打开 key. h 头文件，可以看到如下代码：

```
#ifndef _key_H
#define _key_H
#include "system. h"
#define KEY0_PIN GPIO_Pin_4                 //定义 KEY0 引脚
#define KEY1_PIN GPIO_Pin_3                 //定义 KEY1 引脚
#define KEY2_PIN GPIO_Pin_2                 //定义 KEY2 引脚
```

```
#define KEY_UP_PIN GPIO_Pin_0              //定义 KEY_UP 引脚
#define KEY_PORT GPIOE                     //定义端口
#define KEY_UP_PORT GPIOA                  //定义端口
//使用位带操作定义
#define KEY_UP PAin(0)
#define KEY0 PEin(4)
#define KEY1 PEin(3)
#define KEY2 PEin(2)
//定义各个按键值
#define KEY_UP_PRESS 1
#define KEY0_PRESS 2
#define KEY1_PRESS 3
#define KEY2_PRESS 4
void KEY_Init(void);
u8 KEY_Scan(u8 mode);
#endif
```

key. h 头文件内定义了按键的端口、引脚、读取引脚的电平状态、函数声明等信息。其里面使用的定义引脚的操作是位带操作,当然也可以使用库函数对引脚进行操作。由于位带操作比较方便,因此就使用位带操作的方式来定义引脚。

2. 按键检测函数

要知道哪个按键被按下,就需要编写按键检测函数,具体代码如下:

```
u8 KEY_Scan(u8 mode){
    static u8 key=1;
    if(mode==1)                                          //连续按键被按下
    key=1;
    if(key==1&&(KEY_UP==1||KEY0==0||KEY1==0||KEY2==0))//任意一个按键被按下
    { delay_ms(10);   //消抖
        key=0;
        if(KEY_UP==1)
        return KEY_UP_PRESS;
        else if(KEY0==0)
        return KEY0_PRESS;
        else if(KEY1==0)
        return KEY1_PRESS;
        else if(KEY2==0)
    return KEY2_PRESS;}
    else if(KEY_UP==0&&KEY0==1&&KEY1==1&&KEY2==1)         //无按键被按下
    key=1;return 0;
}
```

KEY_Scan( )函数带一个形参 mode,该参数用来设定是否连续扫描按键。如果 mode 为 0,则只能操作一次按键,只有当按键松开后才能触发下一次扫描,这样做的好处是可以防止按下一次出现多次触发的情况。如果 mode 为 1，则函数支持连续扫描，即使按键未松开，在函数内部有 if(mode==1)这条判断语句，key 始终等于 1，所以可以连续扫描按键。当按下某个按键时，会一直返回这个按键的键值，这样做的好处是可以很方便地实现连按操作。

　　函数内的 delay_ms(10)即为软件消抖处理，通常延时 10 ms 即可。KEY_Scan()函数还带有一个返回值，如果未有按键被按下，则返回值即为 0，否则返回值即为对应按键的键值，如 KEY_UP_PRESS、KEY0_PRESS、KEY1_PRESS、KEY2_PRESS。KEY_Scan()函数内定义了一个 static 变量，所以该函数不是一个可重入函数。该函数对按键的扫描是有优先级的，因为函数内用了 if...else if...else 格式，所以最先扫描处理的按键是 KEY_UP，其次是 KEY0，然后是 KEY1，最后是 KEY2。如果需要将其优先级设置一样，那么可以全部用 if 语句。

3. 按键控制函数

　　主函数的代码如下：

```
#include "system. h"
#include "SysTick. h"
#include "led. h"
#include "beep. h"
#include "key. h"
int main(){
    u8 key,i=0;
    SysTick_Init(72);
    LED_Init();
    BEEP_Init();
    KEY_Init();
    while(1){
        key=KEY_Scan(0);                        //扫描按键
        switch(key){
            case KEY_UP_PRESS: LED2=0;break;    //点亮开发板上的 DS1 指示灯
            case KEY1_PRESS: LED2=1;break;      //熄灭开发板上的 DS1 指示灯
            case KEY2_PRESS: BEEP=1;break;      //蜂鸣器开
            case KEY0_PRESS: BEEP=0;break;      //蜂鸣器关
        }
        i++;
        if(i%20==0){
            LED1=!LED1;                         //LED1 状态取反
        }
    delay_ms(10);}
}
```

　　主函数实现的功能比较简单：首先将使用到的硬件初始化(这里说的初始化表示端口和时钟全部初始化，后面就不再强调)，如 LED、蜂鸣器和按键；然后在 while 循环内调用按键扫描函数，按键扫描函数传入的参数值为 0，即 mode=0，所以这里只对它进行单次按键操作；最后将扫描函数返回后的值保存在变量 key 内，通过 switch 语句进行比较，从而控制 LED 和蜂鸣器开/关。if(i%20==0)判断语句表示，当 i 能够整除 20 时就进入 LED

状态翻转，后面 delay_ms(10)用来延时，也就是间隔 200 ms，LED 就会翻转一次状态。

▶▶▶ 3.1.4 实验现象 ▶▶▶

将工程程序编译后下载到开发板内运行，可以看到 DS0 不断闪烁，表示程序正常运行。当按下 KEY_UP 键，DS1 亮；当按下 KEY1 键，DS1 灭；当按下 KEY2 键，蜂鸣器发声，当按下 KEY0 键，蜂鸣器停止发声。

3.2 基于外部中断的红外遥控

下面使用外部中断功能将遥控器键值编码数据解码后，通过串口打印输出，同时 DS0 闪烁，提示系统运行。

▶▶▶ 3.2.1 外部中断与红外遥控 ▶▶▶

1. 外部中断

STM32F10x 外部中断/事件控制器（EXTI）包含多达 20 个用于产生事件/中断请求的边沿检测器。EXTI 的每根输入线都可单独进行配置，以选择类型（中断或事件）和相应的触发事件（上升沿触发、下降沿触发或边沿触发），还可独立地被屏蔽。

2. 红外遥控

人的眼睛能看到的可见光按波长从长到短排列，依次为红、橙、黄、绿、青、蓝、紫。其中红光的波长范围为 $0.62\sim0.76\ \mu m$；紫光的波长范围为 $0.38\sim0.46\ \mu m$。波长比紫光还短的光称为紫外线，波长比红光还长的光称为红外线。红外遥控就是利用波长为 $0.76\sim1.5\ \mu m$ 的近红外线来传输控制信号的。

红外遥控是一种无线、非接触控制技术，具有抗干扰能力强，信息传输可靠，功耗低，成本低，易实现等优点，被诸多电子设备，特别是家用电器广泛采用，并越来越多地应用到计算机系统中。由于红外遥控不具有像无线电遥控那样穿过障碍物去控制被控对象的能力，因此在设计红外遥控器时，不必像无线电遥控器那样，每套发射器和接收器要有不同的遥控频率或编码，否则就会隔墙控制或干扰邻居的家用电器。同类产品的红外遥控器，可以有相同的遥控频率或编码，而不会出现遥控信号"串门"的情况，这给大批量生产及在家用电器上普及红外遥控提供了极大的方便。由于红外线为不可见光，因此对环境影响很小。因为红外光波的波长远小于无线电波的波长，所以红外遥控不会影响其他家用电器，也不会影响临近的无线电设备。

红外遥控通信系统一般由红外发射装置和红外接收设备两大部分组成。

红外发射装置也就是通常所说的红外遥控器，是由键盘电路、红外编码电路、电源电路和红外发射电路组成。红外发射电路的主要元件为红外发光二极管，它是一个特殊的发光二极管。由于其内部材料不同于普通发光二极管，因而在其两端施加一定电压时，它发出的是红外线而不是可见光。目前大量使用的红外发光二极管发出的红外线的波长为 940 nm 左右，其外形与普通发光二极管相同。红外发光二极管有透明的，也有不透明的。

红外接收设备是由红外接收头、红外解码、电源和应用电路组成。红外接收设备的主要作用是将红外遥控器发送过来的红外光信号转换成电信号，再放大、限幅、检波、整形，形成遥控指令脉冲，输出至遥控微处理器。成品红外接收设备的封装大致有两种：一种是铁皮屏蔽；另一种是塑料封装。玄武 F103 开发板上的红外接收设备就是采用的塑料封装。红外接收设备均有 3 个引脚，即电源正（V_{DD}）、电源负（GND）和数据输出（V_{OUT}）。由于红外接收设备在没有脉冲时为高电平，当接收到脉冲时为低电平，所以可以通过外部中断的下降沿触发中断，在中断内通过计算高电平时间来判断接收到的数据是 0 还是 1。

3.2.2 硬件设计 ▶▶▶ ▶

本节使用的硬件资源有：DS0 指示灯、串口 1、红外遥控器和红外接收头，红外遥控器属于外部器件，只有红外接收头集成在开发板上，其电路如图 3-2 所示。

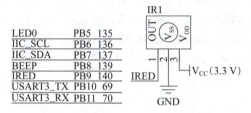

LED0	PB5	135
IIC_SCL	PB6	136
IIC_SDA	PB7	137
BEEP	PB8	139
IRED	PB9	140
USART3_TX	PB10	69
USART3_RX	PB11	70

图 3-2 开发板上的红外接收设备电路

图 3-2 中，红外接收头的数据输出引脚连接在 STM32F103 芯片的 PB9 引脚上，这里使用 PB9 引脚内部上拉，因此可以省去一个上拉电阻，当然也可以接一个 10 kΩ 的上拉电阻。通过配置 PB9 引脚为外部中断功能，按照 NEC 协议进行解码。DS0 指示灯用来提示系统运行状态，红外遥控器用来发射红外键值的编码信号。通过红外接收头进行解码，并将解码后的数据通过串口 1 打印输出。

3.2.3 软件设计 ▶▶▶ ▶

程序框架如下：
（1）使能 PB9 端口时钟，映射 PB9 至外部中断线上等；
（2）编写红外解码函数（在 EXTI 中断处理）；
（3）编写主函数。

1. 外部中断初始化函数

红外接收头数据输出引脚接在 PB9 上，因此配置 PB9 为外部中断，初始化代码如下：

```
void Hwjs_Init(){
    GPIO_InitTypeDef GPIO_InitStructure;
    EXTI_InitTypeDef EXTI_InitStructure;
    NVIC_InitTypeDef NVIC_InitStructure;
    //开启 GPIO 时钟及引脚复用时钟
    RCC_APB2PeriphClockCmd(RCC_APB2Periph_GPIOB|RCC_APB2Periph_AFIO,ENABLE);
    GPIO_InitStructure. GPIO_Pin=GPIO_Pin_9;  //红外接收
    GPIO_InitStructure. GPIO_Mode=GPIO_Mode_IPU;
    GPIO_Init(GPIOB,&GPIO_InitStructure);
    GPIO_EXTILineConfig(GPIO_PortSourceGPIOB,GPIO_PinSource9);
```

```
//选择 GPIO 引脚用作外部中断线路
EXTI_ClearITPendingBit(EXTI_Line9);
//设置外部中断的模式
EXTI_InitStructure. EXTI_Line=EXTI_Line9;
EXTI_InitStructure. EXTI_Mode=EXTI_Mode_Interrupt;
EXTI_InitStructure. EXTI_Trigger=EXTI_Trigger_Falling;
EXTI_InitStructure. EXTI_LineCmd=ENABLE;
EXTI_Init(&EXTI_InitStructure);
//设置 NVIC 参数
NVIC_InitStructure. NVIC_IRQChannel=EXTI9_5_IRQn;              //打开全局中断
NVIC_InitStructure. NVIC_IRQChannelPreemptionPriority=0;       //抢占优先级为 0
NVIC_InitStructure. NVIC_IRQChannelSubPriority=1;              //响应优先级为 1
NVIC_InitStructure. NVIC_IRQChannelCmd=ENABLE;                //使能
NVIC_Init(&NVIC_InitStructure);
}
```

在 Hwjs_Init( )函数中，首先使能 GPIOB 端口和 AFIO 时钟，然后将 PB9 映射到外部中断线 9 上，并配置 PB9 为上拉输入模式，最后初始化 EXTI 及 NVIC。这里需要注意，PB9 的外部中断通道是 EXTI9_5_IRQn。

2. 红外解码函数

初始化外部中断后，中断就已经开启，当 PB9 引脚上到来一个下降沿，就会触发一次中断，在中断内可以计算高电平时间，通过高电平时间判断是否进入引导码及数据 0 和 1。红外遥控外部中断具体代码如下：

```
void EXTI9_5_IRQHandler(void){
    u8 Tim=0,Ok=0,Data,Num=0;
    while(1){
        if(GPIO_ReadInputDataBit(GPIOB,GPIO_Pin_9)==1){
            Tim=HW_jssj();                              //获得此次高电平时间
            if(Tim>=250)break;                          //不是有用的信号
            if(Tim>=200 && Tim<250){
                Ok=1;                                   //接收到起始信号
            } else if(Tim>=60 && Tim<90){
                Data=1;                                 //接收到数据 1
            } else if(Tim>=10 && Tim<50){
                Data=0;                                 //接收到数据 0
            }
            if(Ok==1){
                hw_jsm<<=1;hw_jsm+=Data;
                if(Num>=32){hw_jsbz=1;break;}
            }
        Num++;} }
    EXTI_ClearITPendingBit(EXTI_Line9);
}
```

中断函数内调用了 HW_jssj( ) 函数获取高电平时间，此函数的代码如下：

```
u8 HW_jssj(){
    u8 t=0;
    while(GPIO_ReadInputDataBit(GPIOB,GPIO_Pin_9)==1)      //高电平
    { t++;
        delay_us(20);
        if(t>=250)return t;                               //超时溢出
    }
    return t;
}
```

通过此函数的返回值就可以计算高电平时间，t 累加一次，积累的时间为 20 μs。中断函数内，将此函数的返回值保存在变量 Tim 中，通过 Tim 值就可以判断是否进入引导码。如果进入引导码，那么就可以接着判断接收的数据是 1 还是 0，然后将数据按低位在前、高位在后的顺序保存在 hw_jsm 内。当接收完 32 位数据后，将 hw_jsbz 标志位置 1，并退出红外解码函数。这里需要注意，判断是否为引导码、数据 1 或 0 时，不要硬性的固定在高电平区分时间上，而应该给它一个在固定值旁的范围判断，以防止因为干扰而导致误操作。

3. 主函数

编写好外部中断初始化和红外解码函数后，接下来就可以编写主函数了，代码如下：

```
#include "system. h"
#include "SysTick. h"
#include "led. h"
#include "usart. h"
#include "hwjs. h"
int main(){
    u8 i=0;
    SysTick_Init(72);
    NVIC_PriorityGroupConfig(NVIC_PriorityGroup_2);       //中断优先级分组,分为两组
    LED_Init();
    USART1_Init(115200);
    Hwjs_Init();
    while(1){
        if(hw_jsbz==1){
            hw_jsbz=0;                                    //红外接收标志清零
            printf("红外接收码 %0.8X\r\n",hw_jsm);         //打印
            hw_jsm=0;                                     //接收码清零
        }
        i++;
        if(i%20==0)LED1=!LED1;
        delay_ms(10);
    }
}
```

主函数实现的功能很简单：首先调用之前编写好的硬件初始化函数，包括 SysTick 系统时钟、LED 初始化等；然后调用 Hwjs_Init( ) 函数初始化 PB9 外部中断功能；最后进入 while 循环，通过 hw_jsbz 标志判断是否解码成功，如果成功则将解码后的数据 hw_jsm 打印输出，同时控制 DS0 指示灯闪烁，提示系统正常运行。

▶▶▶ 3.2.4　实验现象 ▶▶▶ ▶

将工程程序编译后下载到开发板内运行，可以看到 DS0 指示灯不断闪烁，表示程序正常运行。当依次按下红外遥控器上的 1、2、3、4、5、6 键时，串口将打印输出解码后的数据"地址码+地址反码+控制码+控制反码"。如果想在串口调试助手上看到这些输出信息，则可以打开串口调试助手，注意一定要先连接好线路，USB 线一端连接计算机，另一端连接开发板的 USB 下载口，并且开发板上的 P4 端子短接片应已插上，串口调试助手的当前串口的波特率设置为"115200"，实验现象如图 3-3 所示。

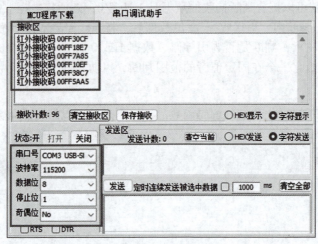

图 3-3　实验现象

实验结果表明，开发板上配的红外遥控器所有键的地址码与反码都是相同的，不同的是控制码和控制反码。其实，知道了控制码就知道了控制反码，因此如果要使用红外遥控控制其他设备，则可以通过区分控制码来实现。

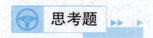　思考题 ▶▶ ▶

（1）使用连续扫描模式调节蜂鸣器声音大小和音调（提示：如果连续扫描返回键值太快，则可以进行一定处理，间隔一段时间再让其按键键值返回）。

（2）使用红外遥控器控制开发板上的两个指示灯及蜂鸣器（提示：对解码后的信号数据进行处理，通过比较来控制）。

第4章
PWM 呼吸灯

本章将介绍如何使用通用定时器产生 PWM 输出，通过 TIM3 的通道 2 输出 PWM 信号，控制 DS0 指示灯的亮度。

4.1　STM32 PWM 简介

PWM(Pulse Width Modulation)是脉冲宽度调制，简称脉宽调制。它是利用微处理器的数字输出来对模拟电路进行控制的一种非常有效的技术，其因控制简单、灵活和动态响应好等优点而成为电力电子技术中应用得最广泛的控制方式之一，其应用领域包括测量、通信、功率控制与变换、电动机控制、伺服控制、调光、开关电源，甚至包括某些音频放大器。可以这样理解，PWM 是一种对模拟信号电平进行数字编码的方法。PWM 信号仍然是数字的，因为在给定的任何时刻，满幅值的直流供电要么完全有，要么完全无。电压或电流源是以一种通或断的重复脉冲序列被加到模拟负载上的。通时是直流供电被加到负载上，断时是供电被断开。只要带宽足够，任何模拟值都可以使用 PWM 进行编码。

STM32F10x 除了基本定时器 TIM6 和 TIM7，其他定时器都可以产生 PWM 输出。其中高级定时器 TIM1 和 TIM8 可以同时产生多达 7 路的 PWM 输出，而通用定时器也能同时产生多达 4 路的 PWM 输出。PWM 的输出其实就是对外输出脉宽可调(即占空比调节)的方波信号，信号频率由自动重装寄存器 ARR 的值决定，占空比由比较寄存器 CCR 的值决定。

4.2　通用定时器的 PWM 输出配置步骤

使用库函数对通用定时器的 PWM 输出进行配置，要用到定时器的相关配置函数，定时器相关库函数在 stm32f10x_tim.c 和 stm32f10x_tim.h 文件中，具体步骤如下。

(1)使能定时器及端口时钟，并设置引脚复用器映射。因为 PWM 输出也是通用定时器的一个功能，所以需要使能相应定时器。由于 PWM 输出通道对应 STM32F10x 芯片的 IO 接口，所以需要使能对应的端口时钟，并将对应 IO 接口配置为复用输出功能。例如，本章 PWM 呼吸灯使用的是 TIM3 的 CH2 通道输出 PWM 信号，因此需要使能 TIM3 时钟，调用的库函数如下：

```
RCC_APB1PeriphClockCmd(RCC_APB1Periph_TIM3,ENABLE);  //使能 TIM3 时钟
```

TIM3 时钟的 CH2 通道对应的引脚是 PA7，但是开发板上的 LED 并没有接在 PA7 引脚上，如果要让这个通道映射到 LED 所接的 IO 接口上，则需要使用 GPIO 的复用功能重映射。

LED 模块的 DS0 连接在 PB6 引脚，因此将 TIM3_CH2 配置为部分重映射即可映射到 PB5 引脚，这样 PB5 就可以输出 PWM。要使用外设的复用功能重映射，就需要开启 AFIO 时钟，开启 AFIO 时钟的函数如下：

```
RCC_APB2PeriphClockCmd(RCC_APB2Periph_AFIO,ENABLE);
```

从 STM3 定时器内部结构看，选择 TIM3_CH2 部分重映射和完全重映射，就需要调用引脚复用映射功能函数：

```
void GPIO_PinRemapConfig(uint32_t GPIO_Remap,FunctionalState NewState);
```

该函数的第一个参数用来选择是部分重映射还是完全重映射；第二个参数用来选择是使能还是失能。因为可选参数在 stm32f10x_gpio.h 中都已经列出来，这里使用 TIM3_CH2 部分重映射，所以参数为 GPIO_PartialRemap_TIM3。调用函数如下：

```
GPIO_PinRemapConfig(GPIO_PartialRemap_TIM3,ENABLE);  //改变指定引脚的映射
```

将 PB5 引脚模式配置为复用推挽输出。

```
GPIO_InitStructure.GPIO_Mode=GPIO_Mode_AF_PP;  //复用推挽输出
```

（2）初始化定时器参数，包含自动重装值、分频值、计数方式等。要使用定时器功能，必须对定时器内相关参数进行初始化，其库函数如下：

```
void TIM_TimeBaseInit(TIM_TypeDef*TIMx,TIM_TimeBaseInitTypeDef*TIM_TimeBaseInitStruct);
```

（3）初始化 PWM 输出参数，包含 PWM 模式、输出极性、使能等。初始化定时器后，需要设置对应通道 PWM 的输出参数，如 PWM 模式、输出极性、是否使能 PWM 输出等。PWM 通道设置函数如下：

```
void TIM_OCxInit(TIM_TypeDef*TIMx,TIM_OCInitTypeDef*TIM_OCInitStruct);
```

STM32 每个通用定时器有多达 4 路 PWM 输出通道，因此 TIM_OCxInit( ) 函数中的 x 值可以为 1、2、3、4。该函数的第一个参数用来选择定时器；第二个参数是一个结构体指针变量。这个结构体 TIM_OCInitTypeDef 的成员如下：

```
typedef struct {
    uint16_t TIM_OCMode;          //比较输出模式
    uint16_t TIM_OutputState;     //比较输出使能
    uint16_t TIM_OutputNState;    //比较互补输出使能
    uint32_t TIM_Pulse;           //脉冲宽度
    uint16_t TIM_OCPolarity;      //输出极性
```

```
    uint16_t TIM_OCNPolarity;          //互补比较输出极性
    uint16_t TIM_OCIdleState;          //空闲状态下比较输出状态
    uint16_t TIM_OCNIdleState;         //空闲状态下比较输出状态
} TIM_OCInitTypeDef;
```

常用的 PWM 模式所需的成员如下。

TIM_OCMode：比较输出模式选择，总共有 8 种，最常用的是 PWM1 和 PWM2。

TIM_OutputState：比较输出使能，用来使能 PWM 输出到 IO 接口。

TIM_OCPolarity：输出极性，用来设定输出通道电平的极性是高电平还是低电平。

TIM_OCInitTypeDef 结构体内其他的成员 TIM_OutputNState、TIM_OCNPolarity、TIM_OCIdleState 和 TIM_OCNIdleState 是在高级定时器中才会用到的。

如果要配置 TIM3 的 CH2 为 PWM1 模式，输出极性为低电平，并且使能 PWM 输出，则可以进行如下配置：

```
TIM_OCInitTypeDef TIM_OCInitStructure;
TIM_OCInitStructure. TIM_OCMode=TIM_OCMode_PWM1;
TIM_OCInitStructure. TIM_OCPolarity=TIM_OCPolarity_Low;
TIM_OCInitStructure. TIM_OutputState=TIM_OutputState_Enable;
TIM_OC2Init(TIM3,&TIM_OCInitStructure);    //输出比较通道2初始化
```

（4）开启定时器。前面几个步骤已经将定时器及 PWM 配置好了，但 PWM 还不能正常使用，只有开启定时器了才能让它正常工作。开启定时器的库函数如下：

```
void TIM_Cmd(TIM_TypeDef*TIMx,FunctionalState NewState);
```

该函数的第一个参数用来选择定时器；第二个参数用来使能或失能定时器，也就是开启或关闭定时器功能。这里同样可以选择 ENABLE 和 DISABLE。例如，要开启 TIM3，那么可以调用如下函数：

```
TIM_Cmd(TIM3,ENABLE);    //开启定时器
```

（5）修改 TIMx_CCRx 的值控制占空比。经过前面几个步骤的配置，PWM 已经开始输出，只是占空比和频率是固定的。例如，本章要实现呼吸灯效果，就需要调节 TIM3 通道 2 的占空比，通过修改 TIM3_CCR2 值控制。调节占空比的函数如下：

```
void TIM_SetCompare2(TIM_TypeDef*TIMx,uint32_t Compare1);
```

对于其他通道，分别有对应的函数名，函数格式是 TIM_SetComparex（x=1、2、3、4）。

（6）使能 TIMx 在 CCRx 上的预装载寄存器。使能输出比较预装载寄存器的库函数如下：

```
void TIM_OCxPreloadConfig(TIM_TypeDef*TIMx,uint16_t TIM_OCPreload);
```

该函数的第一个参数用于选择定时器；第二个参数用于选择是使能还是失能输出比较预装载寄存器，可选择为 TIM_OCPreload_Enable、TIM_OCPreload_Disable。

（7）使能 TIMx 在 ARR 上的预装载寄存器允许位。使能 TIMx 在 ARR 上的预装载寄存器允许位的库函数如下：

```
void TIM_ARRPreloadConfig(TIM_TypeDef*TIMx,FunctionalState NewState);
```

该函数的第一个参数用于选择定时器；第二个参数用于选择使能还是失能预装载寄存器允许位。

以上几步全部配置好后，就可以控制通用定时器相应的通道输出 PWM。虽然高级定时器和通用定时器类似，但是高级定时器要想输出 PWM，必须要设置一个 MOE 位（TIMx_BDTR 的第 15 位），以使能主输出，否则不会输出 PWM。库函数设置的函数如下：

```
void TIM_CtrlPWMOutputs(TIM_TypeDef*TIMx,FunctionalState NewState);
```

4.3 硬件设计

本节使用的硬件资源只有 LED（DS0），因为 DS0 指示灯正好接在 PB5 引脚，而此引脚具有 TIM3_CH2 复用功能，所以可以通过 TIM3 的 CH2 输出 PWM 信号，从而实现呼吸灯效果。

4.4 软件设计

软件所要实现的功能：通过 TIM3 的 CH2 输出一个 PWM 信号，控制 DS0 指示灯由暗变亮，再由亮变暗。程序框架如下：

（1）初始化 PB5 引脚为 PWM 输出功能；

（2）PWM 输出控制程序。

打开 F103ZET6LibTemplatePWM 工程，在 Hardware 工程组中添加 pwm.c 文件，在 STM32F10x_StdPeriph_Driver 工程组中添加 stm32f10x_tim.c 库文件。定时器操作的库函数都放在 stm32f10x_tim.c 和 stm32f10x_tim.h 文件中，所以要使用的定时器功能必须加入 stm32f10x_tim.c 文件，还要包含对应的头文件路径。

▶▶ 4.4.1 TIM3 通道 2 的 PWM 初始化函数 ▶▶▶

要使用定时器的 PWM 输出功能，必须先对它进行配置。TIM3 通道 2 的 PWM 初始化代码如下：

```
void TIM3_CH2_PWM_Init(u16 per,u16 psc){
    TIM_TimeBaseInitTypeDef TIM_TimeBaseInitStructure;
    TIM_OCInitTypeDef TIM_OCInitStructure;
    GPIO_InitTypeDef GPIO_InitStructure;
    //开启时钟
    RCC_APB2PeriphClockCmd(RCC_APB2Periph_GPIOB,ENABLE);
    RCC_APB1PeriphClockCmd(RCC_APB1Periph_TIM3,ENABLE);
    RCC_APB2PeriphClockCmd(RCC_APB2Periph_AFIO,ENABLE);
```

```
//配置 GPIO 的模式和 IO 接口
GPIO_InitStructure. GPIO_Pin=GPIO_Pin_5;
GPIO_InitStructure. GPIO_Speed=GPIO_Speed_50MHz;
GPIO_InitStructure. GPIO_Mode=GPIO_Mode_AF_PP;          //复用推挽输出
GPIO_Init(GPIOB,&GPIO_InitStructure);
GPIO_PinRemapConfig(GPIO_PartialRemap_TIM3,ENABLE); //改变指定引脚的映射
TIM_TimeBaseInitStructure. TIM_Period=per;              //自动重装载值
TIM_TimeBaseInitStructure. TIM_Prescaler=psc;           //分频值
TIM_TimeBaseInitStructure. TIM_ClockDivision=TIM_CKD_DIV1;
TIM_TimeBaseInitStructure. TIM_CounterMode=TIM_CounterMode_Up;   //设置向上计数模式
TIM_TimeBaseInit(TIM3,&TIM_TimeBaseInitStructure);
TIM_OCInitStructure. TIM_OCMode=TIM_OCMode_PWM1;
TIM_OCInitStructure. TIM_OCPolarity=TIM_OCPolarity_Low;
TIM_OCInitStructure. TIM_OutputState=TIM_OutputState_Enable;
TIM_OC2Init(TIM3,&TIM_OCInitStructure);                 //输出比较通道 2 初始化
TIM_OC2PreloadConfig(TIM3,TIM_OCPreload_Enable);        //使能 TIMx 在 CCR2 上的预装载
                                                         寄存器
TIM_ARRPreloadConfig(TIM3,ENABLE);                      //使能预装载寄存器
TIM_Cmd(TIM3,ENABLE);                                   //使能定时器
}
```

在 TIM3_CH2_PWM_Init( )函数中，首先使能 GPIOB 端口时钟、TIM3 时钟和 AFIO 时钟；然后配置 TIM3_CH2 为部分复用重映射功能，并将 PB5 引脚模式配置为复用推挽输出；接着配置定时器结构体 TIM_TimeBaseInitStructure，初始化 PWM 输出参数，由于 LED 指示灯是低电平点亮，而希望当 CCR2 的值变小时 LED 暗，CCR2 值变大时 LED 亮，因此设置为 PWM1 模式，输出极性为低电平，使能 PWM 输出；最后开启 TIM3。程序最后调用了 TIM_OC2PreloadConfig( )和 TIM_ARRPreloadConfig( )函数，它们用来使能 TIM3 在 CCR2 上的预装载寄存器和自动重装载寄存器，第一个库函数必须调用，第二个库函数不调用也没关系。

TIM3_CH2_PWM_Init( )函数有两个参数，分别用来设置定时器的自动重装载值和分频值，方便修改 PWM 频率。如果会使用通用定时器 TIM3 的 CH2 输出 PWM，那么其他通用定时器的通道都一样。

▶▶▶ 4.4.2 主函数 ▶▶▶

编写好 PWM 初始化函数后，接下来就可以编写主函数了，代码如下：

```
#include "system. h"
#include "SysTick. h"
#include "led. h"
#include "pwm. h"
int main(){
    u16 i=0;
    u8 fx=0;
```

```
SysTick_Init(72);
NVIC_PriorityGroupConfig(NVIC_PriorityGroup_2);    //中断优先级分组,分两组
LED_Init();
TIM3_CH2_PWM_Init(500,72-1);                        //频率是 2 kHz
while(1){
    if(fx==0){ i++;if(i==300)fx=1;}
    else { i--;if(i==0)fx=0;}
    TIM_SetCompare2(TIM3,i);                        //i 值最大可取 499,因为 ARR 的最大值是 499
    delay_ms(10);
    }
}
```

主函数实现的功能很简单：首先初始化对应的硬件端口时钟和 IO 接口；然后调用前面编写的 TIM3_CH2_PWM_Init( )函数，这里设定定时器自动重装载值为 500，分频值为 72-1，定时周期即为 500 μs，频率即为 2 kHz。初始化后，定时器开始工作，PB5 开始输出 PWM 波形，波形频率为 2 kHz，也可以修改这个频率值，但要注意，不能将频率设置得过大，否则会看到 DS0 指示灯有明显的闪烁。通过变量 fx 控制 i 变化的方向，如果 fx = 0，则 i 值累加，否则递减；最后将这个变化的 i 值传递给 TIM_SetCompare2( )函数，这个函数的功能是改变占空比，因此可以实现 DS0 指示灯亮度的调节，呈现呼吸灯的效果。程序中将 i 值控制在 300 以内，主要是因为当 PWM 输出波形占空比达到这个值时，DS0 指示灯亮度变化就不明显了，而且在初始化定时器时，将自动重装载值设置为 499，因此这个 i 值也不能超过 499。

4.5 实验现象

将工程程序编译后下载到开发板内运行，可以看到 DS0 指示灯由暗变亮，再由亮变暗，呈现呼吸灯效果。

思考题

(1)使用 TIM4 的 CH3 通道输出 PWM 控制蜂鸣器的声音大小(提示：只需要修改对应的定时器即可，可以尝试不同频率控制)。

(1)修改 TIM4 初始化函数参数值，设定 1 s 的定时中断，让 DS1 指示灯 1 s 状态反转一次，实现 2 s 闪烁一次。

(2)使用 TIM3 的更新中断控制 DS1 指示灯闪烁，闪烁时间自定义(提示：只需要在初始化函数和中断函数中将 TIM4 修改为 TIM3 即可)。

第5章
串口输出重定向

在嵌入式开发中,常常需要通过串口输出程序的运行信息,如调试信息、错误提示等。但是,直接通过串口输出可能会影响程序的正常运行,特别是在一些对实时性要求较高的系统中。为了解决这个问题,可以使用串口输出重定向的方法,它可以将程序运行时的输出信息发送到串口,方便开发人员进行调试和监控。本章将介绍串口输出重定向的实现方法。

5.1 STM32 的 USART 介绍

串口通信(Serial Communication)是指外设和计算机之间通过数据信号线、地线等,按位进行数据传输的一种通信方式。串口通信属于串行通信方式。串口是一种接口标准,它规定了接口的电气标准,没有规定接口插件电缆及使用的协议。

5.1.1 USART 简介

USART 即通用同步异步收发器,它能够灵活地与外设进行全双工数据交换,满足外设对工业标准异步串行数据格式的要求。UART 即通用异步收发器,它在 USART 的基础上裁剪掉了同步通信功能。同步和异步主要看其时钟是否需要对外提供,平时使用的串口通信基本上都是 UART。STM32F103ZET6 芯片含有 3 个 USART 和 2 个 UART 外设,它们都具有串口通信功能。USART 支持同步单向通信和半双工单线通信,还支持局域互连网络(Local Interconnect Network,LIN)、智能卡协议与红外线数据协会的 SIR ENDEC 规范,以及调制解调器 CTS/RTS 操作。它还支持多处理器通信和 DMA 功能,使用 DMA 可实现高速数据通信。USART 通过小数波特率发生器提供多种波特率。USART 在 STM32 中应用最多的是输出调试信息,当需要了解程序内的一些变量数据信息时,可以通过 printf( )函数将这些信息打印到串口调试助手上进行显示,这给调试程序带来了极大的方便。

5.1.2 USART 串口通信配置步骤

使用库函数可以对 USART 进行配置,USART 相关库函数的声明与实现在 stm32f10x_usart.c 和 stm32f10x_usart.h 文件中,具体步骤如下。

（1）使能串口时钟及 GPIO 端口时钟。STM32F103ZET6 芯片具有 5 个串口，对应不同的引脚，串口 1 挂接在 APB2 总线上，串口 2～串口 5 挂接在 APB1 总线上，根据自己所用的串口使能总线时钟和端口时钟。例如，要使用 USART1，其挂接在 APB2 总线上，并且 USART1 对应 STM32F103ZET6 芯片的 PA9 和 PA10 引脚，因此使能时钟函数如下：

```
RCC_APB2PeriphClockCmd(RCC_APB2Periph_GPIOA,ENABLE);    //使能 GPIOA 时钟
RCC_APB2PeriphClockCmd(RCC_APB2Periph_USART1,ENABLE);   //使能 USART1 时钟
```

（2）GPIO 端口模式设置，设置串口对应的引脚为复用功能。因为使用引脚的串口功能，所以在配置 GPIO 时要将其设置为复用功能。这里把串口的 Tx 引脚配置为复用推挽输出，Rx 引脚为浮空输入，数据完全由外部输入决定，代码如下：

```
GPIO_InitStructure. GPIO_Pin=GPIO_Pin_9;              //TX 串口输出 PA9
GPIO_InitStructure. GPIO_Speed=GPIO_Speed_50MHz;
GPIO_InitStructure. GPIO_Mode=GPIO_Mode_AF_PP;        //复用推挽输出
GPIO_Init(GPIOA,&GPIO_InitStructure);                 //初始化串口输入 IO
GPIO_InitStructure. GPIO_Pin=GPIO_Pin_10;             //RX 串口输入 PA10
GPIO_InitStructure. GPIO_Mode=GPIO_Mode_IN_FLOATING;  //模拟输入
GPIO_Init(GPIOA,&GPIO_InitStructure);                 //初始化 GPIO
```

（3）初始化串口参数，包含波特率、字长、奇偶校验等参数。要使用串口功能，必须对串口通信相关参数进行初始化，其库函数如下：

```
void USART_Init(USART_TypeDef*USARTx,USART_InitTypeDef*USART_InitStruct);
```

该函数的第一个参数用来选择串口；第二个参数是一个结构体指针变量，结构体类型是 USART_InitTypeDef，其内包含了串口初始化的成员。结构体如下：

```
typedef struct {
uint32_t USART_BaudRate;              //波特率
uint16_t USART_WordLength;            //字长
uint16_t USART_StopBits;             //停止位
uint16_t USART_Parity;               //校验位
uint16_t USART_Mode;                 //USART 模式
uint16_t USART_HardwareFlowControl;  //硬件流控制
} USART_InitTypeDef;
```

下面简单介绍每个成员的功能。

①USART_BaudRate：波特率设置，常用的波特率包括"4800""9600""115200"等。标准库函数会根据波特率设定值计算得到 USARTDIV 值，并设置 USART_BRR 寄存器值。

②USART_WordLength：数据帧字长，可以选择为 8 位或 9 位，通过 USART_CR1 寄存器的 M 位的值决定。如果没有使能奇偶校验控制，则一般使用 8 数据位；如果使能了奇偶校验控制，则一般设置为 9 数据位。

③USART_StopBits：停止位设置，可选 0.5 个、1 个、1.5 个、2 个停止位，它设定寄存器 USART_CR2 的 STOP[1:0]位的值，一般选择 1 个停止位。

④USART_Parity：奇偶校验控制选择，可选无校验、偶校验及奇校验，它设定寄存器 USART_CR1 的 PCE 位和 PS 位的值。

⑤USART_Mode：USART 模式选择，可以为 USART_Mode_Rx 和 USART_Mode_Tx，允许使用逻辑或运算选择两个，它设定 USART_CR1 寄存器的 RE 位和 TE 位。

⑥USART_HardwareFlowControl：硬件流控制选择，只有在硬件流控制模式下才有效，可以选择无硬件流、RTS 控制、CTS 控制、RTS 和 CTS 控制。

了解结构体成员的功能后，就可以进行配置，如配置 USART1，代码如下：

```
USART_InitTypeDef USART_InitStructure;
USART_InitStructure. USART_BaudRate＝115200;                         //波特率设置
USART_InitStructure. USART_WordLength＝USART_WordLength_8b;          //字长为 8 位数据格式
USART_InitStructure. USART_StopBits＝USART_StopBits_1;               //1 个停止位
USART_InitStructure. USART_Parity＝USART_Parity_No;                  //无奇偶校验位
USART_InitStructure. USART_HardwareFlowControl＝USART_HardwareFlowControl_None;
//无硬件流控制
USART_InitStructure. USART_Mode＝USART_Mode_Rx|USART_Mode_Tx;    //收发模式
USART_Init(USART1,&USART_InitStructure);                            //初始化串口 1
```

(4)使能串口。配置好串口后，还需要使能它，使能串口的库函数如下：

```
void USART_Cmd(USART_TypeDef*USARTx,FunctionalState NewState);
```

例如，要使能 USART1，代码如下：

```
USART_Cmd(USART1,ENABLE);   //使能串口 1
```

(5)设置串口中断类型并使能。对串口中断类型和使能进行设置的函数如下：

```
void USART_ITConfig(USART_TypeDef*USARTx,uint16_t USART_IT,FunctionalState NewState);
```

该函数的第一个参数用来选择串口；第二个参数用来选择串口中断类型；第三个参数用来使能或失能对应中断。由于串口中断类型比较多，所以要使用哪种中断，就需要对它进行配置。例如，在接收数据时(RXNE 读数据寄存器非空)要产生中断，那么开启中断的方法是：

```
USART_ITConfig(USART1,USART_IT_RXNE,ENABLE);   //开启接收中断
```

又如，发送完数据时要产生中断，可以进行如下配置：

```
USART_ITConfig(USART1,USART_IT_TC,ENABLE);
```

对应的串口中断类型可在 stm32f10x_usart.h 文件中找到，具体如下：

```
#define USART_IT_PE((uint16_t)0x0028)
#define USART_IT_TXE((uint16_t)0x0727)
#define USART_IT_TC((uint16_t)0x0626)
#define USART_IT_RXNE((uint16_t)0x0525)
#define USART_IT_IDLE((uint16_t)0x0424)
```

```
#define USART_IT_LBD((uint16_t)0x0846)
#define USART_IT_CTS((uint16_t)0x096A)
#define USART_IT_ERR((uint16_t)0x0060)
#define USART_IT_ORE((uint16_t)0x0360)
#define USART_IT_NE((uint16_t)0x0260)
#define USART_IT_FE((uint16_t)0x0160)
```

（6）设置串口中断优先级，使能串口中断通道。上一步已经使能了串口的接收中断，只要使用到中断，就必须对 NVIC 进行初始化，NVIC 初始化的库函数是 NVIC_Init( )。

（7）编写串口中断服务函数。还需要编写一个串口中断服务函数，通过中断服务函数处理串口产生的相关中断。串口中断服务函数名在 STM32F10x 启动文件内就有。USART1 中断服务函数名如下：

```
USART1_IRQHandler
```

因为串口的中断类型有很多，所以进入中断后，需要先在中断服务函数开头处通过状态寄存器的值判断此次中断是哪种类型，然后做出相应的控制。库函数中用来读取串口中断状态标志的函数如下：

```
ITStatus USART_GetITStatus(USART_TypeDef*USARTx,uint16_t USART_IT);
```

此函数的功能是判断 USARTx 的中断类型 USART_IT 是否产生中断。例如，要判断 USART1 的接收中断是否产生，可以调用此函数：

```
if(USART_GetITStatus(USART1,USART_IT_RXNE)!=RESET)
{...//执行 USART1 接收中断内控制}
```

如果产生接收中断，那么调用 USART_GetITStatus( ) 函数后返回值为 1，就会进入 if( ) 函数内执行中断控制功能程序，否则就不会进入中断处理程序。

在编写串口中断服务函数时，最后通常会调用一个清除中断标志位的函数：

```
void USART_ClearFlag(USART_TypeDef*USARTx,uint16_t USART_FLAG);
```

该函数的第二个参数为状态标志选项，该参数的可选值可在 stm32f10x_usart.h 文件中查找到，具体如下：

```
#define USART_FLAG_CTS
#define USART_FLAG_LBD
#define USART_FLAG_TXE
#define USART_FLAG_TC
#define USART_FLAG_RXNE
#define USART_FLAG_IDLE
#define USART_FLAG_ORE
#define USART_FLAG_NE
#define USART_FLAG_FE
#define USART_FLAG_PE
```

例如，判断串口进入接收中断后，就会先把串口接收寄存器内的数据读取出来，然后通过串口发送至上位机。发送完成后，就会清除发送完成标志位 USART_FLAG_TC，代码如下：

```
void USART1_IRQHandler(void)                               //串口1中断服务程序
{   u8 r;
    if(USART_GetITStatus(USART1,USART_IT_RXNE)!=RESET)     //接收中断
    {   r=USART_ReceiveData(USART1);   //(USART1->DR);     //读取接收到的数据
        USART_SendData(USART1,r);
        while(USART_GetFlagStatus(USART1,USART_FLAG_TC)!=SET);
    }
    USART_ClearFlag(USART1,USART_FLAG_TC);
}
```

串口接收函数是：

uint16_t USART_ReceiveData(USART_TypeDef*USARTx);

串口发送函数是：

void USART_SendData(USART_TypeDef*USARTx,uint16_t Data);

库函数中还有一个函数，用来读取串口状态标志：

FlagStatus USART_GetFlagStatus(USART_TypeDef*USARTx,uint16_t USART_FLAG);

USART_GetITStatus()函数与 USART_GetFlagStatus()函数的功能类似，区别就是前者先判断串口中断是否使能，使能后才读取状态标志，而后者直接读取状态标志。

将以上几步全部配置好后，就可以正常使用串口中断了。

▶▶▶ 5.1.3 硬件设计 ▶▶▶

开发板含有一个 USB 转串口，两个 RS232 串口。其中 USB 转串口的硬件电路如图 5-1、图 5-2 所示。

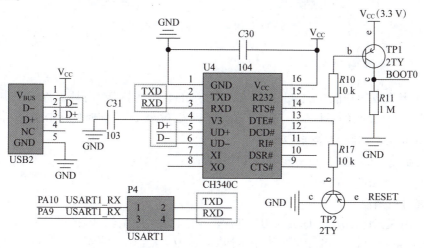

图 5-1 USB 转串口 1 的硬件电路

在图 5-1 中，通过 CH340C 芯片把 STM32F103 的串口 1 与 PC 的 USB 接口进行连接，实现串口通信。USB 转串口可用于程序下载、串口 1 通信、供电。串口通信需将数据收发引脚交叉连接，可以看到在 P4 端子中已做处理。如果把 P4 端子的两个短接片取下，开发板上该模块即是一个 USB 转 TTL 模块，可供其他单片机下载或调试一些串口模块等设备。出厂时默认已经将 P4 端子的短接片短接好，即引脚 1 和 2 短接，3 和 4 短接，用户不用再去修改。电路中其他部分是自动下载电路部分，目的是控制 BOOT 的启动模式与复位。

在图 5-2 中，STM32F103 使用的是串口 2 和 3，即 PA2、PA3 和 PB10、PB11 引脚。此电路按照 RS232 接口搭建，使用了一个 DB9 的母头和一个非标 SIP3 接线座 P11，电平转换芯片使用的是 MAX3232，与 SP3232 兼容。母头可作为下位机和上位机 PC 进行串口通信，SIP3 接线座 P11 可作为 RS232 串口与上位机，和其他串口设备通过接线进行串口通信。电路中还有 P10 和 P6 两个端子，P10 端子用来选择 RS232 非标接线座通信还是 Wi-Fi、蓝牙、GPS 等模块通信，出厂默认是公头通信，即引脚 4、6 短接，3、5 短接。P6 端子用来选择 RS232 母头通信还是 RS485 模块通信，出厂默认是 RS232 通信，即引脚 3、5 短接，4、6 短接。如果要使用 RS485 母头通信，则可以将 P6 插针的引脚 1、3 短接，2、4 短接。

RS232 母头通信需要通过一根 USB 转 RS232 串口线与 PC 进行串口通信，还需要给开发板供电，因为 RS232 接口并没有提供电源。

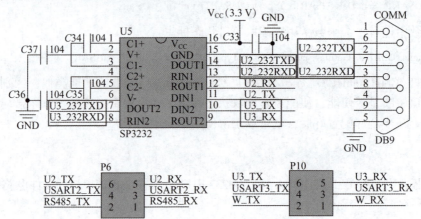

图 5-2　USB 转串口 2 的硬件电路

▶▶▶ 5.1.4　软件设计 ▶▶▶

软件所要实现的功能：STM32F10x 通过 USART1 实现与 PC 对话，STM32F10x 的 USART1 接收到 PC 发来的数据后，原封不动地返回给 PC 显示，同时使用 DS0 指示灯不断闪烁提示系统正常运行。程序框架如下：

（1）初始化 USART1，并使能串口接收中断等；

（2）编写 USART1 中断函数；

（3）编写主函数。

打开 F103ZET6LibTemplateUSART 工程，在 User 工程组中添加 usart.c 文件，在 STM32F10x_StdPeriph_Driver 工程组中添加 stm32f10x_usart.c 库文件。串口操作库函数都放在 stm32f10x_usart.c 和 stm32f10x_usart.h 文件中，所以要使用的串口必须加入

stm32f10x_usart. c 文件，同时要包含对应的头文件路径。

1. USART1 初始化函数

要使用串口中断，必须先对它进行配置。USART1 初始化代码如下：

```
void USART1_Init(u32 bound){                                            //GPIO 端口设置
    GPIO_InitTypeDef GPIO_InitStructure;
    USART_InitTypeDef USART_InitStructure;
    NVIC_InitTypeDef NVIC_InitStructure;
    RCC_APB2PeriphClockCmd(RCC_APB2Periph_GPIOA,ENABLE);
    RCC_APB2PeriphClockCmd(RCC_APB2Periph_USART1,ENABLE);
    //配置 GPIO 的模式和 IO 接口
    GPIO_InitStructure. GPIO_Pin=GPIO_Pin_9;                            //TX 串口输出 PA9
    GPIO_InitStructure. GPIO_Speed=GPIO_Speed_50MHz;
    GPIO_InitStructure. GPIO_Mode=GPIO_Mode_AF_PP;                      //复用推挽输出
    GPIO_Init(GPIOA,&GPIO_InitStructure);                              //初始化串口输入 IO
    GPIO_InitStructure. GPIO_Pin=GPIO_Pin_10;                          //RX 串口输入 PA10
    GPIO_InitStructure. GPIO_Mode=GPIO_Mode_IN_FLOATING;               //模拟输入
    GPIO_Init(GPIOA,&GPIO_InitStructure);                             //初始化 GPIO
    //USART1 初始化设置
    USART_InitStructure. USART_BaudRate=bound;                        //波特率设置
    USART_InitStructure. USART_WordLength=USART_WordLength_8b;  //字长为 8 位数据格式
    USART_InitStructure. USART_StopBits=USART_StopBits_1;             //1 个停止位
    USART_InitStructure. USART_Parity=USART_Parity_No;               //无奇偶校验位
    USART_InitStructure. USART_HardwareFlowControl=USART_HardwareFlowControl_None;
    USART_InitStructure. USART_Mode=USART_Mode_Rx|USART_Mode_Tx;   //收发模式
    USART_Init(USART1,&USART_InitStructure);                          //初始化串口 1
    USART_Cmd(USART1,ENABLE);                                         //使能串口 1
    USART_ClearFlag(USART1,USART_FLAG_TC);
    USART_ITConfig(USART1,USART_IT_RXNE,ENABLE);                     //开启相关中断
    //USART1 NVIC 配置
    NVIC_InitStructure. NVIC_IRQChannel=USART1_IRQn;                 //串口 1 中断通道
    NVIC_InitStructure. NVIC_IRQChannelPreemptionPriority=3;         //抢占优先级 3
    NVIC_InitStructure. NVIC_IRQChannelSubPriority=3;                //子优先级 3
    NVIC_InitStructure. NVIC_IRQChannelCmd=ENABLE;                   //IRQ 通道使能
    NVIC_Init(&NVIC_InitStructure);    //根据指定的参数初始化 VIC 寄存器
}
```

在 USART1_Init( ) 函数中，首先使能 USART1 串口及端口时钟，并初始化 GPIO 为复用功能；然后配置串口结构体 USART_InitTypeDef，使能串口并开启接收中断，为了防止串口发送状态标志的影响，清除下串口状态标志（TC）；最后配置相应的 NVIC 并使能对应中断通道，将 USART1 的抢占优先级设置为 3，响应优先级设置为 3。USART1_Init( ) 函数

有一个参数 bound，用来设置 USART1 串口的波特率。

2. USART1 中断函数

初始化 USART1 后，接收中断就已经开启。当上位机发送数据过来，STM32F10x 的串口接收寄存器内即为非空，触发接收中断。串口 1 的中断服务程序具体代码如下：

```
void USART1_IRQHandler(void){
    u8 r;
    if(USART_GetITStatus(USART1,USART_IT_RXNE)!=RESET){    //接收中断
        r=USART_ReceiveData(USART1);                        //读取接收到的数据
        if((USART1_RX_STA&0x8000)==0){                      //接收未完成
            if(USART1_RX_STA&0x4000)                         //接收到了 0x0d
            {   if(r!=0x0a)
                USART1_RX_STA=0;                             //接收错误,重新开始
                else USART1_RX_STA|=0x8000;                 //接收完成了
            } else {                                        //还没收到 0x0d
                if(r==0x0d)
                USART1_RX_STA|=0x4000;
                else
                {   USART1_RX_BUF[USART1_RX_STA&0x3fff]=r;
                    USART1_RX_STA++;
                    if(USART1_RX_STA>(USART1_REC_LEN-1))
                    USART1_RX_STA=0;   //接收错误,重新开始接收
                }}
        }}
    }
```

为了确认 USART1 是否发生接收中断，调用了读取串口中断状态标志函数 USART_GetITStatus()，如果确实产生接收中断事件，那么就会执行 if() 函数内的语句，将串口接收到的数据保存在变量 r 内，然后通过串口发送出去，通过 USART_GetFlagStatus() 函数读取串口状态标志，如果数据发送完成，则退出 while 循环语句。

这里设计了一个接收协议：通过这个函数，配合一个数组 USART1_RX_BUF[ ] 和一个接收状态变量 USART1_RX_STA 实现对串口数据的接收管理。数组 USART1_RX_BUF[ ] 的大小由 USART1_REC_LEN 定义，也就是一次接收的数据最大不能超过 USART1_REC_LEN 个字节。USART1_RX_STA 是一个 16 位接收状态变量，第 15 位表示接收完成标志，第 14 位表示接收到 0x0d 标志，第 13~0 位表示接收到的有效数据个数。

设计思路如下：当接收到从计算机发过来的数据后，把接收到的数据保存在 USART1_RX_BUF[ ] 中，同时在接收状态寄存器（USART1_RX_STA）中计数接收到的有效数据个数；当收到回车（回车由 0x0d 和 0x0a 字节组成）的第一个字节 0x0d 时，计数器将不再增加，等待 0x0a 的到来；如果 0x0a 没有来到，则认为这次接收失败，重新开始下一次接收；如果顺利接收到 0x0a，则标记 USART1_RX_STA 的第 15 位，这样完成一次接收，并等待该位被其他程序清除，从而开始下一次的接收；如果迟迟没有接收到 0x0d，那

么在接收数据超过 USART1_REC_LEN 的时候，会丢弃前面的数据，重新接收。

3. 主函数

编写好串口初始化和中断服务函数后，接下来就可以编写主函数了，代码如下：

```
#include "system. h
#include "SysTick. h"
#include "led. h"
#include "usart. h"
int main(){
    u8 i=0;
    u16 t=0,u16 len=0;
    SysTick_Init(72);
    NVIC_PriorityGroupConfig(NVIC_PriorityGroup_2);            //中断优先级分组,分两组
    USART1_Init(115200);
    LED_Init();
    while(1){
        if(USART1_RX_STA&0x8000){
            len=USART1_RX_STA&0x3fff;                           //得到此次接收到的数据长度
            for(t=0;t<len;t++){
                USART_SendData(USART1,USART1_RX_BUF[t]); //向串口1发送数据
                while(USART_GetFlagStatus(USART1,USART_FLAG_TC)!=SET);
                //等待发送结束
            }
        USART1_RX_STA=0;}
        i++;
        if(i%20==0)    LED1=!LED1;
        delay_ms(10);
    }
}
```

主函数首先调用的硬件初始化函数，包括 SysTick 系统时钟、LED 初始化等；然后调用 USART1 初始化函数，串口通信波特率为"115200"；最后进入 while 循环语句，判断 USART1_RX_STA 最高位是否为 1，如果为 1 则表示串口接收完成，并获取接收数据的长度，通过串口发送出去，同时不断让 LED 间隔 200 ms 闪烁。

▶▶▶ 5.1.5 实验现象 ▶▶▶

将工程程序编译后下载到开发板内运行，可以看到 DS0 指示灯不断闪烁，表示程序正常运行。打开串口调试助手，设置好波特率等参数，在字符文本框中输入所要发送的数据，单击"发送"按钮后，串口调试助手上即会收到芯片发送过来的内容，实验现象如图 5-3 所示。

图 5-3　实验现象

注意一定要连接好线路，USB 线一端连接计算机，另一端连接开发板的 USB 转串口模块上的 USB 下载口，并且确保 USB 转 TTL 模块上的 P4 端子的短接片已插上。

5.2　printf( )函数重定向

C 语言中 printf( )函数默认输出设备是显示器，如果要实现在串口或 LCD 上显示，则必须重定义标准库函数里调用的与输出设备相关的函数。例如，要使用 printf( )函数输出到串口，需要将 fputc( )函数里面的输出指向串口，这一过程就称为重定向。

▶▶▶ 5.2.1　printf( )函数重定向介绍 ▶▶ ▶

1. printf( )函数重定向简介

如何让 STM32 使用 printf( )函数呢？只需要将 fputc( )函数里面的输出指向 STM32 串口即可，fputc( )函数有固定的格式，只需要在函数内操作 STM32 串口即可，代码如下：

```
int fputc(int ch,FILE*p){    //函数默认,在使用 printf()函数时自动调用
    USART_SendData(USART1,(u8)ch);
    while(USART_GetFlagStatus(USART1,USART_FLAG_TXE)==RESET);
    return ch;
}
```

如果要让其他的串口也使用 printf( )函数，则只需要修改串口号即可。

2. printf( )函数格式

printf( )函数调用格式如下：

```
printf("<格式化字符串>",<参量表>);
```

格式化字符串包括两部分内容：一部分是正常字符，这些字符将按原样输出；另一部分是格式化规定字符，以"%"开始，后跟一个或几个规定字符，用来确定输出内容格式。

参量表是需要输出的一系列参数，其个数必须与格式化字符串所说明的输出参数个数一致，各参数之间用","分开，且顺序一一对应，否则将会出现意想不到的错误。常用格式化规定字符如下。

（1）%d：按照十进制整型数打印。

（2）%6d：按照十进制整型数打印，至少6个字符宽。

（3）%f：按照浮点数打印。

（4）%6f：按照浮点数打印，至少6个字符宽。

（5）%.2f：按照浮点数打印，小数点后有2位小数。

（6）%6.2f：按照浮点数打印，至少6个字符宽，小数点后有2位小数。

（7）%x：按照十六进制打印。

（8）%c：打印字符。

（9）%s：打印字符串。

在STM32程序开发中，printf()函数的应用非常广泛，当需要查看某些变量数值或其他信息时，都可以通过printf()函数打印到串口调试助手上查看。

▶▶▶ 5.2.2 硬件设计 ▶▶▶

本节的硬件电路与5.1节的串口通信实验一样，使用STM32F10x的串口1和LED指示灯。

▶▶▶ 5.2.3 软件设计 ▶▶▶

软件所要实现的功能：通过printf()函数，将信息打印在串口调试助手上显示，同时开发板上的DS0指示灯不断闪烁，表示系统正常运行。软件部分只需要在串口通信程序基础上，加上一个printf()重定向函数即可。程序框架如下：

（1）初始化USART1；

（2）编写printf()重定向程序；

（3）编写主函数。

打开F103ZET6LibTemplatePRINTF工程，在User工程组中添加usart.c文件，在STM32F10x_StdPeriph_Driver工程组中添加stm32f10x_usart.c库文件。串口操作库函数都放在stm32f10x_usart.c和对应的文件中，所以要使用的串口必须加入stm32f10x_usart.c文件，同时要包含对应的头文件路径。

1. USART1 初始化函数

USART1串口初始化程序同5.1节的串口通信实验一样。

2. printf() 重定向函数

初始化USART1后，就需要将fputc()函数里面的输出指向STM32串口，代码如下：

```
int fputc(int ch,FILE*p){    //函数默认,在使用 printf()函数时自动调用
    USART_SendData(USART1,(u8)ch);
    while(USART_GetFlagStatus(USART1,USART_FLAG_TXE)==RESET);
    return ch;
}
```

当使用 printf( )函数时，自动会调用 fputc( )函数，而 fputc( )函数内又将输出设备重定义为 STM32 的 USART1，因此要输出的数据就会在串口 1 上输出。

3. 主函数

编写好前面几部分程序后，接下来就可以编写主函数了，代码如下：

```c
#include "system. h"
#include "SysTick. h"
#include "led. h"
#include "usart. h"
int main(){
    u8 i=0;
    u16 data=12345;
    float fdata=678. 90;
    char str[]="Computer,IOT!";
    SysTick_Init(72);
    NVIC_PriorityGroupConfig(NVIC_PriorityGroup_2);    //中断优先级分组,分两组
    LED_Init();
    USART1_Init(115200);
    while(1){
        i++;
        if(i% 50==0){
            LED1=!LED1;
            printf("输出整型数 data=% d\r\n",data);
            printf("输出浮点型数 fdata=% 0. 2f\r\n",fdata);
            printf("输出十六进制数 data=% X\r\n",data);
            printf("输出八进制数 data=%o\r\n",data);
            printf("输出字符串 str=% s\r\n",str);
        }
        delay_ms(10);
    }
}
```

主函数首先调用硬件初始化函数，包括 SysTick 系统时钟、LED 初始化、USART1 初始化等，串口通信波特率设定为"115200"；然后进入 while 循环语句，不断让 LED 间隔 200 ms 闪烁，同时通过串口 1 输出一连串字符信息。学会了重定向到 USART1 后，其他的串口重定向操作都是类似的。

▶▶▶ ▌5. 2. 4　实验现象 ▶▶ ▶

将工程程序编译后下载到开发板内运行，可以看到 DS0 指示灯不断闪烁，表示程序正常运行。打开串口调试助手，串口调试助手上即会收到芯片发送过来的内容，实验现象如

图 5-4 所示。

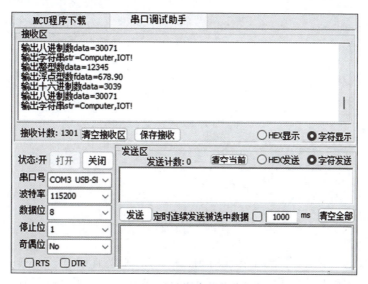

图 5-4　实验现象

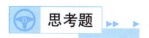

（1）使用开发板上的 RS232 模块的母头 USART2 来与 PC 通信，将波特率设置为"115200"（提示：需将 RS232 模块的 P6 端子上的短接片短接到 CMM 端，即使用 RS232 的 DB9 母头，软件中只需要将 USART1 改为 USART2 即可）。

（2）使用 printf( ) 函数，在串口调试助手上打印出九九乘法表。

（3）使用 printf( ) 函数，在串口调试助手上打印杨辉三角。

第6章
看门狗

STM32F10x 芯片内部自带两个看门狗，一个是独立看门狗（Independent Watchdog，IWDG），另一个是窗口看门狗（Window Watchdog，WWDG），两个看门狗的外设均可用于检测并解决由软件错误导致的故障。

6.1　IWDG 简介

IWDG 简单理解就是一个 12 位递减计数器，如果 IWDG 已激活，当计数器从某一个值递减到 0 时，系统就会产生一个复位信号。如果在计数器递减到 0 之前刷新了计数器值，那么系统就不会产生复位信号。这个刷新计数器值的过程称为"喂狗"。IWDG 的功能由 V_{DD} 电压域供电，在停止模式和待机模式下仍能工作。

▶▶▶ 6.1.1　IWDG 结构框图 ▶▶▶ ▶

要更好地理解 IWDG，就需要了解它的内部结构，如图 6-1 所示。

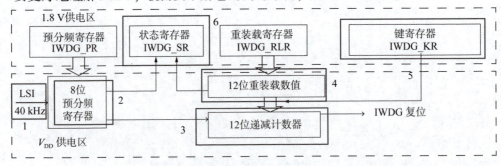

图 6-1　IWDG 的内部结构

IWDG 的内部结构可以分成 6 个子模块，下面按照顺序依次进行简单介绍。

1. 标号 1：LSI 低速内部时钟，也称为 IWDG 时钟

IWDG 由其专用低速内部时钟（LSI）驱动，因此即便在主时钟发生故障时仍然保持工作状态。LSI 的频率一般为 30~60 kHz，通常选择 40 kHz 作为 IWDG 频率。由于 LSI 的时

钟频率并不非常精确，所以 IWDG 只适用于对时间精度要求比较低的场合。

2. 标号2：8位预分频寄存器

LSI 的频率并不直接提供给计数器时钟，它通过一个 8 位预分频寄存器 IWDG_PR 分频后输入计数器时钟。可操作 IWDG_PR 寄存器来设置分频因子，分频因子可以为 4、8、16、32、64、128、256。分频后的计数器时钟频率为：CK_CNT = 40÷4×2^{PRE}，PRE 为分频值（0~6），4×2^{PRE} 的大小分别是 4、8、16、32、64、128、256。每经过一个计数器时钟，计数器就减 1。

3. 标号3：12位递减计数器

IWDG 的计数器是一个 12 位递减计数器，计数最大值为 0xfff，当递减到 0 时，会产生一个复位信号，让系统重新启动运行，如果在计数器减到 0 之前刷新了计数器值，那么就不会产生复位信号。

4. 标号4：12位重装载寄存器

重装载寄存器是一个 12 位寄存器，里面装着要刷新到的计数器的值，这个值的大小决定着 IWDG 的溢出时间。溢出时间为：$T_{out} = (4×2^{PRE})÷40×rlr\,(ms)$，PRE 是预分频系数，rlr 是重装载寄存器的值，公式内的 40 是 IWDG 的时钟。

例如，设置 PRE=4，rlr=800，那么 IWDG 的溢出时间是 1 280 ms。也就是说，如果在1 280 ms 内没有进行喂狗，那么系统将进行重启，即程序重新开始运行。

5. 标号5：键寄存器

键寄存器（IWDG_KR）也称为关键字寄存器，此寄存器是 IWDG 的一个控制寄存器。向该寄存器写入 3 种值会有 3 种控制效果。

（1）写入 0x5555：由于 IWDG_PR 和 IWDG_RLR 寄存器具有写访问保护，因此，若要修改寄存器，必须首先对 IWDG_KR 寄存器写入代码 0x5555，若写入其他值，则将重启写保护。

（2）写入 0xaaaa：把 IWDG_RLR 寄存器内的值重装载到计数器中。

（3）写入 0xcccc：启动 IWDG 功能，此方式属于软件启动，一旦开启 IWDG，它就关不掉，只有复位才能关掉。

6. 标号6：状态寄存器

状态寄存器 IWDG_SR 只有位 0:PVU 和位 1:RVU 才有效，这两位只能由硬件操作。

RVU：看门狗计数器重装载值更新，硬件置 1 表示重装载值的更新正在进行中，更新完毕之后由硬件清零。

PVU：看门狗分频值更新，硬件置 1 表示分频值的更新正在进行中，当更新完成后，由硬件清零。

只有当 RVU 或 PVU 等于 0 时才可以更新重装载寄存器或预分频寄存器。

▶▶▶ 6.1.2　IWDG 配置步骤 ▶▶▶

IWDG 相关库函数在 stm32f10x_iwdg.c 和 stm32f10x_iwdg.h 文件中，IWDG 进行配置的具体步骤如下。

（1）开启寄存器访问（给 IWDG_KR 寄存器写入 0x5555）。IWDG_PR 和 IWDG_RLR 寄存器具有写访问保护。若要修改寄存器，必须首先对 IWDG_KR 寄存器写入代码 0x5555，如果写入其他的值则将重新开启写保护。在库函数中实现如下函数：

```
IWDG_WriteAccessCmd(IWDG_WriteAccess_Enable);   //取消寄存器写保护
```

Enable 参数用来使能或失能写访问，即开启或关闭写访问。

（2）设置 IWDG 分频值和重装载值。设置 IWDG 分频值的函数如下：

```
void IWDG_SetPrescaler(uint8_t IWDG_Prescaler);   //设置 IWDG 分频值
```

设置 IWDG 重装载值的函数如下：

```
void IWDG_SetReload(uint16_t Reload);   //设置 IWDG 重装载值
```

设置好 IWDG 的分频值 PRE 和重装载值，就可以知道 IWDG 的喂狗时间，也就是 IWDG 的溢出时间，该时间的计算公式前面已经介绍过。

例如，设置 PRE=4，rlr=800，那么 IWDG 的溢出时间是 1 280 ms，只要在 1 280 ms 之内有一次写入 0xaaaa 到 IWDG_KR，就不会导致看门狗复位。当然，写入多次也是可以的。注意，看门狗的时钟不是准确的 40 kHz，所以在喂狗时最好不要太晚，否则有可能发生 IWDG 复位。

（3）重载计数器值（喂狗，给 IWDG_KR 寄存器写入 0xaaaa）。重载计数器值（喂狗）库函数如下：

```
IWDG_ReloadCounter();   //重装载初值
```

将 IWDG_RLR 寄存器内的值重新加载到 IWDG 计数器内，实现喂狗操作。

（4）开启 IWDG（给 IWDG_KR 寄存器写入 0xcccc）。要使用 IWDG，还需要打开它，开启 IWDG 的库函数如下：

```
IWDG_Enable();   //打开 IWDG
```

IWDG 一旦启用，就不能被关闭，只能重启，并且重启之后不能打开，否则问题依旧存在。因此，如果不用 IWDG，那么就不要去打开它。

以上几步配置好后，就可以正常使用 IWDG。注意，需要在规定的时间内喂狗，否则系统会重新启动。

▶▶▶ 6.1.3 硬件设计 ▶▶▶

由于 IWDG 是 STM32F10x 内部资源，因此本节使用的硬件资源只有 LED 指示灯、KEY_UP 按键连接。DS0 指示灯用来提示系统运行，DS1 指示灯用来作为喂狗和系统重启时的提示，KEY_UP 按键用来进行喂狗操作，喂狗时 DS1 指示灯亮，喂狗失败则系统重启，DS0 指示灯灭。

▶▶▶ 6.1.4 软件设计 ▶▶▶

软件所要实现的功能：通过 KEY_UP 按键进行喂狗，喂狗时 DS1 指示灯亮，同时串口输出"喂狗"提示信息；超过喂狗时间系统重启，DS1 指示灯灭，同时串口输出"复位系统"提示信息，同时使用 DS0 指示灯闪烁表示系统运行。程序框架如下：

（1）初始化 IWDG（开启 IWDG，设置溢出时间）；

（2）编写主函数。

打开 F103ZET6LibTemplateIWDG 工程，在 User 工程组中可以看到添加了 iwdg. c 文件，在 STM32F10x_StdPeriph_Driver 工程组中添加 stm32f10x_iwdg. c 库文件。IWDG 操作的库函数都放在 stm32f10x_iwdg. c 和 stm32f10x_iwdg. h 文件中，所以要使用的 IWDG 必须加入 stm32f10x_iwdg. c 文件，同时要包含对应的头文件路径。

1. IWDG 初始化函数

要使用 IWDG，必须先对它进行配置，初始化代码如下：

```
void IWDG_Init(u8 pre,u16 rlr){
    IWDG_WriteAccessCmd(IWDG_WriteAccess_Enable);    //取消寄存器写保护
    IWDG_SetPrescaler(pre);                          //设置分频值 0~6
    IWDG_SetReload(rlr);                             //设置重装载值
    IWDG_ReloadCounter();                            //重装载初值
    IWDG_Enable();                                   //打开 IWDG
}
```

在 IWDG_Init( ) 函数中，首先打开 IWDG 写访问，设置 IWDG 的分频值和重装载值，然后将重装载寄存器中的值加载到 IWDG 计数器中，最后开启 IWDG。

IWDG_Init( ) 函数有两个参数，分别用来设置 IWDG 的分频值和重装载值，方便修改 IWDG 的溢出时间。

2. 主函数

编写好 IWDG 初始化函数后，接下来就可以编写主函数了，代码如下：

```
#include "system. h"
#include "SysTick. h"
#include "led. h"
#include "usart. h"
#include "key. h"
#include "iwdg. h"
int main(){
    u8 i=0;
    SysTick_Init(72);
    NVIC_PriorityGroupConfig(NVIC_PriorityGroup_2); //中断优先级分组,分两组
    LED_Init();
    USART1_Init(115200);
    KEY_Init();
    IWDG_Init(4,800);                               //只要在 1 280 ms 内进行喂狗就不会复位系统
    LED2=1;
    printf("复位系统\r\n");
    while(1){
        if(KEY_Scan(0)==KEY_UP_PRESS){
```

```
        IWDG_FeedDog();                    //喂狗
        LED2=0;
        printf("喂狗\r\n");
    }
    i++;
    if(i%20==0)    LED1=!LED1;
    delay_ms(10);
    }
}
```

主函数首先调用硬件初始化函数，包括 SysTick 系统时钟、中断分组、LED 初始化、IWDG 初始化函数等。这里分频值设定为 4，重装载值为 800，IWDG 的溢出时间即为 1 280 ms。熄灭 DS1 指示灯，同时通过 printf( ) 函数输出一串字符提示。进入 while 循环语句，不断让 DS0 指示灯间隔 200 ms 闪烁，同时不断检测 KEY_UP 按键是否被按下，如果按键被按下就进行喂狗操作，同时 DS1 指示灯亮，串口输出"喂狗"提示信息。如果在 IWDG 溢出时间前没有喂狗，也就是说在 1 280 ms 内没有按下 KEY_UP 键，则系统将复位，此时 DS1 指示灯灭，串口输出"复位系统"提示信息。

▶▶▶ 6.1.5　实验现象 ▶▶▶ ▶

将工程程序编译后下载到开发板内运行，可以看到 DS0 指示灯不断闪烁，表示程序正在运行。按下 KEY_UP 键，DS1 指示灯亮，同时串口输出"喂狗"提示信息，如果在 1 000 ms 内还未按下按键，则 DS1 灭，同时串口输出"复位系统"提示信息。如果想在串口调试助手上看到输出信息，则可以打开串口调试助手，串口调试助手上即会接收到芯片发送过来的内容，实验现象如图 6-2 所示。

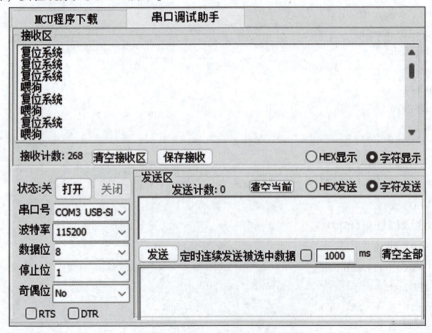

图 6-2　实验现象

6.2 WWDG 简介

WWDG 其实和 IWDG 类似，它是一个 7 位递减计数器，不断地往下递减计数，当减到一个固定值 0x40 时如果还不喂狗，就产生一个 MCU 复位信号。这个值称为窗口的下限，是固定的值，不能改变。这一点和 IWDG 类似，不同的是 WWDG 计数器的值如果在减到某一个数之前喂狗，则也会产生复位，这个值称为窗口的上限，上限值由用户独立设置。WWDG 计数器的值必须在上窗口和下窗口之间才可以刷新（喂狗），这也是 WWDG 中"窗口"两个字的含义。

▶▶▶ 6.2.1 WWDG 结构框图 ▶▶▶

要更好地理解 WWDG，就需要了解其内部结构，如图 6-3 所示。

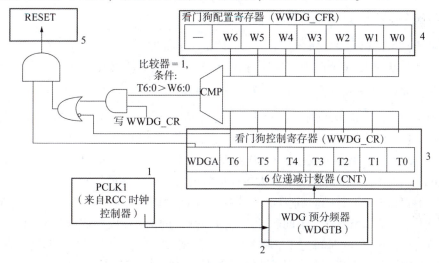

图 6-3 WWDG 的内部结构

WWDG 的内部结构可分成 5 个子模块，下面依次进行介绍。

1. 标号 1：PCLK1 WWDG 时钟

WWDG 的时钟来自 PCLK1，即挂接在 APB1 总线上，由 RCC 时钟控制器开启。APB1 时钟频率最大为 36 MHz。

2. 标号 2：WDG 预分频器（WDGTB）

PCLK1 时钟频率并不是直接提供给 WWDG 计数器时钟的，而是通过一个 WDG 预分频器分频后输入给计数器时钟。可以操作配置寄存器 WWDG_CFR 的位 8，即 7 WDGTB [1:0] 来设置分频因子，分频因子可以为 0、1、2、3。

分频后的计数器时钟频率为：$CK\_CNT = PCLK1/4\ 096 \div 2^{WDGTB}$。PCLK1 等于 APB1 时钟频率，WDGTB 为分频因子（0~3），2^{WDGTB} 的大小分别是 1、2、4、8，与库函数中的分频参数对应。每经过一个计数器时钟，计数器就减 1。

3. 标号 3：WWDG 控制寄存器（WWDG_CR）

WWDG 的计数器是一个 7 位递减计数器，计数最大值为 0x7f，其值存放在控制寄存器 WWDG_CR 中的 6:0 位，即 T[6:0]。当递减到 T6 位变成 0 时，即从 0x40 变为 0x3f 时，会产生看门狗复位信号。这个值 0x40 是 WWDG 能够递减到的最小值，所以计数器的值只能为 0x40~0x7f，实际上用来计数的是 T[5:0]。当递减计数器递减到 0x40 的时候，还不会马上产生复位信号，如果使能了提前唤醒中断，配置寄存器（WWDG_CFR）位 9 EWI 置 1，则产生提前唤醒中断，也就是在快产生复位信号的前一段时间提醒我们需要喂狗了，否则将复位。通常都是在提前唤醒中断内向 WWDG_CR 重新写入计数器的值，来达到喂狗的目的。需要注意的是，在进入中断后，必须在不大于一个 WWDG 计数周期的时间（在 PCLK1 频率为 36 MHz 且 WDGTB 为 0 的条件下，该时间为 113 μs）内重新写 WWDG_CR，否则 WWDG 将复位。

如果不使用提前唤醒中断来喂狗，则要会计算 WWDG 的超时时间，计算公式如下：

$$Twwdg=(4096 \times 2^\text{WDGTB} \times (T[5:0]+1))/PCLK1;$$

其中，Twwdg 为 WWDG 的超时时间，单位为 ms；PCLK1 为 APB1 的时钟频率，最大 36 MHz；WDGTB 为 WWDG 的分频值；T[5:0] 为 WWDG 的计数器低 6 位。

4. 标号 4：WWDG 配置寄存器（WWDG_CFR）

WWDG 必须在窗口范围内进行喂狗才不会产生复位信号，窗口中的下窗口是一个固定值 0x40，上窗口的值可以改变，具体由配置寄存器 WWDG_CFR 的位 W[6:0] 设置。其值必须大于 0x40，如果小于或等于 0x40 就失去了窗口的意义，而且也不能大于计数器的最大值 0x7f。窗口值具体要设置成多大得根据需要监控的程序的运行时间来决定。假如我们要监控的程序段 A 运行的时间为 Ta，当执行完这段程序之后就要喂狗，如果在窗口时间内没有喂狗，那么程序肯定出问题了。一般计数器的值 TR 设置成最大 0x7f，窗口值为 WW，计数器减一个数的时间为 T，那么时间（TR−WW）×T 稍微大于 Ta 即可，这样就能做到刚执行完程序段 A 之后喂狗，从而起到监控的作用，也就可以计算出 WW 的值。

5. 标号 5：RESET，系统复位信号

当计数器的值超过配置寄存器内的上窗口的值或低于下窗口的值，并且 WDGA 位置 1，即开启 WWDG 时，将产生一个系统复位信号，促使系统复位。

▶▶ 6.2.2 WWDG 配置步骤 ▶▶▶

WWDG 相关库函数在 stm32f10x_wwdg.c 和对应头文件中，配置的具体步骤如下。

（1）使能 WWDG 时钟。WWDG 不同于 IWDG，IWDG 有自己独立的 LSI，因此不存在使能问题，而 WWDG 使用的是 APB1 时钟，需要先使能时钟。在库函数中实现以下函数：

```
RCC_APB1PeriphClockCmd(RCC_APB1Periph_WWDG,ENABLE);
```

（2）设置 WWDG 窗口值、分频值。设置 WWDG 窗口值的函数如下：

```
void WWDG_SetWindowValue(uint8_t WindowValue);
```

窗口值最大为 0x7f，最小不能低于 0x40，否则就失去了窗口的意义。

设置 WWDG 分频值的函数为

```
void WWDG_SetPrescaler(uint32_t WWDG_Prescaler);
```

分频值可以为 WWDG_Prescaler_1、WWDG_Prescaler_2、WWDG_Prescaler_4、WWDG_Prescaler_8。

(3)开启 WWDG 中断并分组。通常对 WWDG 进行喂狗操作是在提前唤醒中断内,因此需要打开 WWDG 的中断功能,并且配置对应的中断通道及分组。中断分组及通道选择在 NVIC_Init()初始化函数内完成,而使能 WWDG 中断的库函数为 WWDG_EnableIT()。

(4)设置计数器初始值并使能 WWDG。库函数中提供了一个同时设置计数器初始值和使能 WWDG 的函数,具体如下:

```
void WWDG_Enable(uint8_t Counter);
```

注意,计数器最大值不能大于 0x7f,库函数还提供了一个独立设置计数器值的函数:

```
void WWDG_SetCounter(uint8_t Counter);
```

(5)编写 WWDG 中断服务函数。还需要编写一个 WWDG 中断服务函数,通过中断服务函数进行喂狗操作。WWDG 中断服务函数在 STM32F10x 启动文件内就有,WWDG 中断服务函数为 WWDG_IRQHandler()。在中断内要进行喂狗操作,可以直接调用 WWDG_SetCounter()函数,给它传递一个窗口值即可。注意,在中断内喂狗一定要快,否则当看门狗计数器值减到 0x3f 时将产生复位信号。清除 WWDG 中断状态标志 EWIF 的函数如下:

```
WWDG_ClearFlag();   //清除 WWDG 状态标志
```

通过以上几步配置,就可以正常使用 WWDG 了。注意,需要在中断内快速喂狗,否则系统会重新启动。

▶▶ 6.2.3　硬件设计 ▶▶▶

由于 WWDG 是 STM32F10x 内部资源,因此本节使用的硬件资源比较简单,只有 DS0、DS1 指示灯连接,DS0 指示灯用来提示系统是否被复位,DS1 指示灯来作为喂狗提示,每进入中断喂狗 DS1 指示灯状态翻转一次。

▶▶ 6.2.4　软件设计 ▶▶▶

软件所要实现的功能:系统开启时 DS0 指示灯点亮 500 ms,然后熄灭。DS1 指示灯不断闪烁表示正在喂狗。如果喂狗超时将重启系统,DS0 指示灯点亮 500 ms,然后熄灭,继续喂狗。程序框架如下:

(1)初始化 WWDG(使能 WWDG 时钟,设置窗口及分频值,使能中断等);

(2)编写 WWDG 中断函数;

(3)编写主函数。

打开 F103ZET6LibTemplateWWDG 工程,在 User 工程组中添加 wwdg.c 文件,在 STM32F10x_StdPeriph_Driver 工程组中添加 stm32f10x_wwdg.c 库文件。WWDG 操作的库函数都放在 stm32f10x_wwdg.c 和 stm32f10x_wwdg.h 文件中,所以要使用的 WWDG 必须加入 stm32f10x_wwdg.c 文件,同时要包含对应的头文件路径。

1. WWDG 初始化函数

要使用 WWDG，我们必须先对它进行配置。WWDG 初始化代码如下：

```
void WWDG_Init(void){
    NVIC_InitTypeDef NVIC_InitStructure;
    RCC_APB1PeriphClockCmd(RCC_APB1Periph_WWDG,ENABLE);    //开启 WWDG 时钟
    WWDG_SetWindowValue(0x5f);                             //设置窗口值
    WWDG_SetPrescaler(WWDG_Prescaler_8);                   //设置分频值
    NVIC_InitStructure. NVIC_IRQChannel=WWDG_IRQn;         //窗口中断通道
    NVIC_InitStructure. NVIC_IRQChannelPreemptionPriority=2;//抢占优先级
    NVIC_InitStructure. NVIC_IRQChannelSubPriority=3;      //子优先级
    NVIC_InitStructure. NVIC_IRQChannelCmd=ENABLE;         //IRQ 通道使能
    NVIC_Init(&NVIC_InitStructure);      //根据指定的参数初始化 NVIC 寄存器
    WWDG_Enable(0x7f);                   //使能 WWDG 并初始化计数器值
    WWDG_ClearFlag();                    //清除 WWDG 状态标志(必须加上此句,否则进不了中断)
    WWDG_EnableIT();                     //开启中断
}
```

在 WWDG_Init( )函数中，首先使能 WWDG 时钟，设置 WWDG 窗口值为 0x5f，分频值为 WWDG_Prescaler_8；然后设置中断分组并开启中断；最后设置计数器值为 0x7f 并使能 WWDG。

2. WWDG 中断函数

初始化 WWDG 后，中断就已经开启，当 WWDG 计数器递减到 0x40 时，就会产生一次提前唤醒中断，具体代码如下：

```
void WWDG_IRQHandler(void){
    WWDG_SetCounter(0x7f);             //重新赋值
    WWDG_ClearFlag();                  //清除 WWDG 状态标志
    LED2=!LED2;
}
```

在中断内必须快速进行喂狗操作，也就是重新对 WWDG 计数器赋值，然后清除中断状态标志。这里使用一个 DS1 指示灯来提示喂狗，如果喂狗，则 DS1 指示灯状态翻转一次。

3. 主函数

编写好 WWDG 初始化和中断函数后，接下来就可以编写主函数了，代码如下：

```
#include "system. h"
#include "SysTick. h"
#include "led. h"
#include "usart. h"
#include "wwdg. h"
int main(){
```

```
        SysTick_Init(72);
        NVIC_PriorityGroupConfig(NVIC_PriorityGroup_2);    //中断优先级分组,分两组
        LED_Init();
        USART1_Init(115200);
        LED1=0;
        delay_ms(500);
        WWDG_Init();
        while(1)LED1=1;
    }
```

主函数首先调用硬件初始化函数,包括 SysTick 系统时钟、中断分组、LED 初始化、WWDG 初始化函数等。让 DS0 指示灯点亮 500 ms,然后进入 while 循环,关闭 DS0 指示灯。在主函数内并没有看到喂狗操作,这是因为使用 WWDG 中断进行喂狗操作,当计数值器递减到 0x40 时,进入中断并喂狗,DS1 指示灯状态翻转一次。如果喂狗失败,则将使系统复位,那么 DS0 指示灯又会点亮 500 ms 后熄灭。

▶▶▶ 6.2.5 实验现象 ▶▶▶

将工程程序编译后下载到开发板内运行,可以看到 DS0 指示灯点亮 500 ms 后熄灭。然后 DS1 指示灯不断闪烁,表示正在喂狗。

🎡 思考题 ▶▶ ▶

(1)修改 IWDG 的溢出时间,查看结果(提示:IWDG 是一个 12 位递减计数器,所以最大装载值不能大于 4 096)。

(2)让 WWDG 在中断内喂狗超时,观察现象(提示:只需要在喂狗前加上一个短暂延时即可)。

第7章
触摸按键

本章将介绍触摸按键，触摸按键是一种电子化的开关设备，它依靠人体的静电感应或电容感应来实现其工作。在触摸按键的内部，一般会包含一个电容、一个感应电路、一个控制电路及一个开关电路。在触摸按键开关处于关闭状态时，整个设备的感应电路会处于加电状态。当人体接近时，由于人体本身带有静电荷，因此会出现静电感应，这个感应会扰动感应电路，在感应电路的输出端就会出现相应的电压信号。控制电路通过对这个电压信号进行处理，从而可以判断人体是否接近。当释放按键时，整个设备回到原来的感应电路，然后触摸按键关闭。

7.1 电容式触摸按键

触摸按键是多媒体技术的新应用，它具有坚固耐用、节省空间、操作方便等优点。具体来说，触摸按键可以分为4类：电阻式触摸按键、电容式触摸按键、表面声波感应按键和红外线感应按键。下面介绍一种简单的电容式触摸按键，其可以穿透绝缘材料外壳8mm（玻璃、塑料等）以上，能够准确无误地侦测到手指的有效触摸。

▶▶▶ 7.1.1 电容式触摸按键介绍 ▶▶▶ ▶

触摸按键与传统的机械按键相比不仅美观，而且耐用，它颠覆了传统意义上的机械按键控制，只要轻轻触摸，就可以实现按键开关的控制、量化调节，甚至方向控制。触摸按键已广泛应用于遥控器、各类开关及车载、小家电控制界面等消费类电子产品中，目前大部分的智能手机也都是采用电容式触摸按键。

开发板上的电容式触摸按键就是一小块覆铜区域，也称为触摸感应区，通常会将四周的铜片与电路板地信号连通，触摸感应区被设计成方便手指触摸大小，并将其连接在输入捕获通道上。触摸感应区与四周的铜片区域就形成了一个电容，通过检测电容的充、放电时间，即可判断是否有触摸。

▶▶▶ 7.1.2 硬件设计 ▶▶▶ ▶

本节使用的硬件资源有：DS0 指示灯、DS1 指示灯、TIM5 的通道 2、串口 1、电容式触摸按键，TIM5 的通道 2 属于 STM32F10x 芯片内部的资源，按键电路如图 7-1 所示。

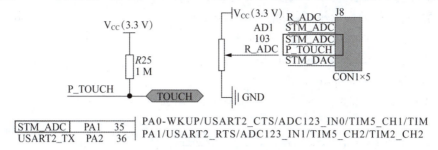

图 7-1　按键电路

可以看到，需要通过 TIM5 的通道 2 来捕获电容式触摸按键的信号，因此需要用短接片将 J8 排针上的 P_TOUCH(开发板丝印上是 P_T)与 STM_ADC(开发板丝印上是 ADC)短接。J8 排针的组合可以构成多种功能，如 R_ADC 与 STM_ADC 短接可以实现电位器 ADC 的实验，STM_ADC 与 STM_DAC 短接可以实现 ADC 与 DAC 互测。DS0 指示灯用来提示系统正常运行，DS1 指示灯用来指示触摸按键是否被按下，捕获上升沿值可通过串口 1 的 printf( )函数打印出来。

▶▶▶ 7.1.3　软件设计 ▶▶▶

软件所要实现的功能：通过 TIM5 的通道 2(PA1)捕获电容式触摸按键输入信号的高电平脉宽，根据捕获到的高电平时间大小控制 DS1 指示灯开/关，同时 DS0 指示灯不断闪烁表示系统正常运行。程序框架如下：

(1)初始化 PA1 引脚为 TIM5 的通道 2 输入捕获功能，设置上升沿捕获等；

(2)读取一次捕获高电平的值；

(3)电容式触摸按键初始化；

(4)检测电容式触摸按键是否被按下；

(5)编写主函数。

打开 F103ZET6LibTemplateTouch 工程，在 Hardware 工程组中可以添加包含电容式触摸按键驱动程序的 touch_key.c 文件，在 STM32F10x_StdPeriph_Driver 工程组中添加 stm32f10x_tim.c 库文件。定时器操作的库函数都放在 stm32f10x_tim.c 和对应头文件中，要使用的定时器必须加入 stm32f10x_tim.c 文件，同时要包含对应的头文件路径。

1. TIM5 的 CH2 初始化函数

要使用定时器输入捕获功能，必须先对它进行配置，代码如下：

```
void TIM5_CH2_Input_Init(u16 arr,u16 psc){

    TIM_TimeBaseInitTypeDef TIM_TimeBaseInitStructure;

    TIM_ICInitTypeDef TIM_ICInitStructure;

    GPIO_InitTypeDef GPIO_InitStructure;

    RCC_APB2PeriphClockCmd(RCC_APB2Periph_GPIOA,ENABLE);

    RCC_APB1PeriphClockCmd(RCC_APB1Periph_TIM5,ENABLE);    //使能 TIM5 时钟

    GPIO_InitStructure.GPIO_Pin=GPIO_Pin_1;
```

```
    GPIO_InitStructure. GPIO_Mode=GPIO_Mode_IN_FLOATING;        //浮空输入模式
    GPIO_InitStructure. GPIO_Speed=GPIO_Speed_50MHz;            //IO接口速度为50 MHz
    GPIO_Init(GPIOA,&GPIO_InitStructure);                       //PA0
    TIM_TimeBaseInitStructure. TIM_Period=arr;                  //自动重装载值
    TIM_TimeBaseInitStructure. TIM_Prescaler=psc;               //分频值
    TIM_TimeBaseInitStructure. TIM_ClockDivision=TIM_CKD_DIV1;
    TIM_TimeBaseInitStructure. TIM_CounterMode=TIM_CounterMode_Up;   //设置向上计数模式
    TIM_TimeBaseInit(TIM5,&TIM_TimeBaseInitStructure);
    TIM_ICInitStructure. TIM_Channel=TIM_Channel_2;             //通道2
    TIM_ICInitStructure. TIM_ICFilter=0x00;                     //滤波
    TIM_ICInitStructure. TIM_ICPolarity=TIM_ICPolarity_Rising;  //捕获极性
    TIM_ICInitStructure. TIM_ICPrescaler=TIM_ICPSC_DIV1;        //分频值
    TIM_ICInitStructure. TIM_ICSelection=TIM_ICSelection_DirectTI;//直接映射到TI1
    TIM_ICInit(TIM5,&TIM_ICInitStructure);
    TIM_Cmd(TIM5,ENABLE);                                       //使能定时器
}
```

TIM5_CH2_Input_Init( )函数用于捕获PA1引脚上的上升沿。TIM5_CH2_Input_Init( )函数有两个参数，分别用来设置定时器的自动重装载值和分频值，方便修改计数器频率。TIM5是16位定时器，所以arr为u16类型。

2. 高电平捕获函数

PA1引脚初始化为输入捕获功能后，当电容两端的电压逐渐上升至高电平后，就会发生捕获。通过查询标志位可以检测是否发生上升沿捕获，代码如下：

```
void Touch_Reset(void){
    GPIO_InitTypeDef GPIO_InitStructure;
    GPIO_InitStructure. GPIO_Pin=GPIO_Pin_1;
    GPIO_InitStructure. GPIO_Mode=GPIO_Mode_Out_PP;            //推挽输出模式
    GPIO_InitStructure. GPIO_Speed=GPIO_Speed_50MHz;          //IO接口速度为50 MHz
    GPIO_Init(GPIOA,&GPIO_InitStructure);
    GPIO_ResetBits(GPIOA,GPIO_Pin_0);                         //输出0,放电
    delay_ms(5);
    TIM_ClearFlag(TIM5,TIM_FLAG_CC2|TIM_FLAG_Update);         //清除标志位
    TIM_SetCounter(TIM5,0);                                    //归零
    GPIO_InitStructure. GPIO_Mode=GPIO_Mode_IN_FLOATING;     //浮空输入模式
    GPIO_Init(GPIOA,&GPIO_InitStructure);
}
u16 Touch_Get_Val(void){
    Touch_Reset();
    while(TIM_GetFlagStatus(TIM5,TIM_FLAG_CC2)==0)            //等待捕获到高电平标志位
```

```
{
    if(TIM_GetCounter(TIM5)>Touch_ARR_MAX_VAL-500)    //超时,直接返回 CNT 值
    return TIM_GetCounter(TIM5);
}
return TIM_GetCapture2(TIM5);                          //返回捕获的高电平值
}
```

该函数用于获取定时器的一次捕获值,首先调用 Touch_Reset( ) 函数,将 PA1 引脚配置为推挽输出模式,并输出低电平,使电容完全放电;然后清除定时器相应状态标志(溢出/捕获)并调用 TIM_SetCounter( )库函数将 TIM5 计数器值清零,同时将 PA1 配置为浮空输入模式;最后循环等待发生上升沿捕获(或计数溢出),将捕获到的值(或溢出值)作为函数返回值。

3. 电容式触摸按键初始化函数

电容式触摸按键初始化函数的代码如下:

```
u8 Touch_Key_Init(u8 psc){
    u8 i,j;
    u16 buf[10],temp;
    TIM5_CH2_Input_Init(Touch_ARR_MAX_VAL,psc);
    for(i=0;i<10;i++)                   //读取 10 次为按下时的触摸值
    { buf[i]=Touch_Get_Val();delay_ms(10);}
    for(i=0;i<9;i++)                    //从小到大排序
    { for(j=i+1;j<10;j++)if(buf[i]>buf[j]){ temp=buf[i];buf[j]=buf[j];3buf[j]=temp;} }
    temp=0;
    for(i=2;i<8;i++)temp+=buf[i];       //取中间 6 个数值求和,取其平均数
    touch_default_val=temp/6;
    printf("touch_default_val=% d \r\n",touch_default_val);
    if(touch_default_val>Touch_ARR_MAX_VAL/2)
    return 1;                           //初始化遇到超过 Touch_ARR_MAX_VAL/2 的数值,不正常
    return 0;
}
```

由于电容式触摸按键是通过 PA1 引脚进行捕获采集的,因此首先调用 TIM5_CH2 初始化函数 TIM5_CH2_Input_Init( ),此函数有两个参数,分别用于设置定时器自动重装载值和分频值。这里将自动重装载值设置为 Touch_ARR_MAX_VAL,它是一个宏,在 touch_key.c 文件开始处已定义,其值为 0xffff。分频值是通过函数形参传入,通过此参数即可确定计数时钟的大小。通过一个 for 循环读取 10 次高电平的捕获值,按照从小到大顺序进行排序,取中间 6 个数再取平均值,这样做可以减少误差。将计算后的值保存到一个 u16 类型的全局变量 touch_default_val 中,作为后续触摸判断的标准。

4. 电容式触摸按键检测函数

获取了 touch_default_val 判断比较值,就可以检测电容式触摸按键是否被按下,代码如下:

```
#define TOUCH_GATE_VAL 100        //触摸的门限值,大于此数才认为是有效触摸
u8 Touch_Key_Scan(u8 mode){
    static u8 keyen=0;            //=0,可以开始检测;>0,还不能开始检测
    u8 res=0,sample=3;           //默认采样次数为 3 次
    u16 rval;
    if(mode){
        sample=6;                //支持连按时,设置采样次数为 6 次
        keyen=0;                 //支持连按
    }
    rval=Touch_Get_MaxVal(sample);
    //大于 touch_default_val+TOUCH_GATE_VAL 且小于 0 倍,touch_default_val 则有效
    if(rval>(touch_default_val+TOUCH_GATE_VAL)&&rval<(10*touch_default_val))
    {
        if((keyen==0)&&(rval>(touch_default_val+TOUCH_GATE_VAL)))res=1;
        keyen=3;                 //至少要再过 3 次之后按键才能有效
    }
    if(keyen)keyen--;
    return res;
}
```

该函数用于检测电容式触摸按键是否有触摸,该函数的参数 mode 用于设置是否支持连续触摸。如果 mode＝1,则表示支持连续触摸;如果 mode＝0,则表示支持单次触摸。该函数还具有返回值;如果是 0,则说明没有触摸;如果是 1,则说明有触摸。该函数内部定义了一个静态变量,用于检测控制。

不支持连续触摸时,函数中连续读取 3 次捕获高电平的值,取它们的最大值与 touch_default_val+TOUCH_GATE_VAL 进行比较,如果前者大于后者则说明有触摸,如果前者小于后者则说明无触摸。其中 tpad_default_val 是在调用 Touch_Key_Init( ) 函数时得到的值,而 TOUCH_GATE_VAL 则是设定的一个门限值,这里设置为 100。

5. 主函数

编写好 TIM5_CH2 初始化和检测函数后,接下来就可以编写主函数了,代码如下:

```
#include "system. h"
#include "SysTick. h"
#include "led. h"
#include "usart. h"
#include "touch_key. h"
int main(){
    u8 i=0;
    SysTick_Init(72);
    NVIC_PriorityGroupConfig(NVIC_PriorityGroup_2);   //中断优先级分组,分两组
    LED_Init();
    USART1_Init(115200);
```

```
        Touch_Key_Init(6);   //计数频率为 12 MHz
        while(1)
        {
            if(Touch_Key_Scan(0)==1)LED2=!LED2;
            i++;
            if(i% 20==0)LED1=!LED1;
            delay_ms(500);
        }
    }
```

主函数调用硬件初始化函数，包括 SysTick 系统时钟、中断分组、LED 初始化、Touch_Key_Init( )函数等。TIM5 的分频值设置为 6，此时 TIM5 的计数频率为 12 MHz，即计数 12 次的时间为 1 μs。进入 while 循环，调用 Touch_Key_Scan( )函数，不断检测触摸按键是否被按下，如果被按下则函数返回值为 1，进入 if 语句控制 DS1 指示灯状态翻转。DS0 指示灯会间隔 200 ms 闪烁，提示系统正常运行。

▶▶▶ 7.1.4　实验现象 ▶▶▶

将工程程序编译后下载到开发板内运行，可以看到 DS0 指示灯不断闪烁，表示程序正常运行。当触摸电容式触摸按键时，DS1 指示灯状态翻转一次，同时打印触摸后捕获的高电平值。

7.2　FSMC-TFTLCD 显示

在介绍触摸屏工作机制前，先介绍 TFTLCD 是如何显示内容的。

▶▶▶ 7.2.1　TFTLCD 简介 ▶▶▶

TFTLCD(Thin Film Transistor-Liquid Crystal Display)是薄膜晶体管液晶显示器英文字头的缩写。TFTLCD 为每个像素都设有一个薄膜晶体管，每个像素都可以通过点脉冲直接控制，因而每个节点都相对独立，并可以连续控制，不仅提高了显示屏的反应速度，同时可以精确控制显示色阶，因此 TFTLCD 的色彩更真，TFTLCD 也被称为真彩液晶显示器。

常用的 TFTLCD 接口有很多种，8 位、9 位、16 位、18 位都有，这里的位数表示彩屏数据线的数量。常用的通信模式主要有 6800 并口模式和 8080 并口模式，TFTLCD 通常都使用 8080 并口(简称 80 并口)模式。

如果接触过 LCD1602 或 LCD12864 等，就会发现 80 并口模式的读写时序跟 LCD1602 或 LCD12864 的读写时序类似。80 并口有 5 根基本的控制线和多根数据线，数据线的数量主要看液晶屏使用的是几位模式，目前主要有 8 根、9 根、16 根、18 根 4 种类型。

TFTLCD 模块有很多种，按照屏幕大小的不同可分为 2.0 寸、2.4 寸、2.8 寸、3.0 寸、3.2 寸、3.5 寸、3.6 寸、4.3 寸、4.5 寸、7 寸等，不同尺寸的彩屏对应的分辨率可能不同，如 3.5 寸的彩屏分辨率为 320 px×480 px(宽×高)，4.5 寸的彩屏分辨率为 480 px×854 px。当然，这具体要看对应彩屏的数据手册。彩屏的驱动芯片的具体型号可以看彩屏正面左上角或背面的标注，生产厂商通常都会将彩屏的驱动芯片型号放在 TFTLCD 模块的左上角或背面。

玄武 F103 开发板 3.5 寸的 TFTLCD 模块都自带触摸功能，可用来做输入控制，该模块驱动芯片的型号是 HX8357D，分辨率为 320 px×480 px，接口为 16 位的 80 并口。TFTLCD 模块采用 2×17 的 2.54 排针与外部连接，此模块采用 16 位的并口方式与外部连接。之所以不采用 8 位的并口方式，是因为彩屏的数据量比较大，尤其在显示图片时，如果用 8 位数据线，就会比 16 位的并口方式慢一倍以上。

该模块的 80 并口有一些信号线：TFTLCD 片选信号 CS、向 TFTLCD 写入数据控制信号 WR、从 TFTLCD 读取数据控制信号 RD、命令或数据选择信号 RS(0 表示读写命令，1 表示读写数据)、16 位双向数据线 DB[15:0]、TFTLCD 复位信号 RST。这里需要说明的是，TFTLCD 模块的 RST 信号线直接接到 STM32F10x 的复位引脚上，并不由软件控制，这样可以节省一个 IO 接口。因此，要控制 TFTLCD 模块显示，除触摸功能引脚外，总共需要 20 个 IO 接口。通常按照以下几步即可实现 TFT 液晶显示。

(1)设置 STM32F10x 与 TFTLCD 模块相连接的 IO 接口。要让 TFTLCD 模块显示，首先得初始化 TFTLCD 模块与 STM32F10x 相连的 IO 接口，以便控制 TFTLCD。这里使用的是 STM32F10x 的灵活的静态存储控制器(FSMC)。

(2)初始化 TFTLCD 模块(写入一系列设置值)。初始化 IO 接口后，接着就要对 TFTLCD 进行配置。因为模块的复位引脚是接在 STM32F10x 复位上的，所以直接按下开发板复位键即可复位 LCD，然后初始化序列，即向 LCD 控制器写入一系列的设置值(如 RGB 格式、LCD 显示方向、伽马校准等)，这部分代码由 LCD 厂商提供，用户直接使用这些初始化序列即可，无须深入研究。关于这些设置值，用户可以在使用的彩屏模块驱动芯片数据手册内查找到。初始化完成之后，LCD 就可以正常使用了。

(3)将要显示的内容写到 TFTLCD 模块内。这一步需要按照"设置坐标→写 GRAM 指令→写 GRAM"来实现，这个步骤只是一个像素点的处理，如果想要显示字符或数字，那么就必须多次重复这个步骤，从而达到显示字符或数字的目的。一般会设计一个函数来封装这些过程(实现字符或数字的显示)，之后只需要调用该函数，就可以实现字符或数字的显示了。

▶▶▶ 7.2.2　FSMC 简介 ▶▶▶

FSMC(Flexible Static Memory Controller，灵活的静态存储控制器)是 STM32 系列采用的一种新型的存储器扩展技术，能够连接同步、异步存储器和 16 位 PC 存储卡。STM32F103 系列芯片 100 引脚以上都带有 FSMC 接口，开发板使用 STM32F103ZET6 芯片，因此也具有 FSMC 接口。STM32 通过 FSMC 可以与 SRAM、ROM、PSRAM、NOR FLASH 和 NAND FLASH 等存储器的引脚直接相连。

▶▶▶ 7.2.3　FSMC 配置步骤 ▶▶▶

FSMC 相关库函数在 stm32f10x_fsmc.c 和 stm32f10x_fsmc.h 文件中定义，可使用库函数对 FSMC 进行配置，具体步骤如下。

(1)初始化 FSMC。FSMC 的初始化主要是配置 FSMC_BCRx、FSMC_BTRx、FSMC_

BWTRx 这 3 个寄存器，固件库内提供了 3 个初始化函数对这些寄存器进行配置。FSMC 初始化的库函数如下：

```
FSMC_NORSRAMInit();
FSMC_NANDInit();
FSMC_PCCARDInit();
```

这 3 个函数分别用来初始化 4 种类型的存储器，初始化 NOR FLASH 和 SRAM 使用同一个函数 FSMC_NORSRAMInit( )，该函数的原型是：

```
voidFSMC_NORSRAMInit(FSMC_NORSRAMInitTypeDef*FSMC_NORSRAMInitStruct);
```

这个函数只有一个参数，是一个结构体指针变量，结构体类型的成员如下：

```
typedef struct {
    uint32_t FSMC_Bank;
    uint32_t FSMC_DataAddressMux;
    uint32_t FSMC_MemoryType;
    uint32_t FSMC_MemoryDataWidth;
    uint32_t FSMC_BurstAccessMode;
    uint32_t FSMC_AsynchronousWait;
    uint32_t FSMC_WaitSignalPolarity;
    uint32_t FSMC_WrapMode;
    uint32_t FSMC_WaitSignalActive;
    uint32_t FSMC_WriteOperation;
    uint32_t FSMC_WaitSignal;
    uint32_t FSMC_ExtendedMode;
    uint32_t FSMC_WriteBurst;
    FSMC_NORSRAMTimingInitTypeDef*FSMC_ReadWriteTimingStruct;
    FSMC_NORSRAMTimingInitTypeDef*FSMC_WriteTimingStruct;
}FSMC_NORSRAMInitTypeDef;
```

从这个结构体可以看出，前面有 13 个基本类型 uint32_t 的成员，这 13 个变量用来配置片选控制寄存器 FSMC_BCRx。后面还有 FSMC_NORSRAMTimingInitTypeDef 指针类型的成员，原因是 FSMC 有读时序和写时序之分，该变量用来设置读时序和写时序的参数，即这两个参数用来配置读时序和写时序寄存器 FSMC_BTRx 和 FSMC_BWTRx，下面具体介绍。

①FSMC_Bank：用来设置使用到的存储块标号和区号，开发板使用的是存储块 1 区号 4，所以选择值为 FSMC_Bank1_NORSRAM4。

②FSMC_DataAddressMux：用来配置 FSMC 的数据线与地址线是否复用。FSMC 支持数据线与地址线复用或非复用两种模式。在非复用模式下，16 位数据线及 26 位地址线分开使用；复用模式下则是低 16 位数据/地址线复用，仅对 NOR FLASH 和 PSRAM 有效。在复用模式下，推荐使用地址锁存器以区分数据与地址。开发板使用 FSMC 模拟 8080 时序，仅使用一根地址线 A10 提供 8080 的 RS 信号，因此不需要复用，即设置为 FSMC_DataAddressMux_Disable。

③FSMC_MemoryType：用来设置 FSMC 外接的存储器类型，可选类型为 NOR FLASH、PSARM 及 SRAM 模式。这里把 TFTLCD 当作 SRAM 使用，因此选择值为 FSMC_Memory-Type_SRAM。

④FSMC_MemoryDataWidth：用来设置 FSMC 接口的数据宽度，可选择 8 位或 16 位。开发板是 16 位数据宽度，因此选择值为 FSMC_MemoryDataWidth_16b。

⑤FSMC_WriteOperation：用来配置写操作使能。如果禁止写操作，则 FSMC 不会产生写时序，但仍可从存储器中读出数据。开发板需要向 TFTLCD 内写数据，因此要写使能，配置为 FSMC_WriteOperation_Enable（写使能）。

⑥FSMC_ExtendedMode：用来配置是否使用扩展模式，在扩展模式下，读时序和写时序可以使用独立时序模式。例如，读时序使用模式 A，写时序使用模式 B，A、B、C、D 模式差别不大，主要是在使用数据/地址线复用的情况下，FSMC 信号产生的时序不一样。

⑦FSMC_BurstAccessMode：用来配置访问模式。FSMC 对存储器的访问分为异步模式和突发模式（同步模式）。在异步模式下，每次传输数据都需要产生一个确定的地址，而突发模式可以在开始时提供一个地址之后，把数据成组地连续写入。主要模式有：FSMC_WaitSignalPolarity（配置等待信号极性）、FSMC_WrapMode（配置是否使用非对齐方式）、FSMC_WaitSignalActive（配置等待信号什么时期产生）、FSMC_WaitSignal（配置是否使用等待信号）、FSMC_WriteBurst（配置是否允许突发写操作）。这些模式均需要在突发模式开启后进行配置才有效。开发板使用异步模式，因此这些成员的参数没有意义。

⑧FSMC_ReadWriteTimingStruct 和 FSMC_WriteTimingStruct：用来设置读写时序。这两个变量都是 FSMC_NORSRAMTimingInitTypeDef 结构体指针类型，分别用来初始化片选控制寄存器 FSMC_BCRx 和写时序控制寄存器 FSMC_BWTRx。

FSMC_NORSRAMTimingInitTypeDef 结构体如下：

```
typedef struct {
    uint32_t FSMC_AddressSetupTime;              //地址建立时间
    uint32_t FSMC_AddressHoldTime;               //地址保持时间
    uint32_t FSMC_DataSetupTime;                 //数据建立时间
    uint32_t FSMC_BusTurnAroundDuration;         //总线恢复时间
    uint32_t FSMC_CLKDivision;                   //时钟分频
    uint32_t FSMC_DataLatency;                   //数据保持时间
    uint32_t FSMC_AccessMode;                    //访问模式
}FSMC_NORSRAMTimingInitTypeDef;
```

以上成员用于配置地址建立、保持时间，数据建立时间等，由 HCLK 经过成员时钟分频获得这些时间，该分频值在时钟分频函数 FSMC_CLKDivision（）中设置，其中 FSMC_AccessMode 成员的设置只在开启扩展模式时才有效。开启扩展模式后，读时序和写时序可以独立设置。若读写速度不一样，则需要开启扩展模式，并且对参数 FSMC_DataSetupTime 设置不同的值，此结构体就是对 FSMC_BTRx 和 FSMC_BWTRx 寄存器操作。

根据 ILI9481 数据手册，调试时可以先把时序值设置得大一些，然后慢慢靠近数据手册要求的最小值，这样会取得比较好的效果。时序参数设置对 TFTLCD 的显示效果有一定的影响。了解结构体成员的功能后，就可以进行配置，配置代码如下：

```
FSMC_NORSRAMInitTypeDef FSMC_NORSRAMInitStructure;
FSMC_NORSRAMTimingInitTypeDef FSMC_ReadTimingInitStructure;
FSMC_NORSRAMTimingInitTypeDef FSMC_WriteTimingInitStructure;
RCC_AHBPeriphClockCmd(RCC_AHBPeriph_FSMC,ENABLE);                      //使能 FSMC 时钟
//地址建立时间(ADDSET)为 2 个 HCLK 1/36M=27 ns
FSMC_ReadTimingInitStructure. FSMC_AddressSetupTime=0x01;
//地址保持时间(ADDHLD)模式 A 未用到
FSMC_ReadTimingInitStructure. FSMC_AddressHoldTime=0x00;
FSMC_ReadTimingInitStructure. FSMC_DataSetupTime=0x0f;                //数据保持时间
FSMC_ReadTimingInitStructure. FSMC_BusTurnAroundDuration=0x00;
FSMC_ReadTimingInitStructure. FSMC_CLKDivision=0x00;
FSMC_ReadTimingInitStructure. FSMC_DataLatency=0x00;
FSMC_ReadTimingInitStructure. FSMC_AccessMode=FSMC_AccessMode_A; //模式 A
FSMC_WriteTimingInitStructure. FSMC_AddressSetupTime=0x15;            //地址建立时间
FSMC_WriteTimingInitStructure. FSMC_AddressHoldTime=0x15;             //地址保持时间
FSMC_WriteTimingInitStructure. FSMC_DataSetupTime=0x05;   //数据保持时间为 6 个 HCLK
FSMC_WriteTimingInitStructure. FSMC_BusTurnAroundDuration=0x00;
FSMC_WriteTimingInitStructure. FSMC_CLKDivision=0x00;
FSMC_WriteTimingInitStructure. FSMC_DataLatency=0x00;
FSMC_WriteTimingInitStructure. FSMC_AccessMode=FSMC_AccessMode_A; //模式 A
FSMC_NORSRAMInitStructure. FSMC_Bank=FSMC_Bank1_NORSRAM4;      //使用 NE4
FSMC_NORSRAMInitStructure. FSMC_DataAddressMux=FSMC_DataAddressMux_Disable;
//不复用数据地址
FSMC_NORSRAMInitStructure. FSMC_MemoryType=FSMC_MemoryType_SRAM;
FSMC_NORSRAMInitStructure. FSMC_MemoryDataWidth=FSMC_MemoryDataWidth_16b;
//存储器数据宽度为 16 位
FSMC_NORSRAMInitStructure. FSMC_BurstAccessMode=FSMC_BurstAccessMode_Disable;
//FSMC_BurstAccessMode_Disable;
FSMC_NORSRAMInitStructure. FSMC_WaitSignalPolarity=FSMC_WaitSignalPolarityLow;
FSMC_NORSRAMInitStructure. FSMC_AsynchronousWait=FSMC_AsynchronousWait_Disable;
FSMC_NORSRAMInitStructure. FSMC_WrapMode=FSMC_WrapMode_Disable;
FSMC_NORSRAMInitStructure. FSMC_WaitSignalActive=FSMC_WaitSignalActive_BeforeWaitState;
FSMC_NORSRAMInitStructure. FSMC_WriteOperation=FSMC_WriteOperation_Enable;
//存储器写使能
FSMC_NORSRAMInitStructure. FSMC_WaitSignal=FSMC_WaitSignal_Disable;
FSMC_NORSRAMInitStructure. FSMC_ExtendedMode=FSMC_ExtendedMode_Enable;
//读写使用不同的时序
FSMC_NORSRAMInitStructure. FSMC_WriteBurst=FSMC_WriteBurst_Disable;
FSMC_NORSRAMInitStructure. FSMC_ReadWriteTimingStruct=&FSMC_ReadTimingInitStructure;
//读写时序
```

> FSMC_NORSRAMInitStructure. FSMC_WriteTimingStruct=&FSMC_WriteTimingInitStructure;
>
> //写时序
>
> FSMC_NORSRAMInit(&FSMC_NORSRAMInitStructure);　//初始化 FSMC 配置

（2）使能（开启）FSMC。固件库提供不同的库函数来初始化各种存储器，同样也提供不同类型的存储器使能函数，例如以下函数：

> void FSMC_NORSRAMCmd(uint32_t FSMC_Bank,FunctionalState NewState);
>
> void FSMC_NANDCmd(uint32_t FSMC_Bank,FunctionalState NewState);
>
> void FSMC_PCCARDCmd(FunctionalState NewState);

这 3 个函数支持不同种类的存储器。开发板把 TFTLCD 当作 SRAM 使用，即使用第一个函数。该函数的第一个参数用来选择存储器的区域，第二个参数用来使能或失能。

将以上几步全部配置好后，就可以使用 STM32F10x 的 FSMC 了。

▶▶▶ 7.2.4　硬件设计 ▶▶▶

本节使用的硬件资源有：DS0 指示灯、串口 1、FSMC、TFTLCD 模块等。FSMC 属于 STM32F10x 芯片内部的资源，只要通过软件配置好即可使用。TFTLCD 与 STM32F10x 接口的连接关系如图 7-2 所示。

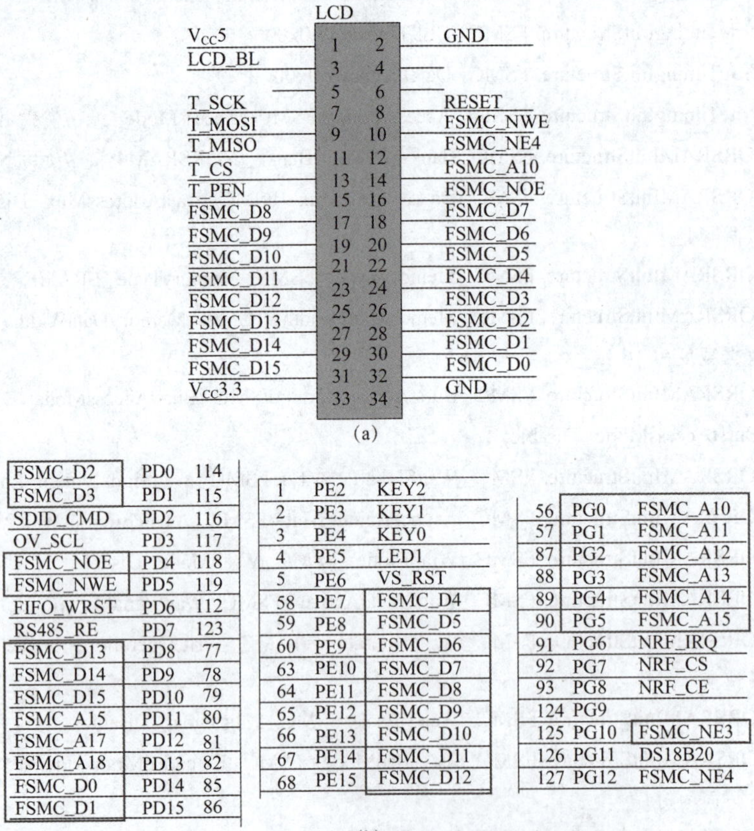

(a)

(b)

图 7-2　TFTLCD 与 STM32F10x 接口的连接关系

(a)TFTLCD 接口；(b)STM32F10x 接口

从图中可以看到，TFTLCD 接口 LCD_BL 连接在 STM32F10x 的 FSMC 功能引脚上，TFTLCD 的数据口对应 FSMC_D0～FSMC_D15，TFTLCD 的 CS 对应 PG12 即 FMC_NE4，TFTLCD 的 RS 对应 PG0 即 FMC_A10，TFTLCD 的 WR 对应 PD5 即 FMC_NWE，TFTLCD 的 RD 对应 PD4 即 FMC_NOE，TFTLCD 的 LCD_BL 背光控制引脚对应 PB0(目前彩屏没有引出背光控制引脚，预留)。TFTLCD 接口上的 T_SCK、T_MOSI 等引脚是用于控制触摸的，因此只需要将 TFTLCD 模块插入开发板上的 TFTLCD 接口即可，DS0 指示灯用来提示系统运行状态，TFTLCD 的 ID 可以通过串口 1 打印输出。

▶▶▶ 7.2.5 软件设计 ▶▶▶

软件所要实现的功能：在 TFTLCD 上显示 ASCII 字符、汉字和图片，同时 DS0 指示灯闪烁，提示系统正常运行。本实验使用的是 FSMC 的 Bank1 的区域 4 来控制 TFTLCD，程序框架如下：

(1)初始化 TFTLCD 对应的 GPIO，初始化 FSMC；
(2)初始化 TFTLCD，包括初始化序列；
(3)编写 TFTLCD 的显示函数；
(4)编写主函数。

打开 F103ZET6LibTemplateFSMC 工程，在 Hardware 工程组中添加 tftlcd.c 文件(包含多种 TFTLCD 驱动程序)，在 STM32F10x_StdPeriph_Driver 工程组中添加 stm32f10x_fsmc.c 库文件。FSMC 操作的库函数在 stm32f10x_fsmc.c 和 stm32f10x_fsmc.h 文件中，同时要包含对应的头文件路径，下面分析几个重要函数和一个字符、汉字、图片提取软件的使用方法。

1. TFTLCD 的 GPIO 初始化函数

按照 TFTLCD 初始化流程，首先要初始化 TFTLCD 对应连接的 IO 接口，其对应的 IO 接口前面硬件电路已介绍，代码如下：

```
void TFTLCD_GPIO_Init(void){
    GPIO_InitTypeDef GPIO_InitStructure;
    RCC_APB2PeriphClockCmd(RCC_APB2Periph_GPIOB|RCC_APB2Periph_GPIOD|RCC_APB2Periph_GPIOE|RCC_APB2Periph_GPIOG,ENABLE);    //使能 PORTD、E、G 时钟
    //PORTD 复用推挽输出
    GPIO_InitStructure.GPIO_Pin=GPIO_Pin_0|GPIO_Pin_1|GPIO_Pin_4|GPIO_Pin_5|GPIO_Pin_8|GPIO_Pin_9|GPIO_Pin_10|GPIO_Pin_14|GPIO_Pin_15;
    //PORTD 复用推挽输出
    GPIO_InitStructure.GPIO_Mode=GPIO_Mode_AF_PP;    //复用推挽输出
    GPIO_InitStructure.GPIO_Speed=GPIO_Speed_50MHz;
    GPIO_Init(GPIOD,&GPIO_InitStructure);
    //PORTE 复用推挽输出
    GPIO_InitStructure.GPIO_Pin=GPIO_Pin_7|GPIO_Pin_8|GPIO_Pin_9|GPIO_Pin_10|GPIO_Pin_11|GPIO_Pin_12|GPIO_Pin_13|GPIO_Pin_14|GPIO_Pin_15;
    //PORTD 复用推挽输出
    GPIO_InitStructure.GPIO_Mode=GPIO_Mode_AF_PP;    //复用推挽输出
```

```
        GPIO_InitStructure. GPIO_Speed=GPIO_Speed_50MHz;
        GPIO_Init(GPIOE,&GPIO_InitStructure);                    //PORTG12 复用推挽输出 A10
        GPIO_InitStructure. GPIO_Pin=GPIO_Pin_0|GPIO_Pin_12;     //PORTG 复用推挽输出
        GPIO_InitStructure. GPIO_Mode=GPIO_Mode_AF_PP;           //复用推挽输出
        GPIO_InitStructure. GPIO_Speed=GPIO_Speed_50MHz;
        GPIO_Init(GPIOG,&GPIO_InitStructure);                    //背光控制引脚初始化
        GPIO_InitStructure. GPIO_Pin=GPIO_Pin_0;                 //PB0 推挽输出背光
        GPIO_InitStructure. GPIO_Mode=GPIO_Mode_Out_PP;          //推挽输出
        GPIO_InitStructure. GPIO_Speed=GPIO_Speed_50MHz;
        GPIO_Init(GPIOB,&GPIO_InitStructure);
        LCD_LED=1;                                               //点亮背光
    }
```

该函数将对应的 IO 接口复用映射为 FSMC 功能，并配置 GPIO 为复用功能模式，然后调用 GPIO_Init( )初始化函数。

2. TFTLCD 的 FSMC 初始化函数

FSMC 模拟 8080 时序，因此要对它进行配置，代码如下：

```
void TFTLCD_FSMC_Init(void){
    FSMC_NORSRAMInitTypeDef FSMC_NORSRAMInitStructure;
    FSMC_NORSRAMTimingInitTypeDef FSMC_ReadTimingInitStructure;
    FSMC_NORSRAMTimingInitTypeDef FSMC_WriteTimingInitStructure;
    RCC_AHBPeriphClockCmd(RCC_AHBPeriph_FSMC,ENABLE);                    //使能 FSMC 时钟
    FSMC_ReadTimingInitStructure. FSMC_AddressSetupTime=0x01;
    //地址建立时间(ADDSET)为 2 个 HCLK 1/36M=27 ns
    FSMC_ReadTimingInitStructure. FSMC_AddressHoldTime=0x00;
    //地址保持时间(ADDHLD)模式 A 未用到
    FSMC_ReadTimingInitStructure. FSMC_DataSetupTime=0x0f;
    //数据保持时间为 16 个 HCLK,液晶驱动 IC 读数据的时候速度不能太快
    FSMC_ReadTimingInitStructure. FSMC_BusTurnAroundDuration=0x00;
    FSMC_ReadTimingInitStructure. FSMC_CLKDivision=0x00;
    FSMC_ReadTimingInitStructure. FSMC_DataLatency=0x00;
    FSMC_ReadTimingInitStructure. FSMC_AccessMode=FSMC_AccessMode_A;    //模式 A
    FSMC_WriteTimingInitStructure. FSMC_AddressSetupTime=0x15;
    //地址建立时间(ADDSET)为 16 个 HCLK
    FSMC_WriteTimingInitStructure. FSMC_AddressHoldTime=0x15;           //地址保持时间
    FSMC_WriteTimingInitStructure. FSMC_DataSetupTime=0x05;
    //数据保持时间为 6 个 HCLK
    FSMC_WriteTimingInitStructure. FSMC_BusTurnAroundDuration=0x00;
    FSMC_WriteTimingInitStructure. FSMC_CLKDivision=0x00;
    FSMC_WriteTimingInitStructure. FSMC_DataLatency=0x00;
```

```
FSMC_WriteTimingInitStructure. FSMC_AccessMode=FSMC_AccessMode_A;  //模式 A
FSMC_NORSRAMInitStructure. FSMC_Bank=FSMC_Bank1_NORSRAM4;    //这里使用 NE4
FSMC_NORSRAMInitStructure. FSMC_DataAddressMux=FSMC_DataAddressMux_Disable;
//不复用数据地址
FSMC_NORSRAMInitStructure. FSMC_MemoryType=FSMC_MemoryType_SRAM;
FSMC_NORSRAMInitStructure. FSMC_MemoryDataWidth=FSMC_MemoryDataWidth_16b;
//存储器数据宽度为 16 位
FSMC_NORSRAMInitStructure. FSMC_BurstAccessMode=FSMC_BurstAccessMode_Disable;
FSMC_NORSRAMInitStructure. FSMC_WaitSignalPolarity=FSMC_WaitSignalPolarity_Low;
FSMC_NORSRAMInitStructure. FSMC_AsynchronousWait=FSMC_AsynchronousWait_Disable;
FSMC_NORSRAMInitStructure. FSMC_WrapMode=FSMC_WrapMode_Disable;
FSMC_NORSRAMInitStructure. FSMC_WaitSignalActive=FSMC_WaitSignalActive_BeforeWaitState;
FSMC_NORSRAMInitStructure. FSMC_WriteOperation=FSMC_WriteOperation_Enable;    //写使能
FSMC_NORSRAMInitStructure. FSMC_WaitSignal=FSMC_WaitSignal_Disable;
FSMC_NORSRAMInitStructure. FSMC_ExtendedMode=FSMC_ExtendedMode_Enable;
//读写使用不同的时序
FSMC_NORSRAMInitStructure. FSMC_WriteBurst=FSMC_WriteBurst_Disable;
FSMC_NORSRAMInitStructure. FSMC_ReadWriteTimingStruct=&FSMC_ReadTimingInitStructure;
//读写时序
FSMC_NORSRAMInitStructure. FSMC_WriteTimingStruct=&FSMC_WriteTimingInitStructure;
//写时序
FSMC_NORSRAMInit(&FSMC_NORSRAMInitStructure);             //初始化 FSMC 配置
FSMC_NORSRAMCmd(FSMC_Bank1_NORSRAM4,ENABLE);             //使能 Bank1
}
```

由于 TFTLCD 的读写速度不一样，因此单独对 FSMC_NORSRAMTimingInitTypeDe 结构体进行读写时序的配置。

3. TFTLCD 初始化函数

要让 TFTLCD 显示，还需要初始化序列，即需要编写 TFTLCD 写命令和写数据等函数，将 TFTLCD 厂商提供的 TFTLCD 寄存器设置值写入 TFTLCD 对应的命令寄存器。TFTLCD 初始化代码如下：

```
void TFTLCD_Init(void){
    u16 i;
    TFTLCD_GPIO_Init();
    TFTLCD_FSMC_Init();
    delay_ms(50);
    …
    #ifdef TFTLCD_ILI9481
    LCD_WriteCmd(0xd3);
    tftlcd_data. id=TFTLCD->LCD_DATA;
    tftlcd_data. id=TFTLCD->LCD_DATA;
```

```
        tftlcd_data. id=TFTLCD->LCD_DATA;
        tftlcd_data. id<<=8;
        tftlcd_data. id|=TFTLCD->LCD_DATA;
        #endif
        printf(" LCD ID:%x\r\n",tftlcd_data. id);    //打印 LCD ID
        …
        #ifdef TFTLCD_ILI9481
        LCD_WriteCmd(0xff);
        delay_ms(10);
        LCD_WriteCmd(0xb0);
        LCD_WriteData(0x00);
        LCD_WriteCmd(0xb3);
        LCD_WriteData(0x02);
        …
        #endif
        LCD_Display_Dir(TFTLCD_DIR);   //0：竖屏；1：横屏。默认竖屏
        LCD_Clear(WHITE);
    }
```

该函数中的 LCD_WriteCmd（ ）、LCD_WriteData（ ）和 LCD_WriteData_Color（ ）为写命令、写数据函数，其实现过程简单，代码如下：

```
    void LCD_WriteCmd(u16 cmd){
        …
        #ifdef TFTLCD_ILI9481
        TFTLCD->LCD_CMD=cmd;
        #endif
    }
    void LCD_WriteData(u16 data){
        …
        #ifdef TFTLCD_ILI9481
        TFTLCD->LCD_DATA=data;
        #endif
    }
    void LCD_WriteCmdData(u16 cmd,u16 data){
        LCD_WriteCmd(cmd);
        LCD_WriteData(data);
    }
    void LCD_WriteData_Color(u16 color){
        …
        #ifdef TFTLCD_ILI9481
        TFTLCD->LCD_DATA=color;
        #endif
    }
```

该函数中的 TFTLCD 是一个结构体类型指针宏定义，因为使用的 FSMC 是 Bank1 的区域 4，所以把 FSMC_A10 作为数据命令选择。具体的定义在 tftlcd.h 文件开始处，代码如下：

```
typedef struct {
    u16 LCD_CMD;
    u16 LCD_DATA;
}TFTLCD_TypeDef;
#define TFTLCD_BASE((u32)(0x6c000000|0x000007fe))
#define TFTLCD((TFTLCD_TypeDef*)TFTLCD_BASE)
```

其中，TFTLCD_BASE 必须根据外部电路的连接来确定，开发板使用 Bank1.sector4 就是从地址 0x6c000000 开始，而 0x000007fe 则是 A10 的偏移量。以 A10 为例，7fe 转换成二进制就是 111 1111 1110，而 16 位数据时，A10～A0 的地址同时右移一位，那么实际对应到地址引脚时，就是 A10:A0 = 011 1111 1111，此时 A10 是 0，但是如果 16 位地址再加 1（注意：对应到 8 位地址是加 2，即 7fe+0x02），那么 A10:A0 = 100 0000 0000，此时 A10 就是 1 了，即实现了对 RS 的 0 和 1 的控制。若将地址强制转换为 TFTLCD_TypeDef 结构体地址，那么可得到 TFTLCD->LCD_CMD 的地址就是 0x6c00，07fe，对应 A10 的状态为 0，即 RS = 0，而 TFTLCD->LCD_DATA 的地址就是 0x6c00，0800（结构体地址自增），对应 A10 的状态为 1，即 RS = 1。

有了这个定义，当要往 LCD 写命令/数据时，可以这样写：

```
TFTLCD->LCD_CMD = cmd;        //写命令
TFTLCD->LCD_DATA = data;      //写数据
```

而读时反过来操作就可以了，如下所示：

```
cmd = TFTLCD->LCD_CMD;
data = TFTLCD->LCD_DATA;
```

其中，CS、WR、RD、IO 接口方向都是由 FSMC 控制的，不需要手动设置。下面介绍 tftlcd.h 文件中另一个重要的结构体：

```
typedef struct{
    u16 width;                   //LCD 宽度
    u16 height;                  //LCD 高度
    u16 id;                      //LCD ID
    u8 dir;                      //横屏还是竖屏控制：0，竖屏；1，横屏
}_tftlcd_data;
extern _tftlcd_data tftlcd_data;      //管理 TFTLCD 重要参数
```

该结构体用于保存一些 TFTLCD 重要参数信息，如 LCD 的尺寸、LCD ID（驱动 IC 型号）、LCD 显示方向，当然也可以在这个结构体内添加其他 LCD 相关参数变量。通过对此结构体的管理，可以驱动函数支持不同尺寸的 LCD，同时实现 LCD 横、竖屏切换等重要功能。TFTLCD 初始化函数内还使用了条件编译语句来兼容多种彩屏驱动程序。

开发板所使用的 TFTLCD 驱动 IC 是 ILI9481，因此要对这部分代码进行操作，只需在 tftlcd.h 文件开始处开启这个宏定义，其他彩屏的宏定义就关闭它。如果使用的是其他驱

动类型屏，则对应型号打开即可。

在 TFTLCD 初始化函数最后还调用了 LCD_Display_Dir( ) 和 LCD_Clear( ) 函数，前者用于切换 TFTLCD 显示方向(横屏和竖屏，默认设置为竖屏)，代码如下：

```
void LCD_Display_Dir(u8 dir){
    tftlcd_data. dir=dir;               //横屏或竖屏
    if(dir==0)                          //默认为竖屏
    {
        …
        #ifdef TFTLCD_ILI9481
        LCD_WriteCmd(0x36);             //设置显示方向的寄存器
        LCD_WriteData(0x00);
        tftlcd_data. height=480;
        tftlcd_data. width=320;
        #endif
    } else {
        #ifdef TFTLCD_ILI9481
        LCD_WriteCmd(0x36);             //设置显示方向的寄存器
        LCD_WriteData(0x60);
        tftlcd_data. height=320;
        tftlcd_data. width=480;
        #endif
    }
}
```

横屏和竖屏的控制只需要对 TFTLCD 显示方向寄存器进行操作，寄存器可通过彩屏数据手册查找，并把它们的 x 和 y 轴像素调换。为了方便设置横屏和竖屏，可直接在 TFTLCD 初始化函数内调用 LCD_Display_Dir( ) 函数时传递一个宏定义 TFTLCD_DIR。该宏定义在 tftlcd. h 头文件开始处，其实就是数字 0 或 1。如果要横屏显示，则该宏值为 1；如果要竖屏显示，则该宏值为 0。具体如下：

```
#define TFTLCD_DIR 0//0:竖屏;1:横屏。默认竖屏
```

LCD_Clear( ) 函数用于清屏，函数入口参数用于选择清屏的颜色，常用的颜色都在 tftlcd. h 文件内进行宏定义，使用时直接调用宏即可。清屏函数的实现过程就是设置 TFTLCD 显示窗口，然后写入 tftlcd_data. width * tftlcd_data. height 个颜色数据即可。设置窗口函数的代码如下：

```
void LCD_Set_Window(u16 sx,u16 sy,u16 width,u16 height){
    …
    #ifdef TFTLCD_ILI9481
    LCD_WriteCmd(0x2a);
    LCD_WriteData(sx/256);
    LCD_WriteData(sx%256);
```

```
            LCD_ WriteData(width/256);
            LCD_ WriteData(width% 256);
            LCD_ WriteCmd(0x2b);
            LCD_ WriteData(sy/256);
            LCD_ WriteData(sy% 256);
            LCD_ WriteData(height/256);
            LCD_ WriteData(height% 256);
            LCD_ WriteCmd(0x2c);
            #endif
    }
```

以上代码其实就是在 TFTLCD 的 x 方向和 y 方向寄存器内写入窗口值。ILI9481 的 x 方向和 y 方向命令寄存器是 0x2A 和 0x2B，写完窗口值还需要将这些值写入 TFTLCD 的 GRAM，命令是 0x2c。这些命令也是通过彩屏数据手册查找。因为在 TFTLCD 初始化函数内使用了 printf( ) 函数打印 TFTLCD 的 ID，所以在主函数内需要对串口进行初始化，否则将导致程序一直停留在 printf( ) 函数里面。如果不想用 printf( ) 函数，则应注释掉它。

4. TFTLCD 显示函数

上述几个函数完成后，就可以使用 TFTLCD 了。要在 TFTLCD 上显示内容，需要编写对应的显示函数。例如，要显示一个点，就编写一个点的函数。TFTLCD 显示相关操作的 API 函数有很多，举例如下：

```
    void TFTLCD_Init(void);                                         //初始化
    void LCD_Set_Window(u16 sx,u16 sy,u16 width,u16 height);        //设置窗口
    void LCD_Display_Dir(u8 dir);                                   //设置屏幕显示方向
    void LCD_Clear(u16 Color);                                      //清屏
    void LCD_Fill(u16 xState,u16 yState,u16 xEnd,u16 yEnd,u16 color); //填充单色
    void LCD_Color_Fill(u16 sx,u16 sy,u16 ex,u16 ey,u16*color);
    //在指定区域内填充指定颜色块
    void LCD_DrawPoint(u16 x,u16 y);                                //画点
    void LCD_DrawFRONT_COLOR(u16 x,u16 y,u16 color);                //指定颜色画点
    u16 LCD_ReadPoint(u16 x,u16 y);                                 //读点
    void LCD_DrawLine(u16 x1,u16 y1,u16 x2,u16 y2);                 //画线
    void LCD_DrawLine_Color(u16 x1,u16 y1,u16 x2,u16 y2,u16 color); //指定颜色画线
    void LCD_DrowSign(uint16_t x,uint16_t y,uint16_t color);        //画十字标记
    void LCD_DrawRectangle(u16 x1,u16 y1,u16 x2,u16 y2);            //画矩形
    void LCD_Draw_Circle(u16 x0,u16 y0,u8 r);                       //画圆
    void LCD_ShowChar(u16 x,u16 y,u8 num,u8 size,u8 mode);          //显示一个字符
    void LCD_ShowNum(u16 x,u16 y,u32 num,u8 len,u8 size);           //显示一个数字
    void LCD_ShowxNum(u16 x,u16 y,u32 num,u8 len,u8 size,u8 mode);  //显示数字
    void LCD_ShowString(u16 x,u16 y,u16 width,u16 height,u8 size,u8*p); //显示字符串
    void LCD_ShowFontHZ(u16 x,u16 y,u8*cn);                         //显示汉字
    void LCD_ShowPicture(u16 x,u16 y,u16 wide,u16 high,u8*pic);     //显示图片
```

以上很多函数都是调用画点函数 LCD_DrawPoint( ) 完成的，这些函数的使用方法简单，下面就以显示字符函数 LCD_ShowChar( ) 为例进行介绍：

```
void LCD_ShowChar(u16 x,u16 y,u8 num,u8 size,u8 mode){
    u8 temp,t1,t;
    u16 y0=y;
    u8 csize=(size/8+((size%8)? 1:0))*(size/2);   //获得当前字体的一个字符对应点阵集所占的字节数
    num=num-' ';   //得到偏移后的值(ASCII 字库是从空格开始取模,-' ' 就是对应字符的字库)
    for(t=0;t<csize;t++){
        if(size==12)temp=ascii_1206[num][t];        //调用 1206 字体
        else if(size==16)temp=ascii_1608[num][t];   //调用 1608 字体
        else if(size==24)temp=ascii_2412[num][t];   //调用 2412 字体
        else return;                                //没有的字库
        for(t1=0;t1<8;t1++){
            if(temp&0x80)LCD_DrawPoint_Color(x,y,FRONT_COLOR);
            else if(mode==0)LCD_DrawPoint_Color(x,y,BACK_COLOR);
            temp<<=1;
            y++;
            if(y>=tftlcd_data. height)return;       //超区域
            if((y-y0)==size){
                y=y0;x++;
                if(x>=tftlcd_data. width)return;    //超区域
                break;
            }
        }
    }
}
```

该函数的入口参数 x 和 y 用来设置显示的起始位置；num 是要显示的字符；size 用来选择显示字体大小，开发板液晶屏支持 12、16、24 号的 ASCII 字符显示；mode 用来设置是否支持叠加显示，0 表示不使用叠加显示，1 表示使用叠加显示。叠加方式多用于在显示的图片上显示字符，非叠加方式一般用于普通的显示。该函数内用到 3 个字符集点阵数据数组 ascii_1206、ascii_1608、ascii_2412。

5. 字符、汉字、图片提取软件的使用

下面重点介绍如何让字符显示在 TFTLCD 模块上。要显示字符，先要有字符集的点阵数据，ASCII 常用字符集从空格符开始，分别为!"# $ % &' ( )*+, -0123456789:; <=>? @ ABCDEFGHIJKLMNOPQRSTUVWXYZ[\ ]^_' abcdefghijklmnopqrstuvwxyz{ | }~。

要得到这个字符集的点阵数据，可以用字符提取软件——PCtoLCD2002 完美版。该软件可以提取各种字符，包括汉字(字体和大小都可以自己设置)阵提取，且取模方式可以设置为好几种，常用的取模方式该软件都支持。该软件还支持图形模式，用户可以自己定义图片的大小，然后画图，根据所画的图形再生成点阵数据，这个功能在制作图标或图片的时候很有用。

6. 主函数

编写好 TFTLCD 初始化和显示函数后，就可以编写主函数了，代码如下：

```
#include "system. h"
#include "SysTick. h"
#include "led. h"
#include "usart. h"
#include "tftlcd. h"
#include "picture. h".
int main(){
    u8 i=0;
    u16 color=0;
    SysTick_Init(72);
    NVIC_PriorityGroupConfig(NVIC_PriorityGroup_2);    //中断优先级分组,分两组
    LED_Init();
    USART1_Init(115200);
    TFTLCD_Init();   //LCD 初始化
    FRONT_COLOR=BLACK;
    LCD_ShowString(10,10,tftlcd_data. width,tftlcd_data. height,12,"Computer,IOT!");
    LCD_ShowString(10,30,tftlcd_data. width,tftlcd_data. height,16,"Computer,IOT!");
    LCD_ShowString(10,50,tftlcd_data. width,tftlcd_data. height,24,"Computer,IOT!");
    LCD_ShowFontHZ(10,80,"普中科技");
    LCD_ShowString(10,120,tftlcd_data. width,tftlcd_data. height,24,
    "www. computeriotzdlab. cn");
    LCD_Fill(10,150,60,180,GRAY);
    color=LCD_ReadPoint(20,160);
    LCD_Fill(100,150,150,180,color);
    printf("color=% x\r\n",color);
    LCD_ShowPicture(20,220,200,112,(u8*)gImage_picture);
    while(1){
        i++;
        if(i% 20==0)LED1=!LED1;
        delay_ms(10);
    }
}
```

主函数首先调用硬件初始化函数，包括 SysTick 系统时钟、LED 初始化、TFTLCD_Init()
函数等。初始化 TFTLCD 时，默认设置为竖屏，背景颜色为白色。设置显示颜色为黑色，
进入 while 循环，控制指示灯 DS0 间隔 200 ms 闪烁，提示系统正常运行。

▶▶▶ 7.2.6 实验现象 ▶▶▶

将工程程序编译后下载到开发板内运行，可以看到 DS0 指示灯不断闪烁，表示程序正

常运行。将 TFTLCD 模块插上开发板上的彩屏接口，按下复位键后，TFTLCD 即可显示字符及汉字信息，实验现象如图 7-3 所示。

图 7-3 实验现象

下载有关 TFTLCD 显示程序时，应确保所使用的 TFTLCD 驱动型号与程序内选择的一致。首先查看 TFTLCD 左上角对应的驱动型号，如 ILI9481；然后打开实验程序，确保与tftlcd.h 头文件开始处对应的 TFTLCD 驱动型号一致即可。

7.3 触摸屏

下面介绍如何使用 STM32F10x 来驱动触摸屏。STM32F10x 开发板本身并没有触摸屏控制器，但是它支持触摸屏，可通过外接带触摸屏的 LCD 模块（如 TFTLCD 模块）来实现触摸屏控制。

▶▶▶ 7.3.1 触摸屏介绍 ▶▶▶

触摸屏又称触控面板，它是一种把触摸位置转换成坐标数据的输入设备，根据触摸屏的检测原理，触摸屏主要分为电阻触摸屏和电容触摸屏，下面就分别介绍这两种触摸屏。

1. 电阻触摸屏

电阻触摸屏是一种传感器，它将矩形区域中触摸点的物理位置转换为代表 x 坐标和 y 坐标的电压。很多 LCD 模块都采用了电阻触摸屏，例如 2.0 寸、2.2 寸、2.4 寸、2.6 寸、2.8 寸、3.2 寸、3.5 寸、4.3 寸、7.0 寸的 TFTLCD 模块都采用的是电阻触摸屏，使用时需要用一定的压力才能检测到电压。

电阻触摸屏基本上是薄膜加玻璃的结构，薄膜和玻璃相邻的一面涂有纳米铟锡金属氧化物（ITO）涂层，ITO 具有很好的导电性和透明性。当进行触摸操作时，薄膜下层的 ITO 会接触到玻璃上层的 ITO，经由感应器传出相应的电信号，经过转换电路送到处理器，通过运算转换为屏幕上的 x、y 值，从而完成点选的动作并呈现在屏幕上。

电阻触摸屏主要是通过压力感应原理来实现对屏幕内容的操作和控制的，这种触摸屏屏体部分是一张与显示器表面配合的多层复合薄膜，其中第一层为玻璃或有机玻璃底层，第二层为隔层，第三层为多元树脂表层，表面还涂有一层透明的导电层，上面还盖有一层外表面经硬化处理、光滑防刮的塑料层。这种触摸屏由两层高透明的导电层组成，两层之间的距离仅为 2.5 μm。当手指触摸屏幕时，平常相互绝缘的两层导电层就在触摸点位置有了接触，因其中一面导电层接通 y 轴方向的均匀电压场，使侦测层的电压由零变为非零，故控制器侦测到这个接通后，进行 A/D 转换，并将得到的电压值与参考电压相比，即可得触摸点的 y 轴坐标，同理得出 x 轴的坐标，这就是所有电阻触摸屏共同的最基本原理。

电阻触摸屏的优点是精度高、价格便宜、抗干扰能力强、稳定性好。

电阻触摸屏的缺点是容易被划伤、透光性不太好、不支持多点触摸。

综上所述，触摸屏都需要一个模数转换器，也就是要将电压变化读取出来，供主机求出触摸的位置。TFTLCD 模块使用的是四线电阻触摸屏，这种触摸屏的控制芯片有很多，包括：ADS7843、ADS7846、TSC2046、XPT2046 和 AK4182 等。这几款芯片的驱动基本是一样的，用户只要写出了 XPT2046 的驱动，这个驱动对其他几款芯片也是有效的。这几款芯片的封装也是一样的，而且引脚也完全兼容。开发板彩屏上面使用的触摸屏控制芯片是 XPT2046。XPT2046 的特点如下。

（1）一款 4 导线制触摸屏控制器，采用 SPI 模式进行通信。

（2）内含 12 位分辨率 125 kHz 转换速度逐步逼近型模数转换器。

（3）支持 1.5~5.25 V 的低电压 IO 接口。

（4）只需执行两次 A/D 转换即可查出触摸的屏幕位置。

（5）可以测量加在触摸屏上的压力。

（6）芯片内部自带温度检测、电池电压(0~6 V)监测等。

2. 电容触摸屏

现在几乎所有的智能手机、平板电脑都采用电容屏作为触摸屏，电容屏是利用人体感应进行触摸点检测控制，不需要直接接触或只需要轻微接触，通过检测感应电流来定位触摸坐标。开发板上的 TFTLCD 模块使用的触摸屏是电容触摸屏，下面简单介绍电容触摸屏的原理。

电容触摸屏主要分为以下两种。

（1）表面电容式电容触摸屏。

表面电容式电容触摸屏技术是利用 ITO(一种透明的导电材料)导电膜，通过电场感应方式感测屏幕表面的触摸行为。表面电容式电容触摸屏有它的局限性，即只能识别一个手指或一次触摸。

（2）投射电容式电容触摸屏。

投射电容式电容触摸屏具有多指触控的功能，其优点是透光率高、反应速度快、寿命长；缺点是随着温度、湿度的变化，电容值会发生变化，导致工作稳定性差，时常会有漂移现象，需要经常校对屏幕，且不可佩戴普通手套进行触摸定位。

投射电容式电容触摸屏是指传感器利用触摸屏电极发射出静电场线。一般用于投射电容传感技术的电容有两种：自我电容和交互电容。

自我电容又称绝对电容，是最常用的一种电容。自我电容通常是指扫描电极与地构成的电容，在玻璃表面有用 ITO 制成的横向与纵向的扫描电极，这些电极和地之间就构成一个电容的两极。当用手或触摸笔触摸的时候，就会并联一个电容到电路中去，从而使在该条扫描线上的总体的电容值有所改变。在扫描的时候，驱动 IC 依次扫描纵向和横向电极，并根据扫描前、后的电容变化来确定触摸点位置。笔记本电脑触摸输入板采用的就是这种方式，笔记本电脑的输入板采用 $x×y$ 的传感电极阵列形成一个传感格子，当手指靠近触摸输入板时，在手指和传感电极之间产生一个小量电荷。采用特定的运算法则处理来自行、列传感器的信号，从而确定手指的位置。

交互电容又称跨越电容，它是在玻璃表面的横向和纵向的 ITO 电极的交叉处形成电容。交互电容的扫描方式就是通过扫描每个交叉处的电容变化来判定触摸点的位置，当触摸的时候，就会影响相邻电极的耦合，从而改变交叉处的电容值。交互电容的扫描方式可以侦测到每个交叉点的电容值和触摸后的电容变化，因而它需要的扫描时间与自我电容的扫描方式需要的时间相比要长一些，需要扫描检测 $x×y$ 根电极。目前智能手机、平板电脑等的触摸屏都采用交互电容技术。

开发板也是采用投射电容式电容触摸屏（交互电容），因此后面仅介绍投射电容式电容触摸屏。投射电容式电容触摸屏内部由驱动电极与接收电极组成，驱动电极发出低电压高频信号，投射到接收电极形成稳定的电流，当人体接触到电容屏时，由于人体接地，因此手指与电容屏就形成一个等效电容，而高频信号可以通过这一等效电容流入地线，这样接收端所接收的电荷量减小。手指越靠近发射端，电荷量减小得越明显，从而根据接收端所接收的电流强度来确定所触碰的点。以上就是电容触摸屏的基本原理。

电容触摸屏通常也需要一个驱动 IC 来检测电容触摸，且一般是通过 I2C 接口输出触摸数据。4.3 寸电容触摸屏使用的驱动 IC 是 FT5336，不清楚彩屏驱动芯片及驱动触摸 IC 型号的可以查看彩屏背面的型号。FT5336 支持最多 5 点触摸，下面以 FT5536 为例进行介绍，其他的驱动 IC 可以参考学习。I2C 接口模式下，该驱动 IC 与 STM32F10x 的连接仅需 4 根线：SDA、SCL、RST 和 INT。I2C 通信用 SDA 和 SCL，RST 是复位引脚（低电平有效），INT 是中断输出信号。

▶▶▶ 7.3.2　硬件设计 ▶▶▶

本节使用的硬件资源有：DS0 指示灯、KEY_UP 按键、TFTLCD 模块（带电阻或电容触摸屏）、AT24C02 等。TFTLCD 模块上的触摸屏（电阻触摸屏和电容触摸屏）与 STM32F10x 的连接如图 7-4 所示。

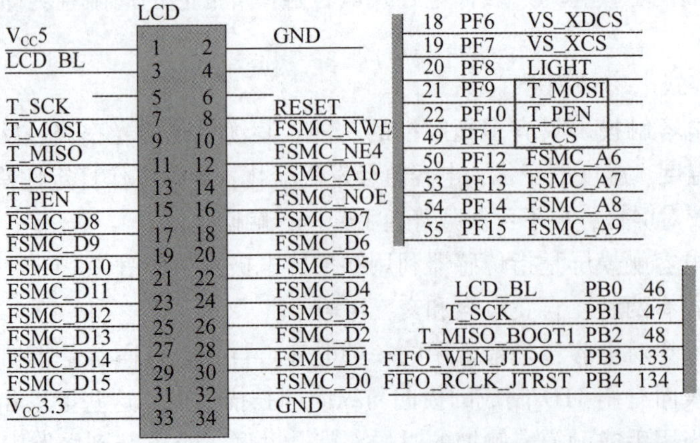

图 7-4　TFTLCD 模块上的触摸屏（电阻触摸屏和电容触摸屏）与 STM32F10x 的连接

从图中可以看到，T_MOSI、T_MISO、T_SCK、T_CS 和 T_PEN 分别连接在 STM32F10x 的 PF9、PB2、PB1、PF11 和 PF10 上。如果是电阻触摸屏，那么它们是直接连接在 XPT2046 触摸芯片 SPI 接口及笔中断引脚上的。如果是电容触摸屏，那么只需要 4 根线即可，分别是 T_PEN(INT)、T_CS(RST)、T_CLK(SCL) 和 T_MOSI(SDA)。其中 INT、RST、SCL 和 SDA 分别是 FT5336 的中断输出信号、复位信号，以及 I2C 的 SCL 和 SDA 信号。这里用查询方式读取 FT5336 的数据，没有用到中断输出信号(INT)，因此同 STM32F10x 的连接只需要 3 根线即可，不过还是预留 INT 这根线，便于扩展其他驱动 IC 做 I2C 地址设定。

DS0 指示灯用来提示系统运行状态，KEY_UP 按键用来强制校准电阻触摸屏(电容触摸屏无须校准)，如果出现触摸不准，则可以通过此按键强制校准。AT24C02 用来存储电阻触摸屏校准数据，TFTLCD 模块(带电阻或电容触摸屏)用来显示触摸。

▶▶▶ 7.3.3　软件设计 ▶▶▶

软件所要实现的功能：通过 TFTLCD 模块上的触摸板(包括电阻触摸屏和电容触摸屏)实现触摸功能，最终实现一个画板的功能。对于电阻触摸屏，当出现触摸不准，可使用 KEY_UP 按键校准，校准参数存储在 AT24C02 内。程序框架如下：

(1)初始化触摸屏；
(2)编写触摸屏校准函数；
(3)编写触摸屏扫描函数；
(4)编写主函数。

电阻触摸屏采用 SPI 通信(使用 IO 接口模拟 SPI 时序)，电容触摸屏采用 I2C 通信。打开 F103ZET6LibTemplateTouch Screen 工程，在 Hardware 工程组中可以看到添加电阻触摸屏/电容触摸屏的驱动程序 touch.c、ctiic.c、gt5663.c 文件，同时要包含对应的头文件路径。

1. 触摸屏初始化函数

要使用触摸屏，必须先对它所使用的 IO 接口进行配置，初始化代码如下：

```
u8 TP_Init(void){
    #if defined(TFTLCD_ILI9481)
    GPIO_InitTypeDef GPIO_InitStructure;
    RCC_APB2PeriphClockCmd(RCC_APB2Periph_GPIOB|
    RCC_APB2Periph_GPIOF,ENABLE);                           //使能 PB,PF 端口时钟
    GPIO_InitStructure.GPIO_Pin=GPIO_Pin_1;                 //PB1 端口配置
    GPIO_InitStructure.GPIO_Mode=GPIO_Mode_Out_PP;          //推挽输出
    GPIO_InitStructure.GPIO_Speed=GPIO_Speed_50MHz;
    GPIO_Init(GPIOB,&GPIO_InitStructure);                   //PB1 推挽输出
    GPIO_SetBits(GPIOB,GPIO_Pin_1);                         //上拉
    GPIO_InitStructure.GPIO_Pin=GPIO_Pin_2;                 //PB2 端口配置
    GPIO_InitStructure.GPIO_Mode=GPIO_Mode_IPU;            //上拉输入
    GPIO_Init(GPIOB,&GPIO_InitStructure);                   //PB2 上拉输入
```

```
    GPIO_SetBits(GPIOB,GPIO_Pin_2);                              //上拉
    GPIO_InitStructure. GPIO_Pin=GPIO_Pin_11|GPIO_Pin_9;    //PF9,PF11 端口配置
    GPIO_InitStructure. GPIO_Mode=GPIO_Mode_Out_PP;         //推挽输出
    GPIO_InitStructure. GPIO_Speed=GPIO_Speed_50MHz;
    GPIO_Init(GPIOF,&GPIO_InitStructure);                       //PF9,PF11 推挽输出
    GPIO_SetBits(GPIOF,GPIO_Pin_11|GPIO_Pin_9);                //上拉
    GPIO_InitStructure. GPIO_Pin=GPIO_Pin_10;                   //PF10 端口配置
    GPIO_InitStructure. GPIO_Mode=GPIO_Mode_IPU;              //上拉输入
    GPIO_Init(GPIOF,&GPIO_InitStructure);                       //PF10 上拉输入
    GPIO_SetBits(GPIOF,GPIO_Pin_10);                            //上拉
    TP_Read_XY(&tp_dev. x[0],&tp_dev. y[0]);                   //第一次读取初始化
    AT24CXX_Init();                                             //初始化 AT24CXX
    if(TP_Get_Adjdata())return 0;                              //已经校准
    else                                                        //是否未校准
    {       LCD_Clear(WHITE);                                   //清屏
        TP_Adjust();                                            //屏幕校准
        TP_Save_Adjdata();
    }
    TP_Get_Adjdata();
    #endif
    #if defined(TFTLCD_NT35510)
    GT5663_Init();
    return 0;
    #endif
    return 1;
}
```

在 TP_Init() 函数中，首先通过 TFTLCD 的彩屏型号宏定义标识符来选择编译电阻触摸屏还是电容触摸屏驱动程序，使能触摸屏 IO 接口时钟；然后配置对应 IO 接口模式，并初始化 ATGPIO。在初始化触摸屏时，需要判断是否经过校准，校准的参数保存在 AT24C02 内，因此还需要初始化 24C02，并调用函数 TP_Get_Adjdata() 从 AT24C02 的 213 地址内读取 tempfac 校准状态。如果状态不等于 0x0a，则执行校准函数 TP_Adjust()，并保存校准数据到 AT24C02 中。

tp_dev 结构体用来保存校准因数和状态等，其具体成员在 touch. h 文件内定义。如果是电容触摸屏，则其不需要校准，直接调用 GT5663_Init() 函数实现初始化配置。

2. 触摸屏校准函数

触摸校准只针对电阻触摸屏，触摸屏校准函数的代码如下：

```
void TP_Adjust(void){
    #if defined(TFTLCD_ILI9481)
    u16 pos_temp[4][2];    //坐标缓存值
```

```
u8 cnt=0;
u16 d1,d2 outtime=0;
u32 tem1,tem2;
double fac;
cnt=0;
FRONT_COLOR=BLUE;
BACK_COLOR=WHITE;
LCD_Clear(WHITE);                                               //清屏
FRONT_COLOR=RED;                                                //红色
LCD_Clear(WHITE);                                               //清屏
FRONT_COLOR=BLACK;
LCD_ShowString(40,40,160,100,16,(u8*)TP_REMIND_MSG_TBL);        //显示提示信息
TP_Drow_Touch_Point(20,20,RED);                                 //画点 1
tp_dev.sta=0;                                                   //消除触发信号
tp_dev.xfac=0;   //xfac 用来标记是否校准过,所以校准之前必须清掉,以免出错
while(1)//如果按键连续 10 s 没有被按下,则自动退出
{   tp_dev.scan(1);                                             //扫描物理坐标
    if((tp_dev.sta&0xc0)==TP_CATH_PRES)//按键一次(此时按键松开)
    { outtime=0;
        tp_dev.sta&=~(1<<6);        //标记按键已经被处理过了
        pos_temp[cnt][0]=tp_dev.x[0];
        pos_temp[cnt][1]=tp_dev.y[0];
        cnt++;
        switch(cnt)
        { case 1:
            TP_Drow_Touch_Point(20,20,WHITE);                    //清除点 1
            TP_Drow_Touch_Point(tftlcd_data.width-20,20,RED);    //画点 2
            break;
            case 2:
            TP_Drow_Touch_Point(tftlcd_data.width-20,20,WHITE);  //清除点 2
            TP_Drow_Touch_Point(20,tftlcd_data.height-20,RED);   //画点 3
            break;
            case 3:
            TP_Drow_Touch_Point(20,tftlcd_data.height-20,WHITE); //清除点 3
            TP_Drow_Touch_Point(tftlcd_data.width-20,tftlcd_data.height-20,RED);//画点 4
            break;
            case 4:                                              //全部 4 个点已经得到
            //对边相等
            tem1=abs(pos_temp[0][0]-pos_temp[1][0]);             //x1-x2
            tem2=abs(pos_temp[0][1]-pos_temp[1][1]);             //y1-y2
```

```
tem1*=tem1;
tem2*=tem2;
d1=sqrt(tem1+tem2);      //得到 1、2 的距离
tem1=abs(pos_temp[2][0]-pos_temp[3][0]);              //x3-x4
tem2=abs(pos_temp[2][1]-pos_temp[3][1]);              //y3-y4
tem1*=tem1;
tem2*=tem2;
d2=sqrt(tem1+tem2);                                   //得到 3、4 的距离
fac=(float)d1/d2;
if(fac<0.95||fac>1.05||d1==0||d2==0)                  //不合格
{   cnt=0;
    TP_Drow_Touch_Point(tftlcd_data.width-20,tftlcd_data.height-20,WHITE);
    //清除点 4
    TP_Drow_Touch_Point(20,20,RED);                   //画点 1
    TP_Adj_Info_Show(pos_temp[0][0],pos_temp[0][1],pos_temp[1][0],
    pos_temp[1][1],pos_temp[2][0],pos_temp[2][1],pos_temp[3][0],
    pos_temp[3][1],fac*100);                          //显示数据
    continue;
}
tem1=abs(pos_temp[0][0]-pos_temp[2][0]);              //x1-x3
tem2=abs(pos_temp[0][1]-pos_temp[2][1]);              //y1-y3
tem1*=tem1;
tem2*=tem2;
d1=sqrt(tem1+tem2);                                   //得到 1、3 的距离
tem1=abs(pos_temp[1][0]-pos_temp[3][0]);              //x2-x4
tem2=abs(pos_temp[1][1]-pos_temp[3][1]);              //y2-y4
tem1*=tem1;
tem2*=tem2;
d2=sqrt(tem1+tem2);                                   //得到 2、4 的距离
fac=(float)d1/d2;
if(fac<0.95||fac>1.05)                                //不合格
{   cnt=0;
    TP_Drow_Touch_Point(tftlcd_data.width-20,tftlcd_data.height-20,WHITE);
    //清除点 4
    TP_Drow_Touch_Point(20,20,RED);                   //画点 1
    TP_Adj_Info_Show(pos_temp[0][0],pos_temp[0][1],pos_temp[1][0],
    pos_temp[1][1],pos_temp[2][0],pos_temp[2][1],pos_temp[3][0],
    pos_temp[3][1],fac*100);                          //显示数据
    continue;
}                                                     //正确
//对角线相等
```

```
        tem1 = abs(pos_temp[1][0]−pos_temp[2][0]);           //x1−x3
        tem2 = abs(pos_temp[1][1]−pos_temp[2][1]);           //y1−y3
        tem1 *= tem1;
        tem2 *= tem2;
        d1 = sqrt(tem1+tem2);                                //得到 1、4 的距离
        tem1 = abs(pos_temp[0][0]−pos_temp[3][0]);           //x2−x4
        tem2 = abs(pos_temp[0][1]−pos_temp[3][1]);           //y2−y4
        tem1 *= tem1;
        tem2 *= tem2;
        d2 = sqrt(tem1+tem2);                                //得到 2、3 的距离
        fac = (float)d1/d2;
        if(fac<0.95||fac>1.05)//不合格
        { cnt=0;
            TP_Drow_Touch_Point(tftlcd_data.width−20,tftlcd_data.height−20,WHITE);
            //清除点 4
        TP_Drow_Touch_Point(20,20,RED);                      //画点 1
        TP_Adj_Info_Show(pos_temp[0][0],pos_temp[0][1],pos_temp[1][0],
        pos_temp[1][1],pos_temp[2][0],pos_temp[2][1],pos_temp[3][0],
        pos_temp[3][1],fac*100);                             //显示数据
        continue;
    }//正确
    //计算结果
    tp_dev.xfac=(float)(tftlcd_data.width−40)/(pos_temp[1][0]−pos_temp[0][0]);
    //得到 xfac
    tp_dev.xoff=(tftlcd_data.width−tp_dev.xfac*(pos_temp[1][0]+pos_temp[0][0]))/2;
    //得到 xoff
    tp_dev.yfac=(float)(tftlcd_data.height−40)/(pos_temp[2][1]−pos_temp[0][1]);
    //得到 yfac
    tp_dev.yoff=(tftlcd_data.height−tp_dev.yfac*(pos_temp[2][1]+pos_temp[0][1]))/2;
    //得到 yoff
    if(abs(tp_dev.xfac)>2||abs(tp_dev.yfac)>2)//触摸屏和预设的相反了
    { cnt=0;
        TP_Drow_Touch_Point(tftlcd_data.width−20,tftlcd_data.height−20,WHITE);
        //清除点 4
        TP_Drow_Touch_Point(20,20,RED);                      //画点 1
        LCD_ShowString(40,26,tftlcd_data.width,tftlcd_data.height,16,"TP Need readjust!");
        tp_dev.touchtype=!tp_dev.touchtype;                  //修改触摸屏的类型
        if(tp_dev.touchtype)                                 //x、y 方向与屏幕相反
        {   CMD_RDX=0x90;
            CMD_RDY=0xD0;
        }else                                                //x、y 方向与屏幕相同
```

```
                    {   CMD_RDX=0xD0;
                        CMD_RDY=0x90;}
                continue;}
                FRONT_COLOR=BLUE;
                LCD_Clear(WHITE);                                    //清屏
                LCD_ShowString(35,110,tftlcd_data. width,tftlcd_data. height,16,"Adjust OK!");
                //校正完成
                delay_ms(1000);
                TP_Save_Adjdata();
                LCD_Clear(WHITE);                                    //清屏
                return;                                              //校正完成
            }}
        delay_ms(10);
        outtime++;
        if(outtime>1000)
        { TP_Get_Adjdata();break;}
    }
    #endif
    #if defined(TFTLCD_NT35510)
    return;                                                         //电容触摸屏不需要校准
    #endif
}
```

  TP_Adjust( )函数是触摸实验最核心的代码。开发板所使用的触摸屏校正原理如下：传统的鼠标是一种相对定位系统，只和前一次鼠标的位置有关，而触摸屏则是一种绝对坐标系统，即要选哪就直接点哪，与相对定位系统有着本质的区别。绝对坐标系统的特点是每一次定位坐标与上一次定位坐标没有关系，每次触摸的数据通过校准转为屏幕上的坐标，无论在什么情况下，触摸屏这套坐标在同一点的输出数据是稳定的。不过由于技术原理，并不能保证同一点触摸每次采样数据相同，不能保证绝对坐标定位，容易出现漂移现象。对于性能质量好的触摸屏来说，漂移的情况并不是很严重。很多应用触摸屏的系统启动后、进入应用程序前，先要执行校准程序。通常应用程序中使用的 LCD 坐标是以像素为单位的。例如，左上角的坐标是一组非 0 的数值(20，20)，而右下角的坐标为(220，300)。这些点的坐标都是以像素为单位的，而从触摸屏中读出的是点的物理坐标，其坐标轴的方向、xy 值的比例因子、偏移量都与 LCD 坐标不同，因此需要在程序中把物理坐标首先转换为像素坐标，然后赋给 POS 结构，以达到坐标转换的目的。

  在了解触摸屏的校正原理后，可得出从物理坐标到像素坐标的转换关系式：

```
LCDx=xfac*Px+xoff;
LCDy=yfac*Py+yoff;
```

其中，(LCDx，LCDy)是在 LCD 上的像素坐标；(Px，Py)是从触摸屏读到的物理坐标；xfac、yfac 分别是 x 轴方向和 y 轴方向的比例因子；xoff 和 yoff 则是这两个方向的偏移量。这样只要事先在屏幕上显示 4 个点(这 4 个点的坐标已知)，分别按下这 4 个点，就可以从触摸屏上读到 4 个物理坐标，进而可以通过待定系数法求出 xfac、yfac、xoff、yoff 这 4 个参数。保存好这 4 个参数，把所有得到的物理坐标都按照上述关系式来计算，就能得到准确的屏幕坐标，达到校准触摸屏的目的。

　　该函数内调用了一个比较关键的函数 TP_Scan( )，用来读取触摸屏 x 轴和 y 轴的物理坐标，因为只有获取物理坐标后才能转换对应 LCD 的坐标。TP_Scan( ) 函数的代码如下：

```
u8 TP_Scan(u8 tp){
    #if defined(TFTLCD_ILI9481)
    if(PEN==0)                                        //有按键被按下
    {  if(tp)TP_Read_XY2(&tp_dev. x[0],&tp_dev. y[0]);    //读取物理坐标
        else if(TP_Read_XY2(&tp_dev. x[0],&tp_dev. y[0]))  //读取屏幕坐标
        {   tp_dev. x[0]=tp_dev. xfac*tp_dev. x[0]+tp_dev. xoff;  //将结果转换为屏幕坐标
            tp_dev. y[0]=tp_dev. yfac*tp_dev. y[0]+tp_dev. yoff;}
        if((tp_dev. sta&TP_PRES_DOWN)==0){             //按键之前没有被按下
            tp_dev. sta=TP_PRES_DOWN|TP_CATH_PRES;     //按键被按下
            tp_dev. x[4]=tp_dev. x[0];                  //记录按键第一次被按下时的坐标
        tp_dev. y[4]=tp_dev. y[0];}
    }else{
        if(tp_dev. sta&TP_PRES_DOWN)                   //按键之前是被按下的
        tp_dev. sta&=~(1<<7);                          //标记按键松开
        else                                            //按键之前没有被按下
        {  tp_dev. x[4]=0;
            tp_dev. y[4]=0;
            tp_dev. x[0]=0xffff;
        tp_dev. y[0]=0xffff;}
    }
    return tp_dev. sta&TP_PRES_DOWN;                   //返回当前的触屏状态
    #endif
    #if defined(TFTLCD_NT35510)
    return(! GT5663_Scan(0));
    #endif
}
```

　　TP_Scan( ) 函数内主要通过 TP_Read_XY2( ) 函数获取物理坐标，该函数的代码如下：

```
u8 TP_Read_XY(u16*x,u16*y){
    u16 xtemp,ytemp;
    xtemp=TP_Read_XOY(CMD_RDX);
    ytemp=TP_Read_XOY(CMD_RDY);
    *x=xtemp;
    *y=ytemp;
    return 1;   //读数成功
}
```

```
#define ERR_RANGE 50//误差范围
u8 TP_Read_XY2(u16*x,u16*y){
    u16 x1,y1;
    u16 x2,y2;
    u8 flag;
    flag=TP_Read_XY(&x1,&y1);
    if(flag==0)return(0);
    flag=TP_Read_XY(&x2,&y2);
    if(flag==0)return(0);
    //前、后两次采样在±50 内
    if(((x2<=x1&&x1<x2+ERR_RANGE)||(x1<=x2&&x2<x1+ERR_RANGE))
    &&((y2<=y1&&y1<y2+ERR_RANGE)||(y1<=y2&&y2<y1+ERR_RANGE)))
    {   *x=(x1+x2)/2;
        *y=(y1+y2)/2;
        return 1;
    }else return 0;
}
```

TP_Read_XY2( )函数首先通过 TP_Read_XOY( )函数获取触摸屏的物理坐标值，然后通过相应的程序滤波，保证数据的准确性，防止出现飞点等误差(飞点是指触摸屏定位功能故障。简单来说，就是当单击一个在屏幕上看到的地方，但是触摸屏反馈的单击位置偏离了当前单击的位置，这个反馈出来的点就是飞点)。比较常用的程序滤波方法是先多次读取数据，然后把最大值和最小值除去，算出平均值。这种方法读取的次数越多，得到的数据就越准确。不过为了更好地滤波，还使用了另一种方式，也就是当读取到两次数据之后，检查两个数据之间的差值，如果超过理想的误差，那么丢弃该数据。这种方法也是处理飞点现象的常用方法。该函数里面用到了很多宏，如 CMD_RDX、CMD_RDY 等，这些都在 touch. c 文件内定义。CMD_RDX=0xd0 和 CMD_RDY=0x90 是 XPT2046 AD 芯片读取 x 轴和 y 轴的命令。XPT2046 完成一个完整的转换需要 24 个串行时钟，也就是需要 3 个字节的 SPI 时钟。XPT2046 前 8 个串行时钟是接收 1 个字节的转换命令，接收到转换命令之后，使用 1 个串行时钟的时间来完成数据转换。当然，在编写程序时，为了得到精确数据，可以适当延时，然后返回 12 个字节长度(12 个字节长度也计为 12 个串行时钟)的转换结果。4 个串行时钟返回 4 个无效数据，这一过程在 TP_Read_AD( )函数内实现，代码如下：

```
u16 TP_Read_AD(u8 CMD){
    u8 count=0;
    u16 Num=0;
    TCLK=0;                    //拉低时钟
    TDIN=0;                    //拉低数据线
    TCS=0;                     //选中触摸屏 IC
    TP_Write_Byte(CMD);        //发送命令字
    delay_us(6);               //ADS7846 的转换时间最长为 6 μs
    TCLK=0;
```

```
        delay_us(1);
        TCLK=1;                                    //给 1 个时钟,清除 BUSY
        delay_us(1);
        TCLK=0;
        for(count=0;count<16;count++){             //读出 16 位数据,只有高 12 位有效
            Num<<=1;
            TCLK=0;                                //下降沿有效
            delay_us(1);
            TCLK=1;
        if(DOUT)Num++;}
        Num>>=4;                                   //只有高 12 位有效
        TCS=1;                                     //释放片选
        return(Num);
    }
```

3. 触摸屏扫描函数

要检测是否有触摸,可以编写一个触摸屏扫描函数,并在该函数中获取触摸屏的物理坐标和 LCD 坐标,具体代码如下:

```
u8 TP_Scan(u8 tp){
    #if defined(TFTLCD_ILI9481)
    if(PEN==0){                                              //有按键被按下
        if(tp)TP_Read_XY2(&tp_dev.x[0],&tp_dev.y[0]);        //读取物理坐标
        else if(TP_Read_XY2(&tp_dev.x[0],&tp_dev.y[0]))      //读取屏幕坐标
        {   tp_dev.x[0]=tp_dev.xfac*tp_dev.x[0]+tp_dev.xoff; //将结果转换为屏幕坐标
        tp_dev.y[0]=tp_dev.yfac*tp_dev.y[0]+tp_dev.yoff;}
        if((tp_dev.sta&TP_PRES_DOWN)==0)                     //按键之前没有被按下
        {   tp_dev.sta=TP_PRES_DOWN|TP_CATH_PRES;            //按键被按下
            tp_dev.x[4]=tp_dev.x[0];                         //记录第一次被按下时的坐标
        tp_dev.y[4]=tp_dev.y[0];}
    }else {
        if(tp_dev.sta&TP_PRES_DOWN)                          //按键之前是被按下的
        tp_dev.sta&=~(1<<7);                                 //标记按键松开
        Else                                                 //按键之前没有被按下
        {   tp_dev.x[4]=0;
            tp_dev.y[4]=0;
            tp_dev.x[0]=0xffff;
        tp_dev.y[0]=0xffff;}
    }
    return tp_dev.sta&TP_PRES_DOWN;                          //返回当前的触屏状态
    #endif
    #if defined(TFTLCD_NT35510)
```

```
return(! GT5663_Scan(0));
#endif
}
```

该函数有一个入口参数，用于选择是获取物理坐标还是 LCD 实际坐标；有一个返回值，用于判定是否有触摸，如果为 1 则表示有触摸，否则无触摸。函数 TP_Read_XY() 将获取到的物理坐标存储在结构体 tp_dev. x/tp_dev. y 中，然后根据 LCD 实际坐标转换公式求取 LCD 实际坐标。在该函数中，根据 LCD 不同型号来判断是电阻触摸屏还是电容触摸屏，如果是电容触摸屏，则调用 GT5663_Scan() 函数来扫描电容触摸，该函数的代码如下：

```
const u16 GT5663_TPX_TBL[5]={GT_TP1_REG,GT_TP2_REG,
GT_TP3_REG,GT_TP4_REG,GT_TP5_REG};
u8 GT5663_Scan(u8 mode){
    u8 buf[4],i=0,res=1,temp,tp_sta;
    static u8 t=0;                              //控制查询间隔,从而降低 CPU 占用率
    t++;
    if((t%10)==0||t<10)//空闲时每进入 10 次,GTP_Scan()函数检测 1 次,从而降低 CPU 使用率
    {   GT5663_RD_Reg(GT_GSTID_REG,&mode,1);        //读取触摸点的状态
        if(mode&0x80&&((mode&0xf)<6)){
            temp=0;
            GT5663_WR_Reg(GT_GSTID_REG,&temp,1);//清标志
        }
        if((mode&0xf)&&((mode&0xf)<6))
        {   temp=0xff<<(mode&0xf);   //将点的个数转换为 1 的位数,匹配 tp_dev. sta 定义
            tp_dev. sta=(~temp);
            tp_dev. x[4]=tp_dev. x[0];              //保存触摸点 0 的数据
            tp_dev. y[4]=tp_dev. y[0];
            for(i=0;i<5;i++)
            {   if(tp_dev. sta&(1<<i))              //是否触摸有效
                {   GT5663_RD_Reg(GT5663_TPX_TBL[i],buf,4);   //读取 xy 坐标值
                    if(tftlcd_data. dir==1)//横屏
                    {tp_dev. y[i]=((u16)buf[1]<<8)+buf[0];
                        tp_dev. x[i]=800-(((u16)buf[3]<<8)+buf[2]);
                    }else 40. {
                        tp_dev. x[i]=((u16)buf[1]<<8)+buf[0];
                        tp_dev. y[i]=((u16)buf[3]<<8)+buf[2];
                    }}
                }
            }
            res=0;
            if(tp_dev. x[0]>tftlcd_data. width||tp_dev. y[0]>tftlcd_data. height)//非法数据(坐标超出了)
            {   if((mode&0xf)>1)//其他点有数据,则复制第二个触摸点数据到第一个触摸点
                {   tp_dev. x[0]=tp_dev. x[1];
```

```
                    tp_dev. y[0]=tp_dev. y[1];
              t=0;                    //触发一次,则最少连续监测 10 次,从而提高命中率
          }else{                      //非法数据,则忽略此次数据(还原原来的)
              tp_dev. x[0]=tp_dev. x[4];
              tp_dev. y[0]=tp_dev. y[4];
          mode=0x80;}
      }else t=0;                      //触发一次,则最少连续监测 10 次,从而提高命中率
  }}
  if((mode&0x8f)==0x80)               //无触摸点被按下
  {   tp_dev. x[0]=0xffff;
      tp_dev. y[0]=0xffff;
      tp_dev. sta=0;                  //清除点有效标记
  }
  if(t>240)t=10;                      //重新从 10 开始计数
  return res;
}
```

该函数用于扫描电容触摸屏是否有按键被按下,因采用查询方式读取数据,因此这里使用了一个静态变量(static)来提高效率。当无触摸时,尽量减少对 CPU 的占用;当有触摸时,又保证能迅速检测到。读取数据时,先读取状态寄存器(GT_GSTID_REG)的值,从而判断触摸点的个数(最多 10 个),然后依次读取各触摸点的坐标数据,在读取到数据后,还需要根据屏幕的分辨率和横、竖屏状态进行坐标变换。另外,在遇到非法数据时,需要对非法数据进行处理,以免干扰程序的正常运行。

4. 主函数

编写好触摸屏初始化、触摸屏校准和触摸屏扫描函数后,接下来就可以编写主函数了,代码如下:

```
#include "system. h"
#include "SysTick. h"
#include "led. h"
#include "usart. h"
#include "tftlcd. h"
#include "key. h"
#include "touch. h"
void kai_display(){ FRONT_COLOR=BLACK;
    LCD_ShowString(10,10,tftlcd_data. width,tftlcd_data. height,16,"Touch Test");
    LCD_ShowString(10,30,tftlcd_data. width,tftlcd_data. height,16,"www. prechin. net");
    LCD_ShowString(10,50,tftlcd_data. width,tftlcd_data. height,16,"K_UP:Adjust");
}
void display_init(){  //初始化显示
    FRONT_COLOR=RED;
    LCD_ShowString(tftlcd_data. width-8*4,0,tftlcd_data. width,tftlcd_data. height,16,"RST");
```

```
            LCD_Fill(120,tftlcd_data. height-16,139,tftlcd_data. height,BLUE);
            LCD_Fill(140,tftlcd_data. height-16,159,tftlcd_data. height,RED);
            LCD_Fill(160,tftlcd_data. height-16,179,tftlcd_data. height,MAGENTA);
            LCD_Fill(180,tftlcd_data. height-16,199,tftlcd_data. height,GREEN);
            LCD_Fill(200,tftlcd_data. height-16,219,tftlcd_data. height,CYAN);
            LCD_Fill(220,tftlcd_data. height-16,239,tftlcd_data. height,YELLOW);
    }
    int main(){
        u8 i=0,key;
        u16 penColor=BLUE;
        SysTick_Init(72);
        NVIC_PriorityGroupConfig(NVIC_PriorityGroup_2);        //中断优先级分组,分两组
        LED_Init();
        USART1_Init(115200);
        TFTLCD_Init();                                         //LCD 初始化
        KEY_Init();
        TP_Init();
        kai_display();
        delay_ms(2000);
        LCD_Clear(WHITE);
        display_init();
        while(1){
            key=KEY_Scan(0);
            if(key==KEY_UP_PRESS){
                TP_Adjust();                                  //校正
            display_init();}
            if(TP_Scan(0)){                                   //选择画笔的颜色
                if(tp_dev. y[0] > tftlcd_data. height-18&&tp_dev. y[0]<tftlcd_data. height){
                    if(tp_dev. x[0]>220)penColor=YELLOW;
                    else if(tp_dev. x[0]>200)penColor=CYAN;
                    else if(tp_dev. x[0]>180)penColor=GREEN;
                    else if(tp_dev. x[0]>160)penColor=MAGENTA;
                    else if(tp_dev. x[0]>140)penColor=RED;
                    else if(tp_dev. x[0]>120)penColor=BLUE;
                }
                else                                          //画点
                LCD_Fill(tp_dev. x[0]-1,tp_dev. y[0]-1,tp_dev. x[0]+2,92. tp_dev. y[0]+2,penColor);
                //清屏
                if((tp_dev. x[0] > tftlcd_data. width-8*4)&&(tp_dev. y[0] < 16))
                {   LCD_Fill(0,0,tftlcd_data. width-1,tftlcd_data. height-16-1,BACK_COLOR);
```

```
                    LCD_ShowString(tftlcd_data. width-8*4,0,tftlcd_data. width,tftlcd_data. height,16,"
RST");}
                }
                i++;
                if(i%20==0)LED1=!LED1;
            }
        }
```

主函数首先调用硬件初始化函数，包括 SysTick 系统时钟、LED 初始化、TP_Init()触摸屏初始化函数等，如果未校准，则首先会进行校准；然后进入 while 循环，调用 KEY_Scan()函数，不断检测 KEY_UP 键是否被按下，如果被按下则进行触摸屏校准(电阻触摸屏校准，电容触摸屏无须校准)；接着调用 TP_Scan()触摸扫描函数判断是否有触摸，并获取触摸屏 LCD 坐标，同时触摸后描出对应的点；最后控制 DS0 指示灯间隔 200 ms 闪烁，提示系统正常运行。

▶▶|7.3.4　实验现象 ▶▶▶

将工程程序编译后下载到开发板内运行，可以看到 DS0 指示灯不断闪烁，表示程序正常运行，用户可以在电阻触摸屏上画一些内容，如手写"123 ABC 上中下"，实验现象如图 7-5 所示。

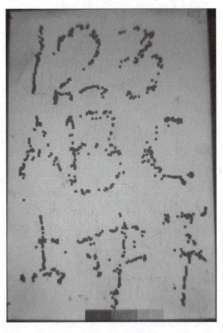

图 7-5　实验现象

图 7-5 中，屏幕右上角的 RST 可以用来清屏，只要触摸 RST 这个区域，即可将屏幕上所画的内容擦除。如果出现触摸不准，则可以按下 KEY_UP 键，进入触摸校准界面，按照提示进行校准。

思考题

(1)使用电容式触摸按键控制蜂鸣器，实现声音大小及音调的调节(提示：让蜂鸣器对应的引脚输出 PWM 波形，通过触摸按键调节占空比等)。

(2)实现其他大小的 ASCII 字符或汉字显示(提示：先按照前面所介绍的取模软件使用方法取模，然后在驱动程序内修改即可)。

(3)采用 TFTLCD 彩屏显示，设计替代 printf( ) 函数重定向打印输出实例。

(4)在触摸屏上设计两个触摸按键，控制开发板上蜂鸣器的开关(提示：使用 LCD API 函数画两个按键，通过判断这两个按键的位置实现控制)。

第8章
ADC 与 DAC

模数转换器(Analog to Digital Converter，ADC)用于将模拟信号转换为数字信号，其基本术语如下。

(1)模拟信号。ADC 用于将模拟信号转换为数字信号。模拟信号是连续变化的电压或电流信号，可以来自传感器、电压源、电流源等。

(2)采样。ADC 对模拟信号进行采样，即按照一定的时间间隔获取信号的离散样本值。

(3)分辨率。ADC 的分辨率指的是它可以将模拟信号分成多少个离散的量化级别，通常以位数表示，如 8 位、10 位、12 位等。分辨率越高，表示精度越高。

(4)采样率。ADC 的采样率是指每秒钟进行模拟信号采样的次数，以赫兹(Hz)为单位。采样率越高，表示可以更准确地还原原始模拟信号。

(5)参考电压。ADC 需要一个参考电压作为基准来将模拟信号转换为数字值。参考电压通常由外部提供，可以根据应用的需求选择适当的参考电压值。

ADC 通道(Analog to Digital Converter Channel)是指 ADC 芯片或模块上用于接收模拟信号并将其转换为数字值的输入通道。每个 ADC 通道对应一个模拟输入引脚，可以独立地采集和转换该引脚上的模拟信号。通道的数量取决于 ADC 芯片的规格和设计。假设一个嵌入式系统中有一块 4 通道的 ADC 芯片，意味着该芯片有 4 个独立 ADC 通道，每个通道都可以连接到不同的模拟信号源。例如，ADC 通道 0 连接到温度传感器，ADC 通道 1 连接到光照传感器，ADC 通道 2 连接到电压传感器，ADC 通道 3 连接到压力传感器。这样，系统可以同时采集和转换这 4 个信号源的模拟信号，并将其转换为相应的数字值供系统处理。

ADC 通信有单通道 ADC 和多通道 ADC 两种：前者通常只需要使用一根模拟输入信号线连接到 ADC 的输入引脚；后者每个通道需要一根模拟输入信号线连接到对应的输入引脚。ADC 的使用场景如下。

(1)温度测量：使用温度传感器(如热敏电阻或热电偶)将模拟温度信号转换为数字值，以便嵌入式系统可以读取和处理温度数据。

(2)光照检测：使用光敏电阻或光照传感器将光照强度转换为数字信号，以便系统可以根据环境的亮度调整相应的控制或显示。

(3)声音录制：使用麦克风将声音信号转换为数字信号，以便进行声音的录制、处理和分析。

(4)电压监测：使用电压传感器将电压信号转换为数字值，以便监测和保护电路中的电压情况。

数模转换器(Digital to Analog Converter，DAC)用于将数字信号转换为模拟信号，它的功能与 ADC 相反。其基本术语如下。

(1)数字信号。DAC 用于将数字信号转换为模拟信号。数字信号是离散的、以数字形式表示的信号，可以来自计算机、微控制器等。

(2)数字量化。DAC 对数字信号进行量化，将离散的数字值转换为连续的模拟信号。量化过程中使用的分辨率决定了模拟输出的精度。

(3)输出范围。DAC 的输出范围指的是它可以生成的模拟输出信号的电压或电流范围。输出范围可以根据具体的应用需求进行调整。

(4)更新速度。DAC 的更新速度是指它能够按照新的数字输入值更新模拟输出的速度。更新速度越高，可以更快地响应输入信号的变化。

DAC 通道(Digital to Analog Converter Channel)是指 DAC 芯片或模块上用于接收数字信号并将其转换为模拟输出信号的输出通道。每个 DAC 通道对应一个模拟输出引脚，可以独立地将数字值转换为相应的模拟输出信号。通道的数量取决于 DAC 芯片的规格和设计，假设一个嵌入式系统中有一个 8 通道的 DAC 芯片，意味着该芯片有 8 个独立的 DAC 通道，每个通道都可以连接到不同的模拟输出设备。例如，DAC 通道 0 连接到扬声器，DAC 通道 1 连接到电动机控制电路，DAC 通道 2 连接到示波器输入，DAC 通道 3 连接到激光驱动电路，DAC 通道 4 连接到显示器控制电路，DAC 通道 5 连接到运动控制器，DAC 通道 6 连接到音频混音器，DAC 通道 7 连接到电源调节电路。这样，系统可以通过不同的 DAC 通道将数字信号转换为相应的模拟输出信号，并驱动相应的模拟设备或电路。

DAC 通信有单通道 DAC 和多通道 DAC 两种：前者通常只需要使用一根模拟输出信号线连接到 DAC 的输出引脚；后者每个通道需要一根模拟输出信号线连接到对应的输出引脚。DAC 的使用场景如下。

(1)音频输出：将数字音频信号转换为模拟信号，以驱动扬声器或耳机，实现声音的播放和放大。

(2)电动机控制：将数字控制信号转换为模拟电压或电流信号，以控制步进电动机或直流电动机的转速和方向。

(3)波形生成：根据数字信号生成模拟信号，用于生成各种波形(如正弦波、方波、三角波)及合成音频信号。

(4)电源输出调节：通过将数字控制信号转换为模拟电压信号，实现对电源输出的调节和稳定，如用于电源管理和调整。

ADC 和 DAC 通常都需要供电和地线连接，以提供电源和参考电平。本章将介绍 ADC 与 DAC 相关知识。

8.1　ADC

ADC 按照其转换原理主要分为逐次逼近型、双积分型、电压频率转换型 3 种。STM32F1 的 ADC 就是逐次逼近型的。

▶▶▶ 8.1.1　STM32F10x ADC 简介 ▶▶▶

1. STM32F10x ADC 的基本特性

以 STM32F103 系列为例，它一般都有 3 个 ADC，这些 ADC 可以独立使用，也可以使用双重或三重模式来提高采样率。STM32F10x 的 ADC 是 12 位逐次逼近型的，即具有 12 位的分辨率。它具有 18 个复用通道，可测量来自 16 个外部、2 个内部的信号源。这些通道的 A/D 转换可以以单次、连续、扫描或间断模式执行和自校准；转换结果可以以左对齐或右对齐的方式存储在 16 位数据寄存器中。采样间隔可以按通道分别编程，ADC 具有模拟看门狗特性，允许应用程序检测输入电压是否超出用户定义的阈值上限或下限。

2. STM32F10x ADC 的内部结构

STM32F10x ADC 拥有这么多的功能，是由 ADC 的内部结构所决定的。要更好地理解 STM32F10x ADC，就需要了解它的内部结构，如图 8-1 所示。

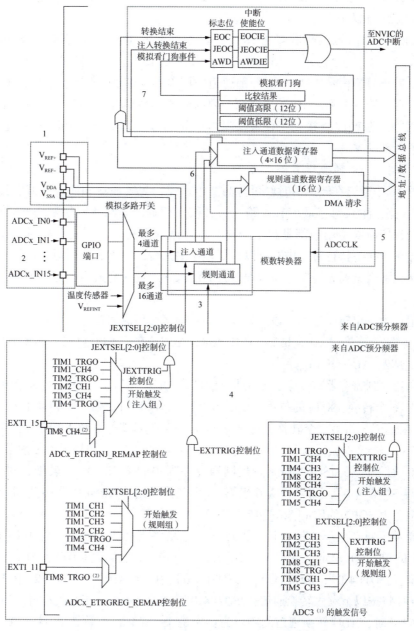

图 8-1 STM32F10x ADC 的内部结构

下面把以上 ADC 的内部结构分成 7 个子模块，按照顺序依次进行介绍。

（1）标号 1：电压输入引脚。

ADC 的输入电压范围为：$V_{REF-} \leqslant V_{IN} \leqslant V_{REF+}$，由 V_{REF-}、V_{REF+}、V_{DDA}、V_{SSA} 这 4 个外部引脚决定。通常把 V_{SSA} 和 V_{REF-} 接地，V_{REF+} 和 V_{DDA} 接 3.3 V，因此 ADC 的输入电压范围为：0~3.3 V。玄武 F103 开发板 ADC 的输入电压范围为 0~3.3 V。如果想让 ADC 测试负电压或更高的正电压，可以在外部加一个电压调理电路，把需要转换的电压抬升或降压到 0~3.3 V，这样 ADC 就可以测量了。但应注意，不要直接将高于 3.3 V 的电压接到 ADC 引脚上，那样可能烧坏芯片。

（2）标号 2：输入通道。

STM32F1 的 ADC 输入通道多达 18 个，其中外部的 16 个通道就是框图中的 ADCx_IN0、ADCx_IN1、…、ADCx_IN15（x=1，2，3，…，15，表示 ADC 数），通过这 16 个外部通道可以采集模拟信号。这 16 个外部通道对应着不同的 IO 接口，具体是哪一个 IO 接口可以从数据手册查询到。ADC1 还有两个内部通道：ADC1 的通道 16 连接到了芯片内部的温度传感器，通道 17 连接到了内部参考电压 V_{REFINT}。ADC2 和 ADC3 的通道 16、17 全部连接到了内部的 V_{SS}。

（3）标号 3：通道转换顺序。

外部的 16 个通道在转换的时候可分为 2 组通道：规则通道和注入通道，其中规则通道最多有 16 路，注入通道最多有 4 路。从名称来理解，规则通道就是一种规矩的通道，正常执行的程序通常使用的都是这个通道。注入通道则是一种不安分的通道，类似于中断。当程序正常往下执行时，中断可以打断程序的执行。如果在规则通道转换过程中有注入通道插队，那么就要先转换完注入通道，等注入通道转换完成后，再回到规则通道的转换流程。

每个组包含一个转换序列，该序列可按任意顺序在任意通道上完成。例如，可按以下顺序对序列进行转换：ADC_IN3、ADC_IN8、ADC_IN2、ADC_IN2、ADC_IN0、ADC_IN2、ADC_IN2、ADC_IN15。

规则通道序列寄存器有 3 个，分别是 SQR3、SQR2、SQR1。SQR3 控制着规则通道序列中的第 1~6 个转换，对应的位为：SQ1[4:0]~SQ6[4:0]。第 1 个转换的是位 4:0 SQ1[4:0]，如果通道 3 想第 1 个转换，那么在 SQ1[4:0]写 3 即可。SQR2 控制着规则通道序列中的第 7~12 个转换，对应的位为：SQ7[4:0]~SQ12[4:0]。如果通道 1 想第 8 个转换，则 SQ8[4:0]写 1 即可。SQR1 控制着规则通道序列中的第 13~16 个转换，对应的位为：SQ13[4:0]~SQ16[4:0]，如果通道 6 想第 10 个转换，则 SQ10[4:0]写 6 即可。具体使用多少个通道，由 SQR1 的位 L[3:0]决定，最多 16 个通道。

注入通道序列寄存器只有一个，是 JSQR。它最多支持 4 个通道，具体支持多少个通道由 JSQR 的 JL[2:0]决定。注意，当 JL[1:0]=3（有 4 次注入转换）时，ADC 将按以下顺序转换通道：JSQ1[4:0]、JSQ2[4:0]、JSQ3[4:0]、JSQ4[4:0]。当 JL=2（有 3 次注入转换）时，ADC 将按以下顺序转换通道：JSQ2[4:0]、JSQ3[4:0]、JSQ4[4:0]。当 JL=1（有 2 次注入转换）时，ADC 转换通道的顺序为：先是 JSQ3[4:0]，后是 JSQ4[4:0]。当 JL=0（有 1 次注入转换）时，ADC 将仅转换 JSQ4[4:0]通道。如果在转换期间修改 ADC_SQRx

或 ADC_JSQR 寄存器，则将复位当前转换并向 ADC 发送一个新的启动脉冲，以转换新选择的通道组。

（4）标号4：触发源。

选择好输入通道，设置好转换顺序后，接下来就可以开始转换。要开始转换，可以直接设置 ADC 控制寄存器 ADC_CR2 的 ADON 位为 1，即使能 ADC。当然，ADC 还支持外部事件触发转换，触发源有很多，具体选择哪一种触发源，由 ADC 控制寄存器 2：ADC_CR2 的 EXTSEL[2:0]和 JEXTSEL[2:0]位来控制。EXTSEL[2:0]用于选择规则通道的触发源，JEXTSEL[2:0]用于选择注入通道的触发源。选定好触发源之后，触发源是否要激活，则由 ADC 控制寄存器 ADC_CR2 的 EXTTRIG 和 JEXTTRIG 这两位来激活。

如果使能了外部触发事件，则还可以通过设置 ADC 控制寄存器 ADC_CR2 的 EXTEN[1:0]和 JEXTEN[1:0]位来控制触发极性，可以有 4 种状态，分别是禁止触发检测、上升沿检测、下降沿检测、上升沿和下降沿均检测。

（5）标号5：ADC 时钟。

ADC 输入时钟 ADC_CLK 由 APB2 经过分频产生，最大频率是 14 MHz，分频因子由 RCC 时钟配置寄存器 RCC_CFGR 的位 15：14 ADCPRE[1:0]设置，可以是 2、4、6、8 分频。注意，这里没有 1 分频。APB2 总线时钟频率为 72 MHz，而 ADC 最大工作频率为 14 MHz，所以一般设置分频因子为 6，这样 ADC 的输入时钟频率为 12 MHz。

ADC 要完成对输入电压的采样，需要若干个 ADC_CLK 周期，采样的周期数可通过 ADC 采样时间寄存器 ADC_SMPR1 和 ADC_SMPR2 中的 SMP[2:0]位设置。ADC_SMPR2 控制的是通道 0~9，ADC_SMPR1 控制的是通道 10~17。每个通道可以分别用不同的时间采样。其中采样周期最小是 1.5 个，即如果要达到最快的采样，那么应该设置采样周期为 1.5 个周期，这里说的周期就是 1/ADC_CLK。

ADC 的总转换时间与 ADC 的输入时钟和采样时间有关，其公式如下：

$$T_{conv} = 采样时间 + 12.5 \ 个周期$$

其中，T_{conv} 为 ADC 的总转换时间，当 ADC_CLK = 14 MHz，并设置 1.5 个周期的采样时间时，$T_{covn} = 1.5 + 12.5 = 14$ 个周期 $= 1 \ \mu s$。通常经过 ADC 预分频器能分频到最大的时钟只能是 12 MHz，采样周期设置为 1.5 个周期，算出最短的转换时间为 1.17 μs，这是最常用的。

（6）标号6：数据寄存器。

转换后的数据根据转换组的不同，规则序列的数据放在 ADC_DR 寄存器内，注入序列的数据放在 JDRx 内。

因为 STM32F10x ADC 是 12 位转换精度，而数据寄存器是 16 位，所以 ADC 在存放数据的时候有左对齐和右对齐区分。如果是左对齐，则转换完成的数据存放在 ADC_DR 寄存器的[4:15]位内；如果是右对齐，则存放在 ADC_DR 寄存器的[0:11]位内。具体选择何种存放方式，需通过 ADC_CR2 的 11 位 ALIGN 设置。

在规则序列中含有 16 路通道，对应着存放规则数据的寄存器只有一个，如果使用多通道转换，那么转换后的数据就全部挤在 ADC_DR 寄存器内。前一个时间点转换的通道数据，就会被下一个时间点的另外一个通道转换的数据覆盖掉。因此，当通道转换完成后，就应该把数据取走，或者开启 DMA 模式，把数据传输到内存里面，否则就会造成数据的覆盖。最常用的做法就是开启 DMA 传输，如果没有使用 DMA 传输，则一般通过 ADC 状态寄存器 ADC_SR 获取当前 ADC 转换的进度状态，从而进行程序控制。

在注入序列中最多含有 4 路通道，对应着存放注入数据的寄存器正好有 4 个，因此不会像规则寄存器那样产生数据覆盖的问题。

(7)标号 7：中断。

当发生以下事件且使能相应中断标志位时，ADC 能产生中断。

① 转换结束(规则转换)与注入转换结束。数据转换结束后，如果使能中断转换结束标志位，那么转换一结束就会产生转换结束中断。

② 模拟看门狗事件。当被 ADC 转换的模拟电压低于低阈值或高于高阈值时，就会产生中断，前提是开启了模拟看门狗中断，其中低阈值和高阈值由 ADC_LTR 和 ADC_HTR 设置。

③ DMA 请求。规则通道和注入通道转换结束后，除了产生中断，还可以产生 DMA 请求，把转换好的数据直接存储在内存里面。要注意的是，只有 ADC1 和 ADC3 可以产生 DMA 请求。一般在使用 ADC 时都会开启 DMA 传输。

STM32F10x ADC 转换模式有单次转换与连续转换。在单次转换模式下，ADC 执行一次转换。可以通过 ADC_CR2 寄存器的 SWSTART 位(只适用于规则通道)启动，也可以通过外部触发启动(适用于规则通道和注入通道)，这时 CONT 位为 0。以规则通道为例，一旦所选择的通道转换完成，转换结果将被存在 ADC_DR 寄存器中，EOC(转换结束)标志将被置位，如果设置了 EOCIE，则会产生中断，然后 ADC 将停止，等待下一次启动。在连续转换模式下，ADC 结束一个转换后立即启动一个新的转换。当 CONT 位为 1 时，可通过外部触发或将 ADC_CR2 寄存器中的 SWSTRT 位置 1 来启动此模式(仅适用于规则通道)。需要注意的是，此模式无法连续转换注入通道。连续转换模式下唯一的例外情况是，注入通道配置为在规则通道之后自动转换(使用 JAUTO 位)。

▶▶▶ 8.1.2　STM32F10x ADC 配置步骤 ▶▶▶

ADC 相关库函数在 stm32f10x_adc.c 和 stm32f10x_adc.h 文件中，使用库函数对 ADC 进行配置的具体步骤如下。

(1)使能端口时钟和 ADC 时钟，设置引脚模式为模拟输入。ADCx_IN0～ADCx_IN15 属于外部通道，每个通道都会对应芯片的一个引脚，如 ADC1_IN1 对应 STM32F103ZET6 的 PA1 引脚，因此首先要使能 GPIOA 端口时钟和 ADC1 时钟，代码如下：

```
RCC_APB2PeriphClockCmd(RCC_APB2Periph_GPIOA|RCC_APB2Periph_ADC1,ENABLE);
```

然后将 PA1 引脚配置为模拟输入模式，代码如下：

```
GPIO_InitStructure.GPIO_Mode=GPIO_Mode_AN;  //模拟输入模式
```

(2)设置 ADC 的分频因子。开启 ADC1 时钟之后，就可以通过 RCC_CFGR 设置 ADC 的分频因子。分频因子要确保 ADC 的时钟频率(ADCCLK)不要超过 14 MHz。这里设置分频因子为 6，因此 ADC 的时钟频率为 72÷6=12 MHz，库函数的实现方法如下：

```
RCC_ADCCLKConfig(RCC_PCLK2_Div6);
```

（3）初始化 ADC 参数，包括 ADC 工作模式、规则序列等。要使用 ADC，就需要配置 ADC 的转换模式、触发方式、数据对齐方式、规则序列等参数，这些参数通过库函数 ADC_Init( )实现，函数原型如下：

```
void ADC_Init(ADC_TypeDef*ADCx,ADC_InitTypeDef*ADC_InitStruct);
```

该函数的第一个参数用来选择 ADC；第二个参数是一个结构体指针变量，其中包含了 ADC 初始化的成员。结构体类型 ADC_InitTypeDef 的定义如下：

```
typedef struct {
    uint32_t ADC_Mode;                      //ADC 工作模式选择
    FunctionalState ADC_ScanConvMode;       //ADC 扫描(多通道)或单次(单通道)模式选择
    FunctionalState ADC_ContinuousConvMode; //ADC 单次转换或连续转换选择
    uint32_t ADC_ExternalTrigConv;          //ADC 触发条件选择
    uint32_t ADC_DataAlign;                 //ADC 数据寄存器对齐方式选择
    uint8_t ADC_NbrOfChannel;               //ADC 转换通道数
} ADC_InitTypeDef;
```

ADC_Mode 是 ADC 工作模式选择，可选择独立模式、双重模式，在双重模式下还有很多细分模式可选，具体由 ADC_CR1：DUALMOD 位配置。ADC_ScanConvMode 是 ADC 扫描或单次模式选择，可选参数为 ENABLE 或 DISABLE，用来设置是否打开 ADC 扫描模式。如果是单通道 A/D 转换，则选择 DISABLE；如果是多通道 A/D 转换，则选择 ENABLE。ADC_ContinuousConvMode 是 ADC 单次或连续转换模式选择，可选参数为 ENABLE 或 DISABLE，用来设置是连续转换还是单次转换模式。如果为连续转换模式，则选择 ENABLE；如果为单次转换模式，则选择 DISABLE，此时转换一次后停止，需要手动控制才能重新启动转换。ADC_ExternalTrigConv 是 ADC 触发条件选择，ADC 外部触发条件有很多，根据需要选择对应的触发条件，通常使用软件自动触发，因此此成员不用配置。ADC_DataAlign 是 ADC 数据寄存器对齐方式选择，可选参数为右对齐（ADC_DataAlign_Right）和左对齐（ADC_DataAlign_Left）。ADC_NbrOfChannel 是 A/D 转换通道数，应根据实际设置。具体的通道数和通道的转换顺序是配置规则序列或注入序列寄存器。

了解结构体成员的功能后，就可以进行配置了。本节实验 ADC 初始化配置代码如下：

```
ADC_InitTypeDef ADC_InitStructure;
ADC_InitStructure. ADC_Mode=ADC_Mode_Independent;
ADC_InitStructure. ADC_ScanConvMode=DISABLE;            //非扫描模式
ADC_InitStructure. ADC_ContinuousConvMode=DISABLE;     //关闭连续转换
ADC_InitStructure. ADC_ExternalTrigConv=ADC_ExternalTrigConv_None;
//禁止触发检测,使用软件触发
ADC_InitStructure. ADC_DataAlign=ADC_DataAlign_Right;  //右对齐
ADC_InitStructure. ADC_NbrOfChannel=1;  //一个转换在规则序列中,也就是只转换规则序列1
ADC_Init(ADC1,&ADC_InitStructure);                     //ADC 初始化
```

（4）使能 ADC 并校准。ADC 配置好后，还不能正常使用，只有开启 ADC 并且复位校准后才能正常工作。开启 ADC 的库函数如下：

```
void ADC_Cmd(ADC_TypeDef*ADCx,FunctionalState NewState);
ADC_Cmd(ADC1,ENABLE);                //开启 ADC1
ADC_ResetCalibration(ADC1);          //执行复位校准的方法
ADC_StartCalibration(ADC1);          //执行 ADC 校准的方法,开始指定 ADC1 的校准状态
```

可以通过获取校准状态来判断校准是否结束，每次进行校准之后，均要等待校准结束。复位校准和 AD 校准的等待结束方法如下：

```
while(ADC_GetResetCalibrationStatus(ADC1)); //等待复位校准结束
while(ADC_GetCalibrationStatus(ADC1));       //等待校准结束
```

（5）读取 ADC 转换值。通过上面几步配置，ADC 就准备好了，接下来要做的就是设置规则序列通道、采样顺序及通道的采样周期，然后启动 ADC。在转换结束后，读取转换值就可以了。设置规则序列通道及采样周期的库函数如下：

```
void ADC_RegularChannelConfig(ADC_TypeDef*ADCx,
uint8_t ADC_Channel,uint8_t Rank,uint8_t ADC_SampleTime);
```

以上库函数的参数 1 用来选择 ADC，参数 2 用来选择规则序列通道，参数 3 用来设置转换通道的数量，参数 4 用来设置采样周期。例如，本实验中 ADC1_IN1 单次转换，采样周期为 239.5，代码如下：

```
ADC_RegularChannelConfig(ADC1,ADC_Channel_1,1,ADC_SampleTime_239Cycles5);
```

设置好规则序列通道及采样周期后，采用软件触发启动 ADC，其库函数如下：

```
void ADC_SoftwareStartConvCmd(ADC_TypeDef*ADCx,FunctionalState NewState);
```

例如，要开启 ADC1，调用的函数如下：

```
ADC_SoftwareStartConvCmd(ADC1,ENABLE);   //使能指定的 ADC1 的软件转换启动功能
```

开启转换之后，就可以获取 ADC 转换结果，调用的库函数如下：

```
uint16_t ADC_GetConversionValue(ADC_TypeDef*ADCx);
```

同样，如果要获取 ADC1 转换结果，则调用的函数如下：

```
ADC_GetConversionValue(ADC1);
```

在转换过程中，还要根据状态寄存器的标志位来获取转换的各个状态信息。获取转换的状态信息的库函数如下：

```
FlagStatus ADC_GetFlagStatus(ADC_TypeDef*ADCx,uint8_t ADC_FLAG);
```

例如，要判断 ADC1 的转换是否结束，方法如下：

```
while(! ADC_GetFlagStatus(ADC1,ADC_FLAG_EOC)); //等待转换结束
```

将以上几步全部配置好后，就可以正常执行转换操作了。

▶▶▶8.1.3 硬件设计 ▶▶▶ ▶

本节使用的硬件资源有：DS0 指示灯、串口 1、ADC1_IN5 和电位器。ADC_IN5 属于 STM32F10x 芯片内部的资源，对应芯片的 PA1 引脚，使用短接片可以将 STM_ADC（PA1）连接在电位器（R_ADC）上，开发板上 STM_ADC 对应的丝印为 ADC，R_ADC 对应的丝印是 RAD，调节电位器即可改变电压，通过 ADC 转换即可检测此电压值。ADC 转换电路如图 8-2 所示。

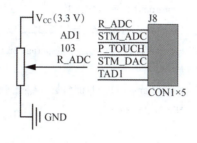

| STM_ADC | PA1 | 35 | PA1/USART2_RTS/ADC123_IN1/TIM5_CH2/TIM2_CH2 |
| USART2_TX | PA2 | 36 | PA2/USART2_TX/ADC123_IN2/TIM5_CH3/TIM2_CH3 |

图 8-2 ADC 转换电路

DS0 指示灯用来提示系统运行状态，电位器 AD1 用来调节电压（0~3.3 V）。注意，不能在 ADC 引脚上直接连接高于 3.3 V 的电压，否则可能烧坏芯片。调节电位器即可改变 ADC1_IN1 输入的电压，通过串口 1 可将转换的电压值打印出来。

▶▶▶8.1.4 软件设计 ▶▶▶ ▶

软件所要实现的功能：通过 ADC1 通道 1 采样外部电压值，将采样的 A/D 转换值和转换后的电压值通过串口打印出来，同时 DS0 指示灯闪烁，提示系统正常运行。程序框架如下：

(1)初始化 ADC1_IN1 相关参数，开启 ADC1；

(2)编写获取 ADC1_IN1 的 A/D 转换值函数；

(3)编写主函数。

打开 F103ZET6LibTemplateADC 工程，在 Hardware 工程组中添加含有 ADC1 驱动程序的 adc.c 文件，在 STM32F10x_StdPeriph_Driver 工程组中添加 stm32f10x_adc.c 库文件和 stm32f10x_adc.h 文件，同时要包含对应的头文件路径。

1. ADC1 初始化函数

要使用 ADC，必须先对它进行配置。ADC1_IN1 初始化代码如下：

```
void ADCx_Init(void){
    GPIO_InitTypeDef GPIO_InitStructure;  //定义结构体变量
    ADC_InitTypeDef ADC_InitStructure;
    RCC_APB2PeriphClockCmd(RCC_APB2Periph_GPIOA|RCC_APB2Periph_ADC1,ENABLE);
```

```
    RCC_ADCCLKConfig(RCC_PCLK2_Div6);
    //设置 ADC 的分频因子 6,72 MHz÷6=12 MHz,ADC 最大时间频率不能超过 14 MHz
    GPIO_InitStructure. GPIO_Pin=GPIO_Pin_1;                //ADC
    GPIO_InitStructure. GPIO_Mode=GPIO_Mode_AIN;           //模拟输入
    GPIO_InitStructure. GPIO_Speed=GPIO_Speed_50MHz;
    GPIO_Init(GPIOA,&GPIO_InitStructure);
    ADC_InitStructure. ADC_Mode=ADC_Mode_Independent;
    ADC_InitStructure. ADC_ScanConvMode=DISABLE;          //非扫描模式
    ADC_InitStructure. ADC_ContinuousConvMode=DISABLE;    //关闭连续转换
    ADC_InitStructure. ADC_ExternalTrigConv=ADC_ExternalTrigConv_None;
    //禁止触发检测,使用软件触发
    ADC_InitStructure. ADC_DataAlign=ADC_DataAlign_Right;//右对齐
    ADC_InitStructure. ADC_NbrOfChannel=1;
    //一个转换在规则序列中,也就是只转换规则序列 1
    ADC_Init(ADC1,&ADC_InitStructure);                     //ADC1 初始化
    ADC_Cmd(ADC1,ENABLE);                                  //开启 ADC1
    ADC_ResetCalibration(ADC1);                            //重置指定的 ADC1 的校准寄存器
    while(ADC_GetResetCalibrationStatus(ADC1));            //获取 ADC1 重置校准寄存器的状态
    ADC_StartCalibration(ADC1);                            //开始指定 ADC1 的校准状态
    while(ADC_GetCalibrationStatus(ADC1));                 //获取指定 ADC1 的校准程序
    ADC_SoftwareStartConvCmd(ADC1,ENABLE);
    //使能或失能指定的 ADC1 软件转换启动功能
}
```

在 ADCx_Init( )函数中,首先使能 GPIOA 端口和 ADC1 时钟,并配置 PA1 为模拟输入模式;然后初始化 ADC_InitStructure 结构体;最后开启 ADC1。如果会使用 ADC1_IN1,那么其他 ADC 通道都一样。

2. 获取 ADC1_IN1 的转换值函数

配置好 ADC1_IN1 后,就可以开始读取 A/D 转换值了,代码如下:

```
u16 Get_ADC_Value(u8 ch,u8 times){
    u32 temp_val=0;
    u8 t;
    //设置指定 ADC 的规则序列通道,一个序列,采样周期
    ADC_RegularChannelConfig(ADC1,ch,1,ADC_SampleTime_239Cycles5);
    //ADC1,ADC 通道,239.5 个周期,提高采样周期可以提高精确度
    for(t=0;t<times;t++){
        ADC_SoftwareStartConvCmd(ADC1,ENABLE);   //使能指定的 ADC1 的软件转换启动功能
        while(! ADC_GetFlagStatus(ADC1,ADC_FLAG_EOC));  //等待转换结束
        temp_val+=ADC_GetConversionValue(ADC1);
        delay_ms(5);
```

```
            }
        return temp_val/times;
    }
```

Get_ADC_Value( )函数有两个参数:ch 表示 ADC1 转换的通道;times 表示转换次数,用于取平均,提高数据准确性。该函数内首先调用 ADC_RegularChannelConfig( )函数,指定 ADC 规则序列通道、采样顺序、采样周期,然后调用 ADC_SoftwareStartConvCmd( )函数启动 ADC1 转换,等待转换完成后,读取 ADC1 的转换值;最后将 A/D 转换值取平均后返回。由于 ADC1 最大为 12 位精度,因此返回值的类型为 u16。

3. 主函数

编写好 ADC1 初始化和获取转换值函数后,就可以编写主函数了,其代码如下:

```
#include "system. h"
#include "SysTick. h"
#include "led. h"
#include "usart. h"
#include "adc. h"
int main(){
    u8 i=0;
    u16 value=0;
    float vol;
    SysTick_Init(72);
    NVIC_PriorityGroupConfig(NVIC_PriorityGroup_2);   //中断优先级分组,分两组
    LED_Init();
    USART1_Init(115200);
    ADCx_Init();
    while(1){
        i++;
        if(i%20==0)   LED1=!LED1;
        if(i%50==0){
            value=Get_ADC_Value(ADC_Channel_1,20);
            printf("检测 AD 值=%d\r\n ",value);
            vol=(float)value*(3.3/4096);
        printf("检测电压值=%5.2fV \r\n",vol);}
        delay_ms(10);
    }
}
```

主函数首先调用之前编写好的硬件初始化函数,包括 SysTick 系统时钟、中断分组、LED 初始化、ADCx_Init( )函数初始化、ADC1_IN1 等;然后进入 while 循环,间隔 500 ms 读取一次通道 1 的转换值,将 A/D 转换值 value×(3.3÷4 096)转换为电压值输出。为什么要"×(3.3÷4 096)"? 因为使用的 ADC1 为 12 位转换精度,最大值为 2^{12} 即 4 096,而 ADC 的参考电压 V_{REF+} 为 3.3 V,所以知道 A/D 转换值就可以计算对应的电压值。注意,计算

111

结果要强制转换为浮点型，否则得不到小数点后面的数据。DS0 指示灯间隔 200 ms 闪烁，提示系统正常运行。

▶▶▶ 8.1.5　实验现象 ▶▶▶

将工程程序编译后下载到开发板内运行，可以看到 DS0 指示灯不断闪烁，表示程序正常运行。当调节电位器时，获取的 A/D 转换值和电压值将发生变化，并通过串口打印出来。如果想在串口调试助手上看到输出信息，则可以打开串口调试助手，实验现象如图 8-3 所示。

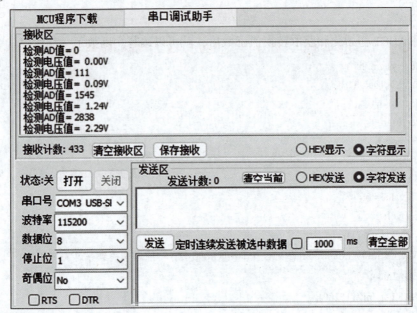

图 8-3　实验现象

注意，如果之前下载待机唤醒实验程序后，若使用对应 ARM 仿真器下载此程序则会报警。这是因为处于低功耗模式时，所有外设时钟都已关闭，所以需要在下载程序前先复位系统。

8.2　内部温度采集

在 STM32F10x 的 ADC 内部有一个通道连接着芯片的温度传感器，下面通过 ADC 来读取 STM32F10x 的内部温度传感器实时数据。

▶▶▶ 8.2.1　STM32F10x 内部温度传感器简介 ▶▶▶

STM32F10x 内部含有一个温度传感器，可用来测量 CPU 及周围的温度。此温度传感器与 ADC1 内部输入通道相连，它连接在 ADC1_IN16 上。ADC1 可以将传感器输出的电压值转换成数字值，内部温度传感器可测量的温度范围为 $-40\,℃\sim125\,℃$，精度为 $\pm1.5\,℃$左右。

STM32F10x 内部温度传感器使用起来比较简单，只要初始化 ADC1_IN16 通道，并激活其内部温度传感器通道即可。温度传感器设置要点如下。

（1）要使用 STM32F10x 的内部温度传感器，必须先激活 ADC 的内部通道，这里可以通过 ADC_CCR 的 TSVREFE 位（23 位）进行设置。如果设置该位为 1，则启用内部温度传感器；否则关闭内部温度传感器。

（2）STM32F103ZET6 的内部温度传感器固定连接在 ADC1_IN16 上，因此在设置好 ADC1 之后，只要读取通道 16 的 A/D 转换值，就知道温度传感器返回来的电压值了。根据这个电压值就可以计算出当前温度。当前温度的计算公式如下：

$$T(\text{℃}) = \left[(V_{\text{sense}} - V_{25}) \div Avg\_Slope \right] + 25$$

其中，V_{25} 为 V_{sense} 在 25℃时的电压值，典型值为 1.43 V；Avg_Slope 为温度与 V_{sense} 曲线的平均斜率，单位为 mV/℃ 或 μV/℃，典型值为 4.3mV/℃。

通过上面公式，就能计算出当前内部温度传感器测试的温度。

▶▶▶ 8.2.2　内部温度传感器配置步骤 ▶▶▶

ADC 相关库函数在 stm32f10x_adc.c 和 stm32f10x_adc.h 文件中，使用库函数对内部温度传感器进行配置，具体步骤如下。

（1）初始化 ADC1_IN16 相关参数，开启内部温度传感器。ADC1_IN16 的初始化步骤与 A/D 转换一样，这里只需要开启内部温度传感器即可，调用的库函数如下：

```
ADC_TempSensorVrefintCmd(ENABLE);    //打开 ADC 内部温度传感器
```

（2）读取 ADC1_IN16 的 A/D 转换值，将其转换为对应温度。

配置好内部温度传感器后，就可以读取内部温度传感器返回的电压值，根据温度的计算公式，可以求出对应电压值的温度。

▶▶▶ 8.2.3　硬件设计 ▶▶▶

本节使用的硬件资源有：DS0 指示灯、串口 1、内部温度传感器，内部温度传感器属于 STM32F10x 芯片内部的资源，连接的是 ADC1_IN16 通道。

▶▶▶ 8.2.4　软件设计 ▶▶▶

软件所要实现的功能：通过芯片内部温度传感器读取温度，并将读取的温度数据打印出来，DS0 指示灯闪烁提示系统正常运行。程序框架如下：

（1）初始化内部温度传感器（初始化 ADC1_IN16，开启内部温度传感器）；

（2）编写温度读取函数；

（3）编写主函数。

打开 F103ZET6LibTemplateTemperture 工程，在 Hardware 工程组中添加 adc_temp.c 文件（里面包含内部温度传感器驱动程序），在 STM32F10x_StdPeriph_Driver 工程组中添加 stm32f10x_adc.c 库文件，同时要包含 ADC 对应的头文件。

1. 内部温度传感器初始化函数

要使用内部温度传感器，就必须先对它进行配置，初始化代码如下：

```
void ADC_Temp_Init(void){
    ADC_InitTypeDef ADC_InitStructure;
    RCC_APB2PeriphClockCmd(RCC_APB2Periph_ADC1,ENABLE);
    RCC_ADCCLKConfig(RCC_PCLK2_Div6);      //分频因子6时钟频率为72 MHz÷6＝12 MHz
    ADC_TempSensorVrefintCmd(ENABLE);                   //打开ADC内部温度传感器
    ADC_InitStructure. ADC_Mode=ADC_Mode_Independent;
    //ADC工作模式：ADC1和ADC2工作在独立模式
    ADC_InitStructure. ADC_ScanConvMode=DISABLE;        //非扫描模式
    ADC_InitStructure. ADC_ContinuousConvMode=DISABLE; //关闭连续转换
    //禁止触发检测,使用软件触发
    ADC_InitStructure. ADC_ExternalTrigConv=ADC_ExternalTrigConv_None;
    ADC_InitStructure. ADC_DataAlign=ADC_DataAlign_Right;   //右对齐
    //一个转换在规则序列中,也就是只转换规则序列1
    ADC_InitStructure. ADC_NbrOfChannel=1;
    ADC_Init(ADC1,&ADC_InitStructure);                  //ADC1初始化
    ADC_Cmd(ADC1,ENABLE);                               //开启ADC1
    ADC_ResetCalibration(ADC1);                         //重置指定的ADC1的校准寄存器
    while(ADC_GetResetCalibrationStatus(ADC1));         //获取ADC1重置校准寄存器的状态
    ADC_StartCalibration(ADC1);                         //开始指定ADC1的校准状态
    while(ADC_GetCalibrationStatus(ADC1));              //获取指定ADC1的校准程序
    //使能或失能指定的ADC1的软件转换启动功能
    ADC_SoftwareStartConvCmd(ADC1,ENABLE);
}
```

该函数初始化ADC1_IN16通道，并且调用ADC_TempSensorVrefintCmd()函数开启内部温度传感器。

2. 温度读取函数

当初始化内部温度传感器后，就可以读取温度值，代码如下：

```
u16 Get_ADC_Temp_Value(u8 ch,u8 times){
    u32 temp_val=0,t;
    //设置指定ADC的规则序列通道,一个序列,采样周期
    //ADC1,ADC通道,239.5个周期,提高采样周期可以提高精确度
    ADC_RegularChannelConfig(ADC1,ch,1,ADC_SampleTime_239Cycles5);
    for(t=0;t<times;t++){
        //使能指定的ADC1的软件转换启动功能
        ADC_SoftwareStartConvCmd(ADC1,ENABLE);
        while(! ADC_GetFlagStatus(ADC1,ADC_FLAG_EOC));    //等待转换结束
        temp_val+=ADC_GetConversionValue(ADC1);
```

```
        delay_ms(5);}
    return temp_val/times;
}
int Get_Temperture(void){
    u32 adc_value,temp;
    double temperture;
    //读取通道16的内部温度传感器数据,采集10次,取平均值
    adc_value=Get_ADC_Temp_Value(ADC_Channel_16,10);
    temperture=(float)adc_value*(3.3/4096);          //电压值
    temperture=(1.43-temperture)/0.0043+25;          //转换为温度值
    temp=temperture*100;                             //扩大100倍
    return temp;
}
```

温度读取函数首先读取 ADC1_IN16 通道的 A/D 转换值，然后将其转换为电压值，根据温度计算公式就可以得到对应的温度值，将其放大 100 倍作为函数值返回。温度值有正、负之分，因此返回值类型为整型。

3. 主函数

编写好内部温度传感器初始化和温度读取函数后，就可以编写主函数了，代码如下：

```
#include "system.h"
#include "SysTick.h"
#include "led.h"
#include "usart.h"
#include "adc_temp.h"
int main(){
    u8 i=0,int temp=0;
    SysTick_Init(72);
    NVIC_PriorityGroupConfig(NVIC_PriorityGroup_2);   //中断优先级分组,分两组
    LED_Init();
    USART1_Init(115200);
    ADC_Temp_Init();
    while(1){
        i++;
        if(i%20==0)   LED1=!LED1;
        if(i%50==0){
            temp=Get_Temperture();
            if(temp<0){ temp=-temp;printf("内部温度检测值=-");}
            else printf("内部温度检测值=+");
        printf("%5.2f 摄氏度 \r\n",(float)temp/100);}
        delay_ms(10);
    }
}
```

主函数首先调用硬件初始化函数，包括 SysTick 系统时钟、中断分组、LED 初始化、ADC_Temp_Init( )函数等；然后进入 while 循环，间隔 500 ms 读取一次温度值，判断读取的温度值是正数还是负数；最后打印温度数据，在输出温度数据时记得要除以 100，因为读取的温度值是放大了 100 倍的。DS0 指示灯会间隔 200 ms 闪烁，提示系统正常运行。

▶▶▶ 8.2.5　实验现象 ▶▶▶

将工程程序编译后下载到开发板内运行，可以看到 DS0 指示灯不断闪烁，表示程序正常运行。串口不断打印读取的温度数据，如果想在串口调试助手上看到输出信息，则可以打开串口调试助手，实验现象如图 8-4 所示。

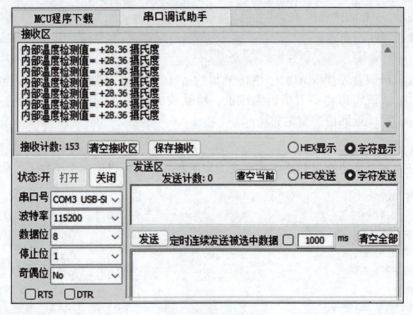

图 8-4　实验现象

注意，由于芯片工作会发热，内部温度传感器检测的温度通常会高于实际温度，这也是不使用芯片内部温度传感器来检测环境温度的原因。

 ## 8.3　光敏传感器检测

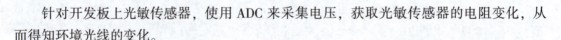

针对开发板上光敏传感器，使用 ADC 来采集电压，获取光敏传感器的电阻变化，从而得知环境光线的变化。

▶▶▶ 8.3.1　光敏传感器简介 ▶▶▶

光敏传感器是最常见的传感器之一，它的种类繁多，主要有光电管、光电倍增管、光敏电阻、光敏二极管（又称光电二极管）、光敏三极管、太阳能电池、红外线传感器、紫外线传感器、光纤式光电传感器、色彩传感器、CCD 和 CMOS 图像传感器等。光敏传感器是目前产量最多、应用最广的传感器之一，它在自动控制和非电量电测技术中占有非常重要的地位。

光敏传感器是利用光敏元件将光信号转换为电信号的传感器，它的敏感波长在可见光波长附近，包括红外线波长和紫外线波长。光敏传感器不只局限于对光的探测，它还可以作为探测元件组成其他传感器，对许多非电量进行检测，只要将这些非电量转换为光信号的变化即可。玄武F103开发板板载了一个光敏二极管作为光敏传感器，它对光的变化非常敏感。光敏二极管与半导体二极管在结构上是类似的，其管芯是一个具有光敏特征的PN结，具有单向导电性，因此工作时需加上反向电压。无光照时，有很小的饱和反向漏电流，即暗电流，此时光敏二极管截止。当受到光照时，饱和反向漏电流大大增加，形成光电流，它随入射光强度的变化而变化。当光线照射PN结时，可以使PN结中产生电子-空穴对，使少数载流子的密度增加。这些载流子在反向电压下漂移，使反向电流增加。因此，可以利用光照强弱来改变电路中的电流。利用这个电流变化，串接一个电阻，就可以将其转换成电压的变化，从而通过ADC读取电压值，判断外部光线的强弱。

开发板利用ADC3的通道6(PF8)来读取光敏二极管电压的变化，从而得到环境光线的变化，并将得到的光照强度通过串口1输出。

▶▶▶ 8.3.2　硬件设计 ▶▶▶

本节使用的硬件资源有：DS0指示灯、串口1、ADC3、光敏传感器等。光敏传感器连接电路如图8-5所示。

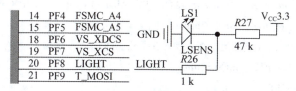

图8-5　光敏传感器连接电路

图中LS1是光敏二极管，R27为其提供反向电压，当环境光线变化时，LS1两端的电压也会随之改变，从而通过ADC3_IN6通道读取LIGHT(PF8)上面的电压，即可得到环境光线的强弱。光线越强，电压越低；光线越暗，电压越高。

▶▶▶ 8.3.3　软件设计 ▶▶▶

软件所要实现的功能：通过ADC3通道6采集光敏传感器的A/D转换值，并将该值转换为光照强度值0~100，0代表最暗，100代表最亮，并通过串口1输出光照强度值，DS0指示灯闪烁提示系统正常运行。程序框架如下：

(1)初始化光敏传感器(初始化ADC3_IN16)；

(2)编写光照强度读取函数；

(3)编写主函数。

打开F103ZET6LibTemplateLight工程，在Hardware工程组中添加lsens.c文件(包含光敏传感器驱动程序)，在STM32F10x_StdPeriph_Driver工程组中添加stm32f10x_adc.c库文件，同时要包含ADC对应的头文件。

1. 光敏传感器初始化函数

要使用光敏传感器，必须先对它进行配置，初始化代码如下：

```
void Lsens_Init(void){
    GPIO_InitTypeDef GPIO_InitStructure;
    ADC_InitTypeDef ADC_InitStructure;
    RCC_APB2PeriphClockCmd(RCC_APB2Periph_GPIOF,ENABLE); //使能 PORTF 时钟
    RCC_APB2PeriphClockCmd(RCC_APB2Periph_ADC3,ENABLE); //使能 ADC3 通道时钟
    RCC_APB2PeriphResetCmd(RCC_APB2Periph_ADC3,ENABLE); //ADC 复位
    RCC_APB2PeriphResetCmd(RCC_APB2Periph_ADC3,DISABLE); //复位结束
    GPIO_InitStructure. GPIO_Pin=GPIO_Pin_8;                 //PF8 模拟输入
    GPIO_InitStructure. GPIO_Mode=GPIO_Mode_AIN;            //模拟输入引脚
    GPIO_Init(GPIOF,&GPIO_InitStructure);
    ADC_DeInit(ADC3);  //复位 ADC3,将外设 ADC3 的全部寄存器重设为默认值
    ADC_InitStructure. ADC_Mode=ADC_Mode_Independent;       //ADC 工作为独立模式
    ADC_InitStructure. ADC_ScanConvMode=DISABLE;            //A/D 转换工作在单通道模式
    ADC_InitStructure. ADC_ContinuousConvMode=DISABLE;      //A/D 转换工作在单次转换模式
    //转换由软件而不是外部触发启动
    ADC_InitStructure. ADC_ExternalTrigConv=ADC_ExternalTrigConv_None;
    ADC_InitStructure. ADC_DataAlign=ADC_DataAlign_Right;    //ADC 数据右对齐
    ADC_InitStructure. ADC_NbrOfChannel=1;  //顺序进行规则转换的 ADC 通道的数目
    //根据 ADC_InitStruct 中指定的参数初始化外设 ADCx 的寄存器
    ADC_Init(ADC3,&ADC_InitStructure);
    ADC_Cmd(ADC3,ENABLE);                                   //使能指定的 ADC3
    ADC_ResetCalibration(ADC3);                             //使能复位校准
    while(ADC_GetResetCalibrationStatus(ADC3));             //等待复位校准结束
    ADC_StartCalibration(ADC3);                             //开启 A/D 校准
    while(ADC_GetCalibrationStatus(ADC3));                  //等待校准结束
}
```

该函数初始化 ADC3_IN6 通道，初始化过程与前面 ADC 的模/数转换几乎一样。

2. 光照强度读取函数

当初始化光敏传感器后，就可以读取光照强度值，代码如下：

```
u16 Get_ADC3(u8 ch){
    ADC_RegularChannelConfig(ADC3,ch,1,ADC_SampleTime_239Cycles5);
    ADC_SoftwareStartConvCmd(ADC3,ENABLE);     //使能指定的 ADC3 的软件转换启动功能
    while(!ADC_GetFlagStatus(ADC3,ADC_FLAG_EOC));   //等待转换结束
    return ADC_GetConversionValue(ADC3);       //返回最近一次 ADC3 规则序列的转换结果
}
#define LSENS_READ_TIMES 10                    //定义光敏传感器读取次数,然后取平均值
```

```
//读取光敏传感器的值：0 最暗；100 最亮
u8 Lsens_Get_Val(void){
    u32 temp_val=0,t;
    for(t=0;t<LSENS_READ_TIMES;t++){
        temp_val+=Get_ADC3(ADC_Channel_6);    //读取 ADC 值
    delay_ms(5);}
    temp_val/=LSENS_READ_TIMES;                //得到平均值
    if(temp_val>4000)temp_val=4000;
    return(u8)(100-(temp_val/40));
}
```

该函数首先读取 ADC3_IN6 通道的 A/D 转换值，然后简单量化后将其转换成 0～100
的光照强度值，0 代表最暗，100 代表最亮。

3. 主函数

编写好光敏传感器初始化和光照强度读取函数后，就可以编写主函数了，代码如下：

```
#include "system.h"
#include "SysTick.h"
#include "led.h"
#include "usart.h"
#include "lsens.h"
int main(){
    u8 i=0,lsens_value=0;
    SysTick_Init(72);
    NVIC_PriorityGroupConfig(NVIC_PriorityGroup_2);    //中断优先级分组,分两组
    LED_Init();
    USART1_Init(115200);
    Lsens_Init();
    while(1){
        i++;
        if(i%20==0)LED1=!LED1;
        if(i%50==0){
            lsens_value=Lsens_Get_Val();
            printf("光照强度值=%d \r\n",lsens_value);
        }
        delay_ms(10);
    }
}
```

主函数首先调用之前编写好的硬件初始化函数，包括 SysTick 系统时钟、中断分组、
LED 初始化、Lsens_Init( ) 函数等；然后进入 while 循环，间隔 500 ms 读取一次光照强度；
最后将该值通过串口 1 打印出来。DS0 指示灯会间隔 200 ms 闪烁，提示系统正常运行。

▶▶ 8.3.4 实验现象 ▶▶▶ ▶

将工程程序编译后下载到开发板内运行，可以看到 DS0 指示灯不断闪烁，表示程序正常运行。串口不断打印读取的光照强度数据，如果想在串口调试助手上看到输出信息，则可以打开串口调试助手，实验现象如图 8-6 所示。

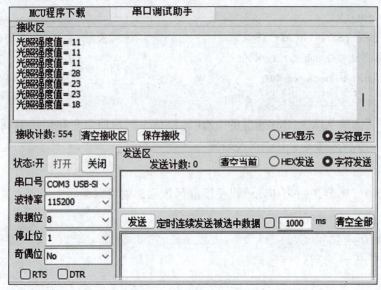

图 8-6　实验现象

可以拿手电筒(或手机的 LED)照射该传感器测试观察其亮度变化。

8.4　DAC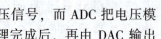

在常见的数字信号系统中，大部分传感器信号被转换成电压信号，而 ADC 把电压模拟信号转换成易于计算机存储、处理的数字编码，由计算机处理完成后，再由 DAC 输出电压模拟信号，该电压模拟信号常常用来驱动某些执行器件，使人类易于感知。例如，音频信号的采集及还原就是这样一个过程。

▶▶ 8.4.1 STM32F10x DAC 简介 ▶▶▶ ▶

STM32F10x 的 DAC 模块是 12 位电压输出数模转换器，它可以配置为 8 位或 12 位模式，也可以与 DMA 控制器配合使用。DAC 工作在 12 位模式下时，数据可以采用左对齐或右对齐方式；DAC 工作在 8 位模式下时，数据只能采用右对齐方式。DAC 有两个输出通道，每个通道各有一个转换器。在 DAC 双通道模式下，每个通道可以单独进行转换；当两个通道组合在一起同步执行更新操作时，也可以同时进行转换。

DAC 拥有的功能是由其内部结构决定的，要更好地理解 STM32F10x DAC，就需要了解其内部结构，如图 8-7 所示。

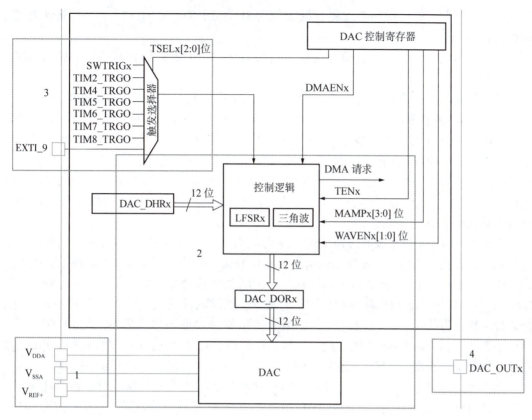

图 8-7 STM32F10x DAC 的内部结构

图中把 DAC 的内部结构分成以下 4 个子模块。

1. 标号 1：电压输入引脚

同 ADC 一样，V_{DDA} 与 V_{SSA} 是 DAC 模块的供电引脚，而 V_{REF+} 是 DAC 模块的参考电压，开发板上已经将 V_{REF+} 连接到 V_{DDA}，因此参考电压的范围是 0~3.3 V。

2. 标号 2：DAC 转换

DAC 输出是受 DAC_DORx 寄存器直接控制的，但是不能直接往 DAC_DORx 寄存器中写入数据，而是通过 DAC_DHRx 间接传给 DAC_DORx 寄存器，实现对 DAC 输出的控制。如果未选择硬件触发（即 DAC_CR 寄存器中的 TENx 位复位），那么经过一个 APB1 时钟周期后，DAC_DHRx 寄存器中存储的数据将自动转移到 DAC_DORx 寄存器。但是，如果选择硬件触发（即置位 DAC_CR 寄存器中的 TENx 位）且触发条件到来，则将在 3 个 APB1 时钟周期后进行转移。

当 DAC_DORx 加载了 DAC_DHRx 内容时，模拟输出电压将在一段时间 tSETTLING 后可用，具体时间取决于电源电压和模拟输出负载。可以从 STM32F103ZET6 的数据手册中查到的典型值为 3 μs，最大值是 4 μs，因此 DAC 的转换速度最快可达到 250 Kbps。

DAC_DHRx 内装载着要输出的数据，对于 DAC 单通道 x，总共有以下 3 种情况。

（1）8 位右对齐：用户必须将数据加载到 DAC_DHR8Rx [7:0] 位（存储到 DAC_DHRx [11:4] 位）。

（2）12 位左对齐：用户必须将数据加载到 DAC_DHR12Lx［15:4］位（存储到 DAC_DHRx［11:0］位）。

（3）12 位右对齐：用户必须将数据加载到 DAC_DHR12Rx［11:0］位（存储到 DAC_DHRx［11:0］位）。

开发板使用的是单 DAC 通道 1，采用 12 位右对齐方式，所以采用第 3 种情况。

每个 DAC 通道都具有 DMA 功能。两个 DMA 通道用于处理 DAC 通道的 DMA 请求。当 DMAENx 位置 1 时，如果发生外部触发而不是软件触发，则将产生 DAC DMA 请求。DAC_DHRx 寄存器的值随后转移到 DAC_DORx 寄存器。在双通道模式下，如果两个 DMAENx 位均置 1，则将产生两个 DMA 请求。如果只需要一个 DMA 请求，则应仅将相应 DMAENx 位置 1。这样应用程序可以在双通道模式下通过一个 DMA 请求和一个特定 DMA 通道来管理两个 DAC 通道。

由于 DAC DMA 请求没有缓冲队列，因此如果第二个外部触发到达时尚未收到第一个外部触发的确认，则将不会发出新的请求，并且 DAC_SR 寄存器中的 DAM 通道下溢标志位 DMAUDRx 将置 1，以报告这一错误状况，DMA 数据传输随即禁止，并且不再处理其他 DMA 请求。若 DAC 通道仍将继续转换旧有数据，这时软件应通过写入 1 来将 DMAUDRx 标志位清零，将所用 DMA 数据流的 DMAEN 位清零，并重新初始化 DMA 和 DAC 通道，以便正确地重新开始 DMA 传输。此时，软件应修改 DAC 触发转换频率或减轻 DMA 工作负载，以避免再次发生 DMA 下溢。

用户可通过使能 DMA 数据传输和转换触发来继续完成 DAC 转换。对于各 DAC 通道，如果使能 DAC_CR 寄存器中相应的 DMAUDRIEx 位，则还将产生中断。若没有使用 DMA，则将其相应位设置为 0 即可。

3. 标号 3：DAC 触发选择

如果 TENx 控制位置 1，则可通过外部事件（定时计数器、外部中断线）触发转换。TSELx［2:0］控制位将决定通过 8 个可能事件中的哪一个来触发转换。

当 DAC 接口在所选定时器 TRGO 输出或所选外部中断线 9 上检测到上升沿时，DAC_DHRx 寄存器中存储的最后一个数据即会转移到 DAC_DORx 寄存器中。发生触发后再经过 3 个 APB1 时钟周期，DAC_DORx 寄存器将会得到更新。

如果选择软件触发，一旦 SWTRIG 位置 1，转换就会开始。DAC_DHRx 寄存器的内容只需一个 APB1 时钟周期即可转移到 DAC_DORx 寄存器，加载完成后，SWTRIG 即由硬件复位。

4. 标号 4：DAC 输出

DAC_OUTx 是 DAC 的输出通道，对应 PA4 引脚，DAC2_OUT 对应 PA5 引脚。要让 DAC 通道正常输出，需将 DAC_CR 寄存器中的相应 ENx 位置 1，这样就可接通对应 DAC 通道。经过一段启动时间 t_{WAKEUP} 后，DAC 通道被真正使能。使能 DAC 通道 x 后，相应 GPIO 引脚（PA4 或 PA5）将自动连接到模拟转换器输出（DAC_OUTx）。为了避免寄生电流消耗，应首先将 PA4 或 PA5 引脚配置为模拟输入模式（AIN）。当 DAC 的参考电压为 $V_{\text{REF+}}$ 时，DAC 的输出电压是线性地从 $0 \sim V_{\text{REF+}}$，12 位模式下 DAC 输出电压与 $V_{\text{REF+}}$ 及 DAC_DORx 的计算公式如下：

$$\text{DACoutput} = V_{\text{REF+}} \times \text{DOR} \div 4\ 095$$

　　DAC集成了两个输出缓冲器，可用来降低输出阻抗，并在不增加外部运算放大器的情况下直接驱动外部负载。通过DAC_CR寄存器中的相应BOFFx位，可使能或禁止各DAC通道输出缓冲器。STM32F10x的DAC输出缓存有时不稳定，如果使能，虽然输出能力增强了，但输出不能到0，这是一个很严重的问题，因此通常不使用输出缓存，即设置BOFFx位为1。DAC还可以生成噪声和三角波，生成可变振幅的伪噪声，可使用线性反馈移位寄存器(LFSR)。将WAVEx[1:0]置为01即可选择生成噪声。

　　LFSR中的预加载值为0xaaa，在每次发生触发事件后，经过3个APB1时钟周期，该寄存器会依照特定的计算算法完成更新。LFSR值可以通过DAC_CR寄存器中的MAMPx[3:0]位来部分或完全屏蔽，在不发生溢出的情况下，该值将与DAC_DHRx的内容相加，然后存储到DAC_DORx寄存器中。如果LFSR为0x0000，则将向其注入1(防锁定机制)。可以通过复位WAVEx[1:0]位来将LFSR波形产生功能关闭。要生成噪声，必须通过将DAC_CR寄存器中的TENx位置1来使能DAC触发。将WAVEx[1:0]置为10即可选择DAC生成三角波。振幅通过DAC_CR寄存器中的MAMPx[3:0]位进行配置。每次发生触发事件后，经过3个APB1时钟周期，内部三角波计数器将会递增。在不发生溢出的情况下，该计数器的值将与DAC_DHRx寄存器内容相加，所得总和将存储到DAC_DORx寄存器中。只要小于MAMPx[3:0]位定义的最大振幅，三角波计数器就会一直递增。一旦达到配置的振幅，计数器将递减至0，然后再递增，以此类推。可以通过复位WAVEx[1:0]位来将三角波产生功能关闭。MAMPx[3:0]位必须在使能DAC之前进行配置，否则将无法更改。开发板不使用噪声和三角波功能，可以将相应的寄存器位清零。

▶▶▶ 8.4.2　STM32F10x DAC配置步骤 ▶▶ ▶

　　DAC相关库函数在stm32f10x_dac.c和stm32f10x_dac.h文件中，使用库函数对DAC进行配置，具体步骤如下。

　　(1)使能端口及DAC时钟，设置引脚为模拟输入。DAC的两个通道对应的是PA4、PA5引脚，这在芯片数据手册内可以查找到。因此使用DAC某个通道输出时，需要使能GPIOA端口和DAC时钟，DAC模块时钟由APB1提供，并且还要将对应通道的引脚配置为模拟输入模式。注意，虽然DAC引脚设置为输入，但是如果使能DACx通道后，相应的引脚会自动连接在DAC模拟输出上。例如，要让DAC1_OUT输出，其对应的是PA4引脚，因此使能时钟代码如下：

```
RCC_APB2PeriphClockCmd(RCC_APB2Periph_GPIOA,ENABLE);    //使能GPIOA时钟
RCC_APB1PeriphClockCmd(RCC_APB1Periph_DAC,ENABLE);      //使能DAC时钟
```

　　配置PA4引脚为模拟输入模式，代码如下：

```
GPIO_InitStructure. GPIO_Pin=GPIO_Pin_4;
GPIO_InitStructure. GPIO_Mode=GPIO_Mode_AIN;            //模拟输入模式
GPIO_Init(GPIOA,&GPIO_InitStructure);                   //初始化
```

　　(2)初始化DAC，设置DAC工作模式。要使用DAC，必须对其相关参数进行设置，包括DAC通道1使能、DAC通道1输出缓存关闭、不使用触发、不使用波形发生器等设置，该部分设置通过DAC初始化函数DAC_Init()完成：

```
void DAC_Init(uint32_t DAC_Channel,DAC_InitTypeDef*DAC_InitStruct);
```

该函数中的第一个参数是用来确定具体的 DAC 通道，如 DAC 通道 1（DAC_Channel_1）；第二个参数是一个结构体指针变量，结构体类型 DAC_InitTypeDef 如下，其中包含了 DAC 初始化的成员：

```
typedef struct{
    uint32_t DAC_Trigger;                       //DAC 触发选择
    uint32_t DAC_WaveGeneration;                //DAC 波形发生
    uint32_t DAC_LFSRUnmask_TriangleAmplitude;  //屏蔽/幅值选择器
    uint32_t DAC_OutputBuffer;                  //DAC 输出缓存
}DAC_InitTypeDef;
```

其中，DAC_Trigger 设置是否使用触发功能，其配置参数可在 stm32f10x_dac.h 文件中定义，如果不使用触发功能，则配置参数为 DAC_Trigger_None；DAC_WaveGeneration 设置是否使用波形发生，如果不使用波形发生功能，则配置参数为 DAC_WaveGeneration_None；DAC_LFSRUnmask_TriangleAmplitude 设置屏蔽/幅值选择器，这个变量只在使用波形发生 器时才有用，通常设置为 0，即为 DAC_LFSRUnmask_Bit0；DAC_OutputBuffer 设置输出缓存控制位，通常不使用输出缓存功能，配置参数为 DAC_OutputBuffer_Disable，如果使用，则可以配置为使能 DAC_OutputBuffer_Enable。

了解结构体成员的功能后，就可以进行配置，代码如下：

```
DAC_InitTypeDef DAC_InitStructure;
DAC_InitStructure.DAC_Trigger=DAC_Trigger_None;                           //不使用触发功能 TEN1=0
DAC_InitStructure.DAC_WaveGeneration=DAC_WaveGeneration_None;  //不使用波形发生
DAC_InitStructure.DAC_LFSRUnmask_TriangleAmplitude=DAC_LFSRUnmask_Bit0;
//屏蔽/幅值选择器设置
DAC_InitStructure.DAC_OutputBuffer=DAC_OutputBuffer_Disable;
//DAC1 输出缓存关闭 BOFF1=1
DAC_Init(DAC_Channel_1,&DAC_InitStructure);                              //初始化 DAC 通道 1
```

（3）使能 DAC 的输出通道。初始化 DAC 后，就需要开启它，使能 DAC 输出通道的库函数如下：

```
void DAC_Cmd(uint32_t DAC_Channel,FunctionalState NewState);
```

例如，使能 DAC 通道 1 输出，调用的函数如下：

```
DAC_Cmd(DAC_Channel_1,ENABLE);   //使能 DAC 通道 1
```

（4）设置 DAC 的输出值。通过前面几个步骤的设置，DAC 就可以开始工作了，如果使用 12 位右对齐数据格式，则需要设置好 DHR12R1 参数，就可以在 DAC 输出引脚（PA4）得到不同的电压值。设置 DHR12R1 的库函数如下：

```
DAC_SetChannel1Data(DAC_Align_12b_R,0);   //12 位右对齐数据格式设置 DAC 值
```

该函数的第一个参数是设置数据对齐方式，可以为 12 位右对齐 DAC_Align_12b_R、12 位左对齐 DAC_Align_12b_L 及 8 位右对齐 DAC_Align_8b_R 方式；第二个参数是 DAC 的输入值，初始化时一般设置输入值为 0。库函数中还提供一个读取 DAC 对应通道最后一次转换数值的函数：

```
uint16_t DAC_GetDataOutputValue(uint32_t DAC_Channel);
```

该函数的参数 DAC_Channel 用于选择读取的 DAC 通道，可以为 DAC_Channel_1 和 DAC_Channel_2。

将以上几步全部配置好后，就可以使用 DAC 对应的通道输出模拟电压。

8.4.3 硬件设计 ▶▶▶

本节使用的硬件资源有：DS0 指示灯、KEY_UP 和 KEY1 按键、串口 1、DAC 通道 1 等。DAC 通道 1 属于 STM32F10x 内部资源，对应芯片的 PA4 引脚。DAC 模块电路如图 8-8 所示。

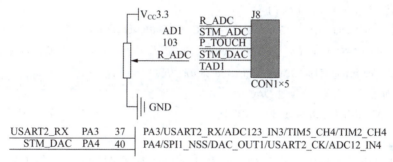

图 8-8 DAC 模块电路

如果需要使用 ADC 来检测 DAC 输出电压，则可以使用一根导线将开发板上的 STM_DAC(板载丝印是 DAC)与 STM_ADC(板载丝印是 ADC)短接。DS0 指示灯用来提示系统运行状态，KEY_UP 按键用来增加 DAC 输入值，KEY1 按键用来减小 DAC 输入值，输入值的改变将控制 DAC 电压输出。通过串口 1 将 DAC 输出的电压值打印出来。

8.4.4 软件设计 ▶▶▶

软件所要实现的功能：通过 KEY_UP 与 KEY1 按键控制 STM32F10x DAC1 输出电压，通过串口将 DAC1 输出的电压值打印显示，DS0 指示灯闪烁提示系统运行。程序框架如下：

(1)初始化 DAC 通道 1 相关参数；

(2)编写主函数。

打开 F103ZET6LibTemplateDAC 工程，在 Hardware 工程组中添加 dac.c 文件(包含 DAC 驱动程序)，在 STM32F10x_StdPeriph_Driver 工程组中添加 stm32f10x_dac.c 库文件，同时要包含 DAC 对应的头文件。

1. DAC 通道 1 初始化函数

要使用 DAC，必须先对它进行配置，初始化代码如下：

```
void DAC1_Init(void){
    GPIO_InitTypeDef GPIO_InitStructure;
    DAC_InitTypeDef DAC_InitStructure;
    RCC_APB2PeriphClockCmd(RCC_APB2Periph_GPIOA,ENABLE);        //使能 GPIOA 时钟
    RCC_APB1PeriphClockCmd(RCC_APB1Periph_DAC,ENABLE);          //使能 DAC 时钟
    GPIO_InitStructure. GPIO_Pin=GPIO_Pin_4;                    //DAC_1
    GPIO_InitStructure. GPIO_Speed=GPIO_Speed_50MHz;
    GPIO_InitStructure. GPIO_Mode=GPIO_Mode_AIN;                //模拟量输入
    GPIO_Init(GPIOA,&GPIO_InitStructure);
    DAC_InitStructure. DAC_Trigger=DAC_Trigger_None;            //不使用触发功能 TEN1=0
    DAC_InitStructure. DAC_WaveGeneration=DAC_WaveGeneration_None;  //不使用波形发生
    //屏蔽/幅值选择器设置
    DAC_InitStructure. DAC_LFSRUnmask_TriangleAmplitude=DAC_LFSRUnmask_Bit0;
    //DAC1 输出缓存关闭 BOFF1=1
    DAC_InitStructure. DAC_OutputBuffer=DAC_OutputBuffer_Disable;
    DAC_Init(DAC_Channel_1,&DAC_InitStructure);                 //初始化 DAC 通道 1
    DAC_SetChannel1Data(DAC_Align_12b_R,0);
    //12 位右对齐数据格式设置 DAC 值
    DAC_Cmd(DAC_Channel_1,ENABLE);                              //使能 DAC 通道 1
}
```

在 DAC1_Init( )函数中，首先使能 GPIOA 端口和 DAC 时钟，并配置 PA4 为模拟输入模式；然后初始化 DAC_InitStructure 结构体；最后开启 DAC_Channel_1。在初始化函数中还调用了 DAC_SetChannel1Data( )函数，设置数据格式为 12 位右对齐，并且设置 DAC 初始值为 0。如果使用 DAC 通道 2，其设置与 DAC 通道 1 的类似。

2. 主函数

编写好 DAC 通道 1 的初始化函数后，就可以编写主函数了，代码如下：

```
#include "system. h"
#include "SysTick. h"
#include "led. h"
#include "usart. h"
#include "key. h"
#include "dac. h"
int main(){
    u8 i=0,key;
    int dac_value=0,dacval;
    float dac_vol;
    SysTick_Init(72);
    NVIC_PriorityGroupConfig(NVIC_PriorityGroup_2);        //中断优先级分组,分两组
```

```
    LED_Init();
    USART1_Init(115200);
    KEY_Init();
    DAC1_Init();
    while(1){
        key=KEY_Scan(0);
        if(key==KEY_UP_PRESS){
            dac_value+=400;
            if(dac_value>=4000)dac_value=4095;
            DAC_SetChannel1Data(DAC_Align_12b_R,dac_value);
        }else if(key==KEY1_PRESS){
            dac_value-=400;
            if(dac_value<=0)dac_value=0;
            DAC_SetChannel1Data(DAC_Align_12b_R,dac_value);
        }
        i++;
        if(i%20==0)LED1=!LED1;
        if(i%50==0){
            dacval=DAC_GetDataOutputValue(DAC_Channel_1);
            dac_vol=(float)dacval*(3.3/4096);
            printf("输出 DAC 电压值=%5.2fV\r\n",dac_vol);
        }
        delay_ms(10);
    }
}
```

主函数首先调用之前编写好的硬件初始化函数，包括 SysTick 系统时钟、中断分组、LED 初始化、DAC1_Init( )函数等；然后进入 while 循环，调用 KEY_Scan( )函数，不断检测 KEY_UP 和 KEY1 按键是否被按下，如果 KEY_UP 按键被按下，则调用 DAC_SetChannel1Data( )函数增加 DAC1 的输入值，如果 KEY1 按键被按下，则调用 DAC_SetChannel1Data( )函数减小 DAC1 的输入值；接着间隔 500 ms 调用 DAC_GetDataOutputValue( )函数读取 DAC1 最后一次的输入值，根据 DAC 电压计算公式即可知道 DAC1 输出的电压大小；最后通过 printf( )函数打印出电压值。DS0 指示灯间隔 200 ms 闪烁，提示系统正常运行。

▶▶▶ 8.4.5 实验现象 ▶▶▶

将工程程序编译后下载到开发板内运行，可以看到 DS0 指示灯不断闪烁，表示程序正常运行。同时打印 DAC 通道 1(PA4)输出的电压值，当按下 KEY_UP 键输出电压增大，当按下 KEY1 键输出电压减小。如果想在串口调试助手上看到输出信息，则可以打开串口调试助手，实验现象如图 8-9 所示。

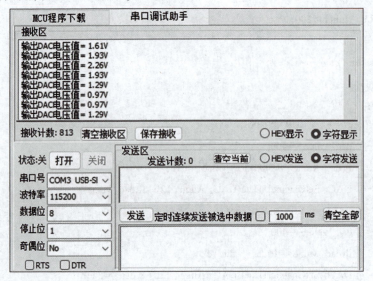

图 8-9　实验现象

注意，可以使用万用表电压挡来测量 DAC 或 PA4 引脚的输出电压，将测量的电压值与打印出的电压值进行对比，其实精度还是不错的。如果发现 DAC 输出电压最高达不到 3.3 V，那么可能是电源并没有达到标准的 3.3 V。DAC 输出电压的范围取决于参考电压 V_{REF+}，开发板参考电压已经将 DAC 输出电压连接在 V_{DDA} 上，即 3.3 V，因此如果电源不稳定，DAC 输出的电压可能也会存在一点误差。

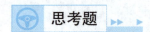 **思考题**

(1) 使用 ADC 实现多个通道的 AD 采集(提示：参考 ADC 初始化步骤，修改相应的参数，注意 ADC 转换通道引脚不要被其他芯片或电路占用，防止干扰，ADC 输入电压不能超过 3.3 V，否则可能烧坏芯片)。

(2) 使用 ADC1_IN1 检测 DAC1 输出的电压值，通过串口打印输出(提示：使用一根导线将插针上的 ADC 与 DAC 短接)。

第9章
嵌入式存储器通信

STM32F10x 的 SPI 与外部闪存（FLASH）通信，实现了外部 FLASH 数据的读写操作。本章将介绍 STM32F10x 内部的 FLASH，通过内部 FLASH 实现数据读写操作。同上一章实验效果一样，内部 FLASH 保存的数据也具有掉电不丢失功能。

 ## 9.1　内部 FLASH 读写

不同型号的 STM32，其 FLASH 容量也有所不同，最小的只有 16 KB，最大则达到 1 024 KB。玄武 F103 开发板使用的芯片是 STM32F103ZET6，其 FLASH 容量为 512KB，属于大容量芯片。STM32 的闪存模块由主存储器、信息块和闪存存储器接口寄存器等 3 部分组成。

（1）主存储器。该部分用来存放代码和数据常数，如 const 类型的数据。对于大容量产品，其被划分为 256 页，每页 2 KB，小容量和中容量产品则每页只有 1 KB。STM32F103ZET6 主存储器起始地址是 0x08000000，BOOT0、BOOT1 都接 GND 时就是从这个地址开始运行代码的。

（2）信息块。该部分分为两小部分：一部分是用来存储芯片自带的启动程序，当 BOOT0 接 $V_{3.3}$，BOOT1 接 GND 时，运行的就是这部分代码；另一部分是用户选择字节，一般用于配置写保护、读保护等功能。

（3）闪存存储器接口寄存器。该部分用于控制闪存读写等，是整个闪存模块的控制机构。内嵌的闪存编程/擦除控制器管理主存储器和信息块的写入，其高电压由内部产生。在执行闪存写操作时，任何对闪存的读操作都会锁住总线。只有在写操作完成后，读操作才能进行，即在进行写或擦除操作时，不能进行代码或数据的读操作。

下面介绍如何对闪存进行读取、编程和擦除。

1. 闪存的读取

STM32F10x 可通过内部的指令总线或数据总线访问内置闪存模块。为了准确读取闪存数据，必须根据 CPU 时钟频率和器件电源电压在闪存的存取控制寄存器（FLASH_ACR）中设置等待周期数(LATENCY)。当电源电压低于 2.1 V 时，必须关闭预取缓冲器。通过 FLASH_ACR 寄存器的 LATENCY[2:0]3 个位设置等待周期。系统复位后，CPU 时钟频率为 16 MHz 内部 *RC* 振荡器，LATENCY 默认是 0，即 1 个等待周期，供电电压一般是 3.3 V，因此在设置 72 MHz 频率作为 CPU 时钟频率之前，必须先设置 LATENCY 为 3，否则 FLASH 读写可能出错，导致死机。

若要从 STM23F1 内部的 FLASH 地址 addr 读取一个字(字节为 8 位，半字为 16 位，字为 32 位)，可以使用以下方法来读取：

```
data=*(vu32*)addr;
```

将 addr 强制转换为 vu32 指针，然后取该指针所指向的地址，将 vu32 改为 vu16，即可读取指定地址的一个半字。

2. 闪存的编程和擦除

STM32 闪存的编程是由闪存编程和擦除控制器模块处理的，这个模块包含 7 个 32 位寄存器，它们分别是 FPEC 键寄存器(FLASH_KEYR)、选择字节键寄存器(FLASH_OPT-KEYR)、闪存控制寄存器(FLASH_CR)、闪存状态寄存器(FLASH_SR)、闪存地址寄存器(FLASH_AR)、选择字节寄存器(FLASH_OBR)和写保护寄存器(FLASH_WRPR)，其中 FPEC 键寄存器总共有 3 个键值：

```
RDPRT=0x000000a5
KEY1=0x45670123
KEY2=0xcdef89ab
```

STM32 复位后，FPEC 模块被保护，不能写入 FLASH_CR 寄存器；只有通过写入特定的序列到 FLASH_KEYR 寄存器才可以打开 FPEC 模块，即写入 KEY1 和 KEY2，只有在写保护被解除后，才能操作相关寄存器。

STM32 闪存的编程每次必须写入 16 位，而不能单纯写入 8 位数据，当 FLASH_CR 寄存器的 PG 位为 1 时，在一个闪存地址写入一个半字将启动一次编程。写入任何非半字的数据，FPEC 都会产生总线错误。在编程过程中(BSY 位为 1)，任何读写闪存的操作都会使 CPU 暂停，直到此次闪存编程结束为止。同样，STM32 的 FLASH 在编程时，也必须要求其写入地址的 FLASH 被擦除，即其值必须是 0xffff，否则无法写入，在 FLASH_SR 寄存器的 PGERR 位将得到一个警告。闪存的编程顺序如下：

(1)检查 FLASH_CR 的 LOCK 是否解锁，如果没有则解锁；

(2)检查 FLASH_SR 寄存器的 BSY 位，以确认没有其他正在进行的编程操作；

(3)设置 FLASH_CR 寄存器的 PG 位为 1；

(4)在指定的地址写入要编程的半字；

(5)等待 BSY 位变为 0；

(6)读出写入的地址并验证数据。

在 STM32 的 FLASH 编程时，要先判断写地址是否被擦除。STM32 闪存的擦除分为两种：页擦除和整片擦除，玄武 F103 开发板只用到 STM32 的页擦除功能。STM32 的页擦除顺序如下：

(1)检查 FLASH_CR 的 LOCK 是否解锁，如果没有则解锁；

(2)检查 FLASH_SR 寄存器中的 BSY 位，确保当前未执行任何 FLASH 操作；

(3)设置 FLASH_CR 寄存器的 PER 位为 1；

(4)用 FLASH_AR 寄存器选择要擦除的页；

(5)设置 FLASH_CR 寄存器的 STRT 位为 1；

(6)等待 BSY 位变为 0；

(7)读出被擦除的页并做验证。

▶▶▶ 9.1.1 内部 FLASH 操作步骤 ▶▶ ▶

闪存相关库函数在 stm32f10x_flash.c 和 stm32f10x_flash.h 文件中，使用库函数对它进行操作，具体步骤如下。

(1)解锁和锁定。FLASH 进行写操作前必须先解锁，解锁操作也就是在 FLASH_KEYR 寄存器写入特定的序列(0x45670123 和 0xcdef89ab)，固件库提供了一个解锁函数，其实就是封装了对 FLASH_KEYR 寄存器的操作。解锁库函数如下：

```
void FLASH_Unlock(void);
```

在 FLASH 写操作完成之后，锁定 FLASH 使用的库函数如下：

```
void FLASH_Lock(void);
```

(2)写操作。FLASH 解锁后，就可以开始写操作了，固件库内提供了 3 个写函数：

```
FLASH_Status FLASH_ProgramWord(uint32_t Address,uint32_t Data);
FLASH_Status FLASH_ProgramHalfWord(uint32_t Address,uint16_t Data);
FLASH_Status FLASH_ProgramOptionByteData(uint32_t Address,uint8_tData);
```

可以从函数名来理解这几个函数的功能，分别是在对应地址内写入字、半字、用户选项字节。32 位数据的写入实际上是写的两次 16 位数据，写完第一次后地址+2，写入 8 位数据实际也是占用的两个地址，与写入 16 位数据基本上一样。

(3)擦除操作。在对 FLASH 写操作时，固件库内也提供了 3 个擦除函数：

```
FLASH_Status FLASH_ErasePage(uint32_t Page_Address);
FLASH_Status FLASH_EraseAllPages(void);
FLASH_Status FLASH_EraseOptionBytes(void);
```

第一个函数是页擦除函数，根据页地址擦除特定的页数据；第二个函数是擦除所有的页数据；第三个函数是擦除用户选择的字节数据。

(4)获取 FLASH 状态。在对 FLASH 进行读写及擦除操作时，可能需要获取 FLASH 当前的状态，获取 FLASH 当前状态主要调用的函数如下：

```
FLASH_Status FLASH_GetStatus(void);
```

返回值是通过枚举类型定义的：

```
typedef enum {
    FLASH_BUSY=1,//忙
    FLASH_ERROR_PG,//编程错误
    FLASH_ERROR_WRP,//写保护错误
    FLASH_COMPLETE,//操作完成
    FLASH_TIMEOUT//操作超时
}FLASH_Status;
```

（5）等待操作完成。在执行 FLASH 写操作时，任何对 FLASH 的读操作都会锁住总线，在写操作完成后读操作才能执行，即在进行写或擦除操作时，不能进行代码或数据的读操作。因此，在每次操作之前，都要等待上一次操作完成这次操作才能开始。使用的函数如下：

```
FLASH_Status FLASH_WaitForLastOperation(uint32_t Timeout);
```

该函数的接口参数为等待时间，返回值是 FLASH 的状态。

（6）读取 FLASH 指定地址数据。不提供从指定地址读取一个字的函数固件库，用户可以自定义为

```
vu16 STM32_FLASH_ReadHalfWord(u32 faddr){ return*(vu16*)faddr;}
```

▶▶▶ 9.1.2　硬件设计 ▶▶▶

本节使用的硬件资源有：DS0 指示灯、KEY_UP 和 KEY1 按键、串口 1、TFTLCD 模块、STM32F10x 内部 FLASH 等。内部 FLASH 属于 STM32F10x 芯片内部的资源，只要通过软件配置好即可使用。DS0 指示灯用来提示系统运行状态，KEY_UP 和 KEY1 按键用来控制内部 FLASH 数据的读写，TFTLCD 模块和串口 1 用来显示读写的数据。

▶▶▶ 9.1.3　软件设计 ▶▶▶

软件所要实现的功能：使用 KEY_UP 和 KEY1 按键控制内部 FLASH 的写入和读取，并将数据显示在 TFTLCD 和串口调试助手上，同时控制 DS0 指示灯不断闪烁，提示系统正常运行。程序框架如下：

（1）编写 FLASH 读数据函数；

（2）编写 FLASH 写数据函数；

（3）编写主函数。

打开 F103ZET6LibTemplateFLASH 工程，在 Hardware 工程组中添加 stm32_flash. c 文件（包含内部闪存驱动程序），在 STM32F10x_StdPeriph_Driver 工程组中添加 stm32f10x_flash. c 库文件，同时要包含对应的头文件。

1. FLASH 读数据函数

在 FLASH 任意地址读取任意个数字数据的代码如下：

```
void STM32_FLASH_Read(u32 ReadAddr,u16*pBuffer,u16 NumToRead){
    for(uint 16 i=0;i<NumToRead;i++){
        pBuffer[i]=STM32_FLASH_ReadHalfWord(ReadAddr);    //读取两个字节
    ReadAddr+=2;}    //偏移两个字节
}
```

该函数的参数有 3 个：第一个为要读取数据的起始地址；第二个用来保存读取数据（通常使用一个数组来保存）；第三个为要读取的数据半字个数。注意，这里读取的是半字，即一个半字是 2 个字节，因此函数内每读取一个半字，地址+2。

2. FLASH 写数据函数

FLASH 的写操作比较复杂，需要对 FLASH 写操作使用一个函数封装，代码如下：

```
#if STM32_FLASH_SIZE<256
#define STM32_SECTOR_SIZE 1024                          //字节
#else
#define STM32_SECTOR_SIZE 2048
#endif
u16 STM32_FLASH_BUF[STM32_SECTOR_SIZE/2];               //最多 2 KB 字节
void STM32_FLASH_Write(u32 WriteAddr,u16*pBuffer,u16 NumToWrite){
    u32 secpos,offaddr;                                 //扇区地址,去掉 0x08000000 后的地址
    u16 secoff,secremain,i;    //扇区内偏移地址和剩余地址(16 位计算)
    if(WriteAddr<STM32_FLASH_BASE||
    (WriteAddr>=(STM32_FLASH_BASE+1024*STM32_FLASH_SIZE)))return;    //非法地址
    FLASH_Unlock();                                     //解锁
    offaddr=WriteAddr-STM32_FLASH_BASE;                 //实际偏移地址
    secpos=offaddr/STM32_SECTOR_SIZE;        //针对 STM32F103RBT6 芯片,扇区地址范围为 0~127
    secoff=(offaddr% STM32_SECTOR_SIZE)/2;              //在扇区内的偏移(两个字节为基本单位)
    secremain=STM32_SECTOR_SIZE/2-secoff;               //扇区剩余空间大小
    if(NumToWrite<=secremain)secremain=NumToWrite;      //不大于该扇区范围
    while(1){
        STM32_FLASH_Read(secpos*STM32_SECTOR_SIZE+STM32_FLASH_BASE,
        STM32_FLASH_BUF,STM32_SECTOR_SIZE/2);    //读出整个扇区的内容
        for(i=0;i<secremain;i++)                         //校验数据
        if(STM32_FLASH_BUF[secoff+i]!=0xffff)break;      //需要擦除
        if(i<secremain){                                 //需要擦除
            FLASH_ErasePage(secpos*STM32_SECTOR_SIZE+
            STM32_FLASH_BASE);                           //擦除这个扇区
            for(i=0;i<secremain;i++)                     //复制
            STM32_FLASH_BUF[i+secoff]=pBuffer[i];
             STM32_FLASH_Write_NoCheck(secpos*STM32_SECTOR_SIZE+STM32_FLASH_
BASE,
            STM32_FLASH_BUF,STM32_SECTOR_SIZE/2);    //写入整个扇区
```

```
        } else
        STM32_FLASH_Write_NoCheck(WriteAddr,pBuffer,secremain);
        //写已经擦除了的,直接写入扇区剩余区间
        if(NumToWrite==secremain)
        break;                                          //写入结束了
        else {                                          //写入未结束
            secpos++;                                   //扇区地址+1
            secoff=0;                                   //偏移位置为 0
            pBuffer+=secremain;                         //指针偏移
            WriteAddr+=secremain;                       //写地址偏移
            NumToWrite-=secremain;                      //字节(16 位)数递减
            if(NumToWrite>(STM32_SECTOR_SIZE/2))
            secremain=STM32_SECTOR_SIZE/2;              //下一个扇区还是写不完
            else
            secremain=NumToWrite;                       //下一个扇区可以写完了
        }}
    FLASH_Lock();                                       //上锁
}
```

　　该函数也有 3 个参数,用于指定地址写入指定长度的数据。该函数在使用时,有两个地方需要注意:第一个是写入地址必须是用户代码区以外的地址,如果写入地址在存储用户代码地址范围内,那么将导致代码被冲掉,运行的程序可能就被破坏,从而很可能出现死机,所以写入地址需要定位到用户代码占用扇区以外的扇区,通常选择后面几个扇区;第二个是写入地址必须是 2 的倍数,即写入地址必须是 16 位。

3. 主函数

　　编写好 FLASH 读写数据函数后,就可以编写主函数了,代码如下:

```
#include "system. h"
#include "SysTick. h"
#include "led. h"
#include "usart. h"
#include "tftlcd. h"
#include "key. h"
#include "stm32_flash. h"
#define STM32_FLASH_SAVE_ADDR 0x08070000
//设置 FLASH 保存地址,必须为偶数,且其值要大于本代码所占用 FLASH 的大小+0x08000000)
const u8 text_buf[]="Computer,IOT!";
#define TEXTLEN sizeof(text_buf)
int main(){
    u8 i=0,key,read_buf[TEXTLEN];
    SysTick_Init(72);
    NVIC_PriorityGroupConfig(NVIC_PriorityGroup_2);    //中断优先级分组,分两组
    LED_Init();
```

```
USART1_Init(115200);

TFTLCD_Init();   //LCD 初始化

KEY_Init();

FRONT_COLOR=BLACK;

LCD_ShowString(10,10,tftlcd_data. width,tftlcd_data. height,16," STM32F103ZET6");

LCD_ShowString(10,30,tftlcd_data. width,tftlcd_data. height,16," www. wlwzdsys. cn ");

LCD_ShowString(10,50,tftlcd_data. width,tftlcd_data. height,16,"STM32_Flash Test");

LCD_ShowString(10,70,tftlcd_data. width,tftlcd_data. height,16,"K_UP:WriteKEY1:Read");

FRONT_COLOR=RED;

LCD_ShowString(10,130,tftlcd_data. width,tftlcd_data. height,16,"Write:");

LCD_ShowString(10,150,tftlcd_data. width,tftlcd_data. height,16,"Read :");

while(1){

    key=KEY_Scan(0);

    if(key==KEY_UP_PRESS){

        STM32_FLASH_Write(STM32_FLASH_SAVE_ADDR,(u16*)text_buf,TEXTLEN);

        printf("写入数据=%s\r\n",text_buf);

    LCD_ShowString(10+6*8,130,tftlcd_data. width,tftlcd_data. height,16,(u8*)text_buf);}

    if(key==KEY1_PRESS){

        STM32_FLASH_Read(STM32_FLASH_SAVE_ADDR,(u16*)read_buf,TEXTLEN);

        printf("读取数据=%s\r\n",read_buf);

        LCD_ShowString(10+6*8,150,tftlcd_data. width,tftlcd_data. height,16,read_buf);

    }

    i++;

    if(i%20==0)LED1=!LED1;

    delay_ms(10);

    }

}
```

主函数首先调用之前编写好的硬件初始化函数，包括 SysTick 系统时钟、中断分组、LED 初始化等；然后在 TFTLCD 上显示一些提示信息；最后进入 while 循环，调用 KEY_Scan( )函数，不断检测 KEY_UP 和 KEY1 键是否被按下。如果 KEY_UP 键被按下，那么就将 text_buf 数组内的数据从内部 FLASH 的 STM32_FLASH_SAVE_ADDR 地址处开始写入，地址是定义的一个宏，写入的起始地址必须为偶数，如地址为 0x08070000，且所在扇区要大于代码所占用的扇区，否则写操作时可能会导致擦除整个扇区，从而引起部分程序丢失，引起死机。如果 KEY1 键被按下，就从 STM32_FLASH_SAVE_ADDR 地址处读取数据，保存在 read_buf 数组内，FLASH 写入和读取的数据在 TFTLCD 上显示，并可通过串口打印输出，同时 DS0 指示灯会间隔 200 ms 闪烁，提示系统正常运行。

9.1.4 实验现象

将工程程序编译后下载到开发板内运行，可以看到 DS0 指示灯不断闪烁，表示程序正常运行。当按下 KEY_UP 键，写入数据显示在 TFTLCD 上。当按下 KEY1 键，将写入的数据读取出来，同时显示在 TFTLCD 上。如果想在串口调试助手上看到输出信息，则必须设置好串口调试助手参数，实验现象如图 9-1 所示。

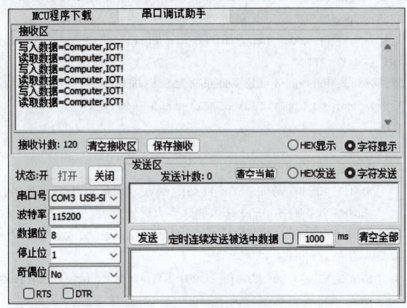

图 9-1 实验现象

在自己编写程序操作内部 FLASH 时一定要小心，避免把芯片锁死。

9.2 FSMC 外扩 SRAM

STM32F103ZET6 本身就有 64 KB 的 SRAM，对一般应用来说已经足够，不过在一些对内存要求高的场合就不够用了，如跑算法或 GUI 等。因此，在开发板上集成一块 1 MB 容量的 SRAM 芯片 IS62WV51216，来满足大内存使用的需求。

IS62WV51216 是一块 16 位宽 512 KB，即 1 MB 容量的 CMOS 静态内存芯片，开发板已将 IS62WV51216 芯片连接在 STM32F10x 的 FSMC 上，可直接使用 FSMC 的 Bank1 区域 3 来控制 SRAM 芯片。

9.2.1 FSMC 配置步骤

FSMC 相关库函数已在 stm32f10x_fsmc.c 和 stm32f10x_fsmc.h 文件中定义，使用库函数对 FSMC 的 Bank1 区域 3 进行配置，具体步骤如下。

（1）使能 FSMC 及端口时钟，并将对应 IO 接口配置为复用功能。还需要使能 FSMC 对应引脚端口时钟。使能 FSMC 及端口时钟的函数如下：

RCC_AHBPeriphClockCmd(RCC_AHBPeriph_FSMC,ENABLE); //使能 FSMC 时钟

RCC_APB2PeriphClockCmd(RCC_APB2Periph_GPIOD|RCC_APB2Periph_GPIOE

|RCC_APB2Periph_GPIOF|RCC_APB2Periph_GPIOG,ENABLE);

配置对应的 IO 接口为复用功能，即初始化 GPIO：

GPIO_InitStructure. GPIO_Mode=GPIO_Mode_AF_PP; //复用输出

（2）初始化 FSMC，包括选择 FSMC 区域、设定读写时间、设置区域 3 的存储器的工作模式、位宽和读写时序等。开发板使用模式 A，16 位宽，读写共用一个时序寄存器，这是通过调用 FSMC_NORSRAMInit( ) 函数来实现的，函数原型如下：

void FSMC_NORSRAMInit(FSMC_NORSRAMInitTypeDef*FSMC_NORSRAMInitStruct);

（3）使能 FSMC 的 Bank1 区域 3。初始化 FSMC 后，接着就是使能 FSMC，函数如下：

FSMC_NORSRAMCmd(FSMC_Bank1_NORSRAM3,ENABLE); //使能 Bank1 区域 3

通过以上几个步骤，完成 FSMC 的 Bank1 区域 3 的配置，可以访问 IS62WV51216。注意，HADDR[27:26]=10，外部内存的首地址为 0x68000000。

▶▶▶ 9.2.2 硬件设计 ▶▶▶

本节使用的硬件资源有：DS0 指示灯、KEY_UP 和 KEY1 按键、串口 1、TFTLCD 模块、IS62WV51216 等。IS62WV51216 与 STM32F10x 的连接电路如图 9-2 所示。

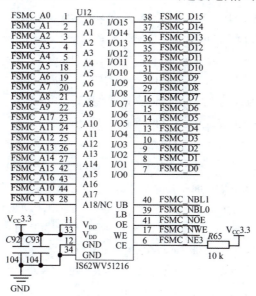

图 9-2　IS62WV51216 与 STM32F10x 的连接电路

图中 IS62WV51216 与 STM32F10x 的连接关系是：A0~A18 连接在 FSMC_A0~FSMC_A18 上，连接顺序可以打乱，因为地址固定；IO0~IO15 连接在 FSMC_D0~FSMC_D15 上，连接顺序不可打乱，否则读写数据将出错；UB 和 LB 连接在 FSMC_NBL1 和 FSMC_NBL0 上，OE 连接在 FSMC_NOE 上，WE 连接在 FSMC_NWE 上，CE 连接在 FSMC_NE3 上。

DS0 指示灯用来提示系统运行状态，KEY_UP 和 KEY1 按键用来控制 IS62WV51216 数据读写，TFTLCD 模块和串口 1 用来显示读写的内容。

9.2.3 软件设计

软件所要实现的功能：测试外扩 SRAM 的容量，并通过 KEY_UP 和 KEY1 按键控制 SRAM 数据的读写，同时控制 DS0 指示灯闪烁，提示系统正常运行。程序框架如下：

(1)初始化外扩 SRAM(初始化 FSMC 的 Bank1 区域 3)；

(2)编写外扩 SRAM 读写函数；

(3)编写外扩 SRAM 容量测试函数；

(4)编写主函数。

打开 F103ZET6LibTemplateSRAM 工程，在 Hardware 工程组中添加 sram. c 文件(包含外扩 SRAM 驱动程序)，在 STM32F10x_StdPeriph_Driver 工程组中添加 stm32f10x_fsmc. c 库文件，同时要包含对应的头文件。

1. 外扩 SRAM 初始化函数

外扩 SRAM 直接连在 FSMC 上，通过 FSMC_NE3 控制片选信号，使用 FSMC 的 Bank1 区域 3 来控制外扩 SRAM。FSMC 的 Bank1 区域 3 的初始化代码如下：

```
void FSMC_SRAM_Init(void){
    GPIO_InitTypeDef GPIO_InitStructure;
    FSMC_NORSRAMInitTypeDef FSMC_NORSRAMInitStructure;
    FSMC_NORSRAMTimingInitTypeDef FSMC_ReadWriteNORSRAMTiming;
    RCC_APB2PeriphClockCmd(RCC_APB2Periph_GPIOD|RCC_APB2Periph_GPIOE|
    RCC_APB2Periph_GPIOF|RCC_APB2Periph_GPIOG,ENABLE);
    RCC_AHBPeriphClockCmd(RCC_AHBPeriph_FSMC,ENABLE);
    GPIO_InitStructure. GPIO_Speed=GPIO_Speed_50MHz;
    GPIO_InitStructure. GPIO_Pin=GPIO_Pin_10;              //FSMC_NE3 PG10
    GPIO_InitStructure. GPIO_Mode=GPIO_Mode_AF_PP;
    GPIO_Init(GPIOG,&GPIO_InitStructure);
    GPIO_InitStructure. GPIO_Pin=GPIO_Pin_0|GPIO_Pin_1;    //FSMC_NBL0、FSMC_NBL1 或
                                                           PE0、PE1
    GPIO_Init(GPIOE,&GPIO_InitStructure);
    GPIO_InitStructure. GPIO_Pin=GPIO_Pin_4|GPIO_Pin_5;
//FSMC_NOE,FSMC_NWE PD4 PD5
    GPIO_Init(GPIOD,&GPIO_InitStructure);
    GPIO_InitStructure. GPIO_Pin=(GPIO_Pin_0|GPIO_Pin_1|GPIO_Pin_8. |
    GPIO_Pin_9|GPIO_Pin_10|GPIO_Pin_11|GPIO_Pin_12|
    GPIO_Pin_13|GPIO_Pin_14|GPIO_Pin_15);
    GPIO_Init(GPIOD,&GPIO_InitStructure);
```

GPIO_InitStructure. GPIO_Pin=(GPIO_Pin_7|GPIO_Pin_8|GPIO_Pin_9|

GPIO_Pin_10|GPIO_Pin_11|GPIO_Pin_12

|GPIO_Pin_13|GPIO_Pin_14|GPIO_Pin_15);

GPIO_Init(GPIOE,&GPIO_InitStructure);

GPIO_InitStructure. GPIO_Pin=(GPIO_Pin_0|GPIO_Pin_1|GPIO_Pin_2|GPIO_Pin_3|

GPIO_Pin_4|GPIO_Pin_5|GPIO_Pin_12|GPIO_Pin_13|GPIO_Pin_14|GPIO_Pin_15);

GPIO_Init(GPIOF,&GPIO_InitStructure);

GPIO_InitStructure. GPIO_Pin=(GPIO_Pin_0|GPIO_Pin_1|GPIO_Pin_2|

GPIO_Pin_3|GPIO_Pin_4|GPIO_Pin_5);

GPIO_Init(GPIOG,&GPIO_InitStructure);

FSMC_ReadWriteNORSRAMTiming. FSMC_AddressSetupTime=0x00;

//地址建立时间(ADDSET)为 1 个 HCLK

FSMC_ReadWriteNORSRAMTiming. FSMC_AddressHoldTime=0x00;

//地址保持时间(ADDHLD)模式 A 未用到

FSMC_ReadWriteNORSRAMTiming. FSMC_DataSetupTime=0x08;

//数据保持时间(DATAST)为 9 个 HCLK

FSMC_ReadWriteNORSRAMTiming. FSMC_BusTurnAroundDuration=0x00;

FSMC_ReadWriteNORSRAMTiming. FSMC_CLKDivision=0x00;

FSMC_ReadWriteNORSRAMTiming. FSMC_DataLatency=0x00;

FSMC_ReadWriteNORSRAMTiming. FSMC_AccessMode=FSMC_AccessMode_A;   //模式 A

FSMC_NORSRAMInitStructure. FSMC_Bank=FSMC_Bank1_NORSRAM3;

//这里使用 NE3,也就对应 BTCR[4],[5]

FSMC_NORSRAMInitStructure. FSMC_DataAddressMux=FSMC_DataAddressMux_Disable;

FSMC_NORSRAMInitStructure. FSMC_MemoryType=FSMC_MemoryType_SRAM;

FSMC_NORSRAMInitStructure. FSMC_MemoryDataWidth=FSMC_MemoryDataWidth_16b;

//存储器数据宽度为 16 位

FSMC_NORSRAMInitStructure. FSMC_BurstAccessMode=FSMC_BurstAccessMode_Disable;

FSMC_NORSRAMInitStructure. FSMC_WaitSignalPolarity=FSMC_WaitSignalPolarity_Low;

FSMC_NORSRAMInitStructure. FSMC_AsynchronousWait=FSMC_AsynchronousWait_Disable;

FSMC_NORSRAMInitStructure. FSMC_WrapMode=FSMC_WrapMode_Disable;

FSMC_NORSRAMInitStructure. FSMC_WaitSignalActive = FSMC_WaitSignalActive_BeforeWait-
State;

FSMC_NORSRAMInitStructure. FSMC_WriteOperation=FSMC_WriteOperation_Enable;

//存储器写使能

FSMC_NORSRAMInitStructure. FSMC_WaitSignal=FSMC_WaitSignal_Disable;

FSMC_NORSRAMInitStructure. FSMC_ExtendedMode=FSMC_ExtendedMode_Disable;

//读写使用相同的时序

FSMC_NORSRAMInitStructure. FSMC_WriteBurst=FSMC_WriteBurst_Disable;

FSMC_NORSRAMInitStructure. FSMC_ReadWriteTimingStruct=FSMC_ReadWriteNORSRAMTiming;

```
FSMC_NORSRAMInitStructure. FSMC_WriteTimingStruct=&FSMC_ReadWriteNORSRAMTiming;
//读写同样时序
FSMC_NORSRAMInit(&FSMC_NORSRAMInitStructure);          //初始化 FSMC 配置
FSMC_NORSRAMCmd(FSMC_Bank1_NORSRAM3,ENABLE);          //使能 Bank1 区域
}
```

在 FSMC_SRAM_Init( )函数中，首先使能对应端口及 FSMC 时钟，并将对应的 IO 接口复用映射为 FSMC 功能，然后初始化 FSMC 相关寄存器，最后使能 FSMC 的 Bank1 区域 3。

2. 外扩 SRAM 读写函数

初始化外扩 SRAM 后，就可以使用 FSMC 来控制外扩 SRAM 读写数据，具体代码如下：

```
void FSMC_SRAM_WriteBuffer(u8*pBuffer,u32 WriteAddr,u32 n){
    for(;n!=0;n--){
        *(u8*)(Bank1_SRAM3_ADDR+WriteAddr)=*pBuffer;
        WriteAddr++;
    pBuffer++;}
}
//在指定地址((WriteAddr+Bank1_SRAM3_ADDR))开始,连续读出 n 个字节
void FSMC_SRAM_ReadBuffer(u8*pBuffer,u32 ReadAddr,u32 n){
    for(;n!=0;n--){
        *pBuffer++=*(u8*)(Bank1_SRAM3_ADDR+ReadAddr);
    ReadAddr++;}
}
```

FSMC_SRAM_WriteBuffe( )和 FSMC_SRAM_ReadBuffer( )函数是在指定地址处写入或读取 n 个字节数据，这两个函数内都使用了一个在 sram.h 文件中定义的起始地址宏 Bank1_SRAM3_ADDR，地址为 0x68000000。

注意，当 FSMC 位宽为 16 位时，HADDR 右移一位，同地址对齐，但是 ReadAddr 却没有+2，而是+1，原因是用的数据是 8 位，可以通过 UB 和 LB 来控制高、低字节位。

3. 外扩 SRAM 容量测试函数

编写好了外扩 SRAM 读写函数后，就可以测试其容量，具体代码如下：

```
void ExSRAM_Cap_Test(u16 x,u16 y){
    u8 writeData=0xf0,readData;
    u16 cap=0;
    u32 addr=1024;    //从 1 KB 位置开始算起
    LCD_ShowString(x,y,239,y+16,16,"ExSRAM Cap: 0KB");
    while(1){
        FSMC_SRAM_WriteBuffer(&writeData,addr,1);
        FSMC_SRAM_ReadBuffer(&readData,addr,1);
        //查看读取到的数据是否跟写入的数据一样
```

```
if(readData==writeData){
        cap++;
        addr+=1024;
        readData=0;
        if(addr > 1024*1024)break;          //SRAM 容量最大为 1 MB
    } else   break;
}
LCD_ShowxNum(x+11*8,y,cap,4,16,0);          //显示内存容量
printf("SRAM 容量=% dKB\r\n",cap);
}
```

该函数判断对应地址写入和读取的数据是否一致，若一致则表明 SRAM 正常，cap+1，直到 1 MB 判断完成，此时 cap 值已自加了 1 024 次，每一次判断经过 1 KB。

4. 主函数

编写好外扩 SRAM 初始化、读写及容量测试函数后，就可以编写主函数了，代码如下：

```
#include "system. h"
#include "SysTick. h"
#include "led. h"
#include "usart. h"
#include "tftlcd. h"
#include "key. h"
#include "sram. h"
u8 text_buf[]="Comuter,IOT,SRAM";
#define TEXT_LEN sizeof(text_buf)
//外部内存测试(最大支持 1 MB 内存测试)
void ExSRAM_Cap_Test(u16 x,u16 y){
    u8 writeData=0xf0,readData;
    u16 cap=0;
    u32 addr=1024;                          //从 1 KB 位置开始算起
    LCD_ShowString(x,y,239,y+16,16,"ExSRAM Cap: 0KB");
    while(1){
        FSMC_SRAM_WriteBuffer(&writeData,addr,1);
        FSMC_SRAM_ReadBuffer(&readData,addr,1);
        //查看读取到的数据是否跟写入的数据一样
        if(readData==writeData). {
            cap++;
            addr+=1024;
            readData=0;
            if(addr > 1024*1024)break;       //SRAM 容量最大为 1 MB
        }
        else   break;
```

```c
    }
    LCD_ShowxNum(x+11*8,y,cap,4,16,0);                //显示内存容量
    printf("SRAM 容量=%dKB\r\n",cap);
}
int main(){
    u8 i=0,key,read_buf[TEXT_LEN];
    SysTick_Init(72);
    NVIC_PriorityGroupConfig(NVIC_PriorityGroup_2);    //中断优先级分组,分两组
    LED_Init();
    USART1_Init(115200);
    TFTLCD_Init();    //LCD 初始化
    KEY_Init();
    FSMC_SRAM_Init();
    FRONT_COLOR=BLACK;
    LCD_ShowString(10,10,tftlcd_data. width,tftlcd_data. height,16,"STM32F103ZET6");
    LCD_ShowString(10,30,tftlcd_data. width,tftlcd_data. height,16,"www. wlwzdsys. cn");
    LCD_ShowString(10,50,tftlcd_data. width,tftlcd_data. height,16,"ExSRAM Test");
    LCD_ShowString(10,70,tftlcd_data. width,tftlcd_data. height,16,"KEY_UP:Write KEY1:Read");
    FRONT_COLOR=RED;
    ExSRAM_Cap_Test(10,110);
    LCD_ShowString(10,130,tftlcd_data. width,tftlcd_data. height,16,"Write:");
    LCD_ShowString(10,150,tftlcd_data. width,tftlcd_data. height,16,"Read:");
    while(1){
        key=KEY_Scan(0);
        if(key==KEY_UP_PRESS){
            FSMC_SRAM_WriteBuffer(text_buf,0,TEXT_LEN);
            printf("SRAM 写入的数据=%s\r\n",text_buf);
            LCD_ShowString(10+6*8,130,tftlcd_data. width,tftlcd_data. height,16,(u8*)text_buf);
        }
        if(key==KEY1_PRESS){
            FSMC_SRAM_ReadBuffer(read_buf,0,TEXT_LEN);
            printf("SRAM 读取的数据=%s\r\n",read_buf);
            LCD_ShowString(10+6*8,150,tftlcd_data. width,tftlcd_data. height,16,read_buf);
        }
        i++;
        if(i%20==0)LED1=!LED1;
        delay_ms(10);
    }
}
```

主函数首先调用之前编写好的硬件初始化函数，包括 SysTick 系统时钟、中断分组、LED 初始化、FSMC_SRAM_Init( )函数等；然后调用 ExSRAM_Cap_Test( )函数测试外扩 SRAM 的容量，将结果显示在 TFTLCD 上，同时通过串口 1 打印输出；最后进入 while 循环，检测 KEY_UP 和 KEY1 键是否被按下。如果 KEY_UP 键被按下，则将 text_buf 数组内容从 0 地址开始写入外扩 SRAM。如果 KEY1 键被按下，则将从 0 地址开始处读取写入的数据，保存在 read_buf 数组内。将写入和读取的数据显示在 TFTLCD 上，并通过串口 1 打印输出。DS0 指示灯会间隔 200 ms 闪烁，提示系统正常运行。

▶▶▶ 9.2.4 实验现象 ▶▶▶ ▶

将工程程序编译后下载到开发板内运行，可以看到 DS0 指示灯不断闪烁，表示程序正常运行。并且 TFTLCD 上会显示外扩 SRAM 的容量(1 024 KB)，通过 KEY_UP 和 KEY1 按键可以控制数据的读写，并在 TFTLCD 上显示，实验现象如图 9-3 所示。

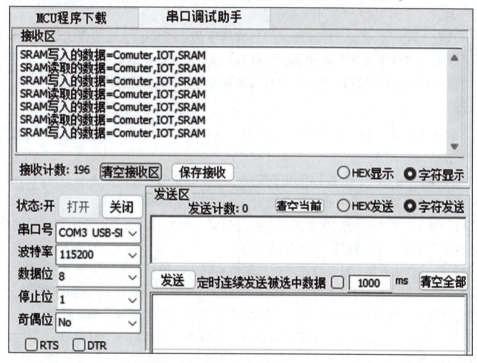

图 9-3 实验现象

注意，保存在外扩 SDRAM 内的数据，在掉电后会丢失。

 # 9.3 IIC 与 EEPROM 通信

两线式串行总线(Inter-Integrated Circuit，I2C)用于连接微控制器及其外设，是微电子通信控制领域广泛采用的一种总线标准，是同步通信的一种特殊形式，具有接口线少、控制方式简单、器件封装形式小、通信速度较高等优点，因此被广泛使用在各大集成芯片内。下面就从物理层与协议层介绍 I2C。

1. I2C 物理层

I2C 物理层具有如下特点。

（1）I2C 是一个支持多设备的总线。总线指多个设备共用的信号线。在一个 I2C 通信总线中，可连接多个 I2C 通信设备，支持多个通信主机及多个通信从机。

（2）一个 I2C 总线只使用两条总线线路：一根双向串行数据线 SDA，另一根串行时钟线 SCL。数据线用来表示数据，时钟线用于数据收发同步。

（3）每个连接到总线的设备都有一个独立的地址，主机可以利用这个地址访问不同的设备。

（4）总线通过上拉电阻接到电源。当 I2C 设备空闲时，会输出高阻态，当所有设备都空闲且都输出高阻态时，由上拉电阻把总线拉成高电平。

（5）当多个主机同时使用总线时，为了防止数据冲突，会使用仲裁方式决定由哪个设备占用总线。

（6）具有 3 种传输模式：标准模式的传输速度为 100 Kbps，快速模式的传输速度为 400 Kbps，高速模式下可达 3.4 Mbps，但目前大多 I2C 设备尚不支持高速模式。

（7）连接到相同总线的 IC 数量受到总线的最大电容 400 pF 限制。

2. I2C 协议层

I2C 的协议定义了通信的起始和停止信号、数据有效性规定、应答响应、总线的寻址方式和数据传输等环节。

（1）起始和停止信号。SCL 为高电平期间，SDA 由高电平向低电平的变化表示起始信号；SCL 为高电平期间，SDA 由低电平向高电平的变化表示终止信号。

起始和终止信号都是由主机发出的，在起始信号产生后，总线就处于被占用的状态；在终止信号产生后，总线就处于空闲状态。

（2）数据有效性规定。I2C 总线进行数据传输时，时钟信号为高电平期间，数据线上的数据必须保持稳定，只有在时钟线上的信号为低电平期间，数据线上的高电平或低电平状态才允许变化。每次数据传输都以字节为单位，每次传输的字节数不受限制。

（3）应答响应。当发送完一个字节的数据后，后面必须紧跟一个校验位，这个校验位是接收端通过控制 SDA（数据线）来实现的，以提醒发送端数据接收完成，传输可以继续进行。这个校验位其实就是数据或地址传输过程中的响应。响应包括应答（ACK）和非应答（NACK）两种信号。作为数据接收端时，当设备接收到 I2C 传输的一个字节数据或地址后，若希望对方继续发送数据，则需要向对方发送 ACK 信号即特定的低电平脉冲，发送方会继续发送下一个数据。若接收端希望结束数据传输，则向对方发送 NACK 信号即特定的高电平脉冲，发送方接收到该信号后会产生一个停止信号，结束信号传输。

每一个字节必须保证是 8 位长度。数据传输时，先传输最高位（MSB），每一个被传输的字节后面都必须跟随一位应答位，即一帧共有 9 位。

当从机由于某种原因不对主机寻址信号应答时，例如从机正在进行实时性的处理工作而无法接收总线上的数据，它必须将数据线置于高电平，而由主机产生一个终止信号，以结束总线的数据传输。

如果从机对主机进行了应答，但在数据传输一段时间后无法继续接收更多的数据，则从机可以通过对无法接收的第一个数据字节的"非应答"通知主机，主机应发出终止信号以结束数据的继续传输。

当主机接收数据时，它接收到最后一个数据字节后，必须向从机发出一个结束传输的信号。这个信号是由对从机的"非应答"来实现的。然后从机释放 SDA，以允许主机产生终止信号。在这些信号中，起始信号是必需要有的，结束信号和应答信号则可以不要。

（4）总线的寻址方式。I2C 总线寻址按照从机地址位数可分为两种：一种是 7 位，另一种是 10 位。D7~D1 位组成从机的地址。D0 位是数据传输方向位，为 0 时表示主机向从机写数据，为 1 时表示主机由从机读数据。10 位寻址和 7 位寻址兼容，而且可以结合使用。10 位寻址不会影响已有的 7 位寻址，有 7 位和 10 位地址的器件可以连接到相同的总线。

（5）数据传输。I2C 总线上传输的数据信号既包括地址信号，又包括真正的数据信号。在起始信号后必须传输一个从机的地址（7 位），第 8 位是数据的传输方向位（R/W），用 0 表示主机发送（写）数据（W），用 1 表示主机接收数据（R）。每次数据传输总是由主机产生的终止信号结束，但是若主机希望继续占用总线进行新的数据传输，则可以不产生终止信号，马上再次发出起始信号对另一从机进行寻址。

如今大部分的 MCU 都自带 I2C 总线接口，STM32F10x 芯片也不例外，STM32F10x 芯片自带两个 I2C 接口，开发板不使用 STM32F10x 自带的硬件 I2C，而采用软件模拟 I2C。其主要原因是 STM32F10x 的硬件 I2C 设计得比较复杂，而且稳定性不好，用软件模拟 I2C 最大的好处就是移植方便，同一个代码兼容所有单片机，任何一个单片机只要有 IO 接口（不需要特定 IO），就可以很快移植过去。

9.3.1　AT24C02 简介

AT24C02 是一个 2 KB 位串行 CMOS，内部含有 256 个 8 位字节，有一个 16 字节页写缓冲器。该器件通过 I2C 总线接口进行操作，它有一个专门的写保护功能。此芯片具有 I2C 通信接口，芯片内保存的数据在掉电情况下都不丢失，因此通常用于存放一些比较重要的数据等。AT24C02 器件的地址为 7 位，高 4 位固定为 1010，低 3 位由 A0、A1、A2 信号线的电平决定。传输地址或数据是以字节为单位传输的，当传输地址时，器件地址占 7 位，还有最后一位（最低位 R/W）用来选择读写方向，它与地址无关。

因为开发板已经将 AT24C02 芯片的 A0、A1、A2 连接到 GND，所以器件地址为 01010000，即 0x50（未计算最低位）。如果要对芯片进行写操作，R/W 即为 0，写器件地址即为 0xa0；如果要对芯片进行读操作，R/W 即为 1，此时读器件地址为 0xa1。开发板上也将 WP 引脚直接接在 GND 上，此时芯片允许数据正常读写。

9.3.2　硬件设计

本节使用的硬件资源有：DS0 指示灯、KEY_UP 和 KEY1 按键、串口 1、AT24C02 等。AT24C02（EEPROM）模块电路如图 9-4 所示。

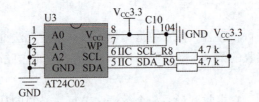

IIC_SCL	PB6	136	PB5/I2CL_SMBAI/SP13_MOS1/12S3_ SD
IIC_SDA	PB7	137	PB6/I2C1_SCL/TIM4_CH1
BEEP	PB8	139	PB7/I2C1_SDA/FSMC_NADV/TIM4_CH2

图 9-4　AT24C02(EEPROM)模块电路

图中 AT24C02 芯片的 SCL 和 SDA 引脚连接在 STM32F10x 芯片的 PB6 和 PB7 引脚上，并且都上拉了一个 4.7 k 的电阻。通过这两个引脚模拟 I2C 时序与 AT24C02 通信，从 STM32F10x 芯片引脚功能图中可以看到，这两个引脚本身也是 STM32F10x 自带的硬件 I2C1 接口，因此如果要使用 STM32F10x 硬件 I2C 与 AT24C02 芯片进行通信，也就不需要修改电路。DS0 指示灯用来提示系统运行状态，KEY_UP 按键用来控制 AT24C02 数据的写入，KEY1 按键用来控制 AT24C02 数据的读取，数据写入与读取信息通过串口 1 打印出来。

9.3.3　软件设计 ▶▶▶

软件要实现的功能：首先检测 AT24C02 芯片是否存在，如果存在则输出提示信息；然后通过按键 KEY_UP 和 KEY1 控制 AT24C02 数据读写，并输出写入和读取的数据信息；最后让 DS0 指示灯闪烁提示系统正常运行。程序框架如下：

（1）使能所用 GPIO 端口时钟，初始化 GPIO；

（2）使用软件模拟 I2C 通信时序，包含起始和停止信号、应答信号等；

（3）编写 AT24CXX 读写函数；

（4）编写主函数。

打开 F103ZET6LibTemplateI2C 工程，在 Hardware 工程组中添加 iic.c 和 24cxx.c 文件（包含 I2C 和 AT24CXX 驱动程序），几个相关的函数如下。

1. I2C 初始化函数

要使用 STM32F10x 的 PB6 和 PB7 引脚模拟 I2C，需要使能其端口时钟，并初始化 GPIO，初始化代码如下：

```
void IIC_Init(void){
    GPIO_InitTypeDef GPIO_InitStructure;
    RCC_APB2PeriphClockCmd(IIC_SCL_PORT_RCC|IIC_SDA_PORT_RCC,ENABLE);
    GPIO_InitStructure. GPIO_Pin=IIC_SCL_PIN;
    GPIO_InitStructure. GPIO_Speed=GPIO_Speed_50MHz;
    GPIO_InitStructure. GPIO_Mode=GPIO_Mode_Out_PP;
    GPIO_Init(IIC_SCL_PORT,&GPIO_InitStructure);
    GPIO_InitStructure. GPIO_Pin=IIC_SDA_PIN;
    GPIO_Init(IIC_SDA_PORT,&GPIO_InitStructure);
```

```
    IIC_SCL=1;
    IIC_SDA=1;
}
```

由于使用软件模拟 I2C，因此配置引脚为推挽输出即可。如果配置引脚为开漏输出也可以，因为 PB6 和 PB7 引脚上都外接了上拉电阻。如果使用 STM32F10x 硬件，I2C 就必须配置为开漏输出。初始化函数内定义宏 IIC_SCL 和 IIC_SDA 就是对 PB6 和 PB7 位带的封装。

2. I2C 读写字节函数

要进行 I2C 通信，需要编写起始信号、停止信号、应答信号和非应答信号。因为 I2C 通信是以字节为单位进行传输的，所以还需要编写 I2C 读写字节函数。数据读写是在 SDA 上完成的，读数据时要配置此引脚为输入模式，写数据时要配置为输出模式，具体代码如下：

```
void SDA_OUT(void){
    GPIO_InitTypeDef GPIO_InitStructure;
    GPIO_InitStructure. GPIO_Pin=IIC_SDA_PIN;
    GPIO_InitStructure. GPIO_Speed=GPIO_Speed_50MHz;
    GPIO_InitStructure. GPIO_Mode=GPIO_Mode_Out_PP;
    GPIO_Init(IIC_SDA_PORT,&GPIO_InitStructure);
}
void SDA_IN(void){
    GPIO_InitTypeDef GPIO_InitStructure;
    GPIO_InitStructure. GPIO_Pin=IIC_SDA_PIN;
    GPIO_InitStructure. GPIO_Mode=GPIO_Mode_IPU;
    GPIO_Init(IIC_SDA_PORT,&GPIO_InitStructure);
}
void IIC_Start(void){
    SDA_OUT();    //SDA 输出
    IIC_SDA=1;
    IIC_SCL=1;
    delay_us(5);
    IIC_SDA=0;    //开始时,当时钟是高电平,数据信息从高电平变为低电平
    Delay_us(6);
    IIC_SCL=0;    //钳住 I2C 总线,准备发送或接收数据
}
void IIC_Stop(void){
    SDA_OUT();    //SDA 输出
    IIC_SCL=0;
    IIC_SDA=0;    //停止时,当时钟是高电平,数据信息从低电平变为高电平
    IIC_SCL=1;
    delay_us(6);
    IIC_SDA=1;    //发送 I2C 总线结束信号
    delay_us(6);
```

```
    }
    u8 IIC_Wait_Ack(void){
        u8 tempTime=0;
        IIC_SDA=1;
        delay_us(1);
        SDA_IN();  //SDA 设置为输入
        IIC_SCL=1;
        delay_us(1);
        while(READ_SDA){
            tempTime++;
        if(tempTime>250){ IIC_Stop();return 1;}}
        IIC_SCL=0;  //时钟输出 0
        return 0;
    }
    void IIC_Ack(void){
        IIC_SCL=0;
        SDA_OUT();
        IIC_SDA=0;
        delay_us(2);
        IIC_SCL=1;
        delay_us(5);
        IIC_SCL=0;
    }
    void IIC_NAck(void){
        IIC_SCL=0;
        SDA_OUT();
        IIC_SDA=1;
        delay_us(2);
        IIC_SCL=1;
        delay_us(5);
        IIC_SCL=0;
    }
    void IIC_Send_Byte(u8 txd){
        u8 t;
        SDA_OUT();
        IIC_SCL=0;  //拉低时钟开始数据传输
        for(t=0;t<8;t++){
            if((txd&0x80)>0)//0x80=1000 0000
            IIC_SDA=1;
            else
```

```
        IIC_SDA=0;
        txd<<=1;
        delay_us(2);    //TEA5767 芯片必须要有 2 毫秒的延迟,只有这样单片机才可以通过,I2C 控
                         制总线向芯片的寄存器写入控制字
        IIC_SCL=1;
        delay_us(2);
        IIC_SCL=0;
        delay_us(2);
    }
}
u8 IIC_Read_Byte(u8 ack){
    u8 i,receive=0;
    SDA_IN();   //SDA 设置为输入
    for(i=0;i<8;i++){
        IIC_SCL=0;
        delay_us(2);
        IIC_SCL=1;
        receive<<=1;
        if(READ_SDA)receive++;
        delay_us(1);
    }
    if(! ack)   IIC_NAck();   //发送 nACK
    else IIC_Ack();   //发送 ACK
    return receive;
}
```

SDA_OUT( )函数配置 SDA 引脚为输出模式，SDA_IN( )函数配置 SDA 引脚为输入模式。这两个函数是通过初始化 GPIO 方式完成的，也可以直接配置寄存器来修改引脚模式。

3. AT24CXX 读写函数

编写好 I2C 读写字节函数后，就可以编写 AT24CXX 读写函数了，代码如下：

```
u8 AT24CXX_ReadOneByte(u16 ReadAddr){
    u8 temp=0;
    IIC_Start();
    if(EE_TYPE>AT24C16){
        IIC_Send_Byte(0xa0);                      //发送写命令
        IIC_Wait_Ack();
        IIC_Send_Byte(ReadAddr>>8);               //发送高地址
    }else {
        IIC_Send_Byte(0xa0+((ReadAddr/256)<<1));  //发送器件地址 0xa0,写数据
    }
    IIC_Wait_Ack();
```

```c
        IIC_Send_Byte(ReadAddr%256);                    //发送低地址
        IIC_Wait_Ack();
        IIC_Start();
        IIC_Send_Byte(0xa1);                            //进入接收模式
        IIC_Wait_Ack();
        temp=IIC_Read_Byte(0);
        IIC_Stop();                                     //产生一个停止条件
        return temp;
}
void AT24CXX_WriteOneByte(u16 WriteAddr,u8 DataToWrite){
        IIC_Start();
        if(EE_TYPE>AT24C16){
                IIC_Send_Byte(0xa0);                    //发送写命令
                IIC_Wait_Ack();
                IIC_Send_Byte(WriteAddr>>8);            //发送高地址
        } else {
                IIC_Send_Byte(0xa0+((WriteAddr/256)<<1));   //发送器件地址 0xa0,写数据
        }
        IIC_Wait_Ack();
        IIC_Send_Byte(WriteAddr%256);                   //发送低地址
        IIC_Wait_Ack();
        IIC_Send_Byte(DataToWrite);                     //发送字节
        IIC_Wait_Ack();
        IIC_Stop();                                     //产生一个停止条件
        delay_ms(10);
}
void AT24CXX_WriteLenByte(u16 WriteAddr,u32 DataToWrite,u8 Len){
        u8 t;
        for(t=0;t<Len;t++)AT24CXX_WriteOneByte(WriteAddr+t,(DataToWrite>>(8*t))&0xff);
}
u32 AT24CXX_ReadLenByte(u16 ReadAddr,u8 Len){
        u8 t;
        u32 temp=0;
        for(t=0;t<Len;t++){
                temp<<=8;
                temp+=AT24CXX_ReadOneByte(ReadAddr+Len-t-1);
        }
        return temp;
}
u8 AT24CXX_Check(void){
```

```
    u8 temp;
    temp=AT24CXX_ReadOneByte(255);                //避免每次开机都写 AT24CXX
    if(temp==0x36)return 0;
    else {                                        //排除第一次初始化的情况
        AT24CXX_WriteOneByte(255,0x36);
        temp=AT24CXX_ReadOneByte(255);
        if(temp==0x36)return 0;
    }
    return 1;
}
void AT24CXX_Read(u16 ReadAddr,u8*pBuffer,u16 NumToRead){
    while(NumToRead){
        *pBuffer++=AT24CXX_ReadOneByte(ReadAddr++);
        NumToRead--;
    }
}
void AT24CXX_Write(u16 WriteAddr,u8*pBuffer,u16 NumToWrite){
    while(NumToWrite--){
        AT24CXX_WriteOneByte(WriteAddr,*pBuffer);
        WriteAddr++;
        pBuffer++;
    }
}
```

该函数在 24cxx.c 文件内，文件支持 AT24CXX 系列的很多芯片，可通过 24cxx.h 文件内的 EE_TYPE 宏来修改，可修改的宏定义如下：

```
#define AT24C01 127
#define AT24C02 255
#define AT24C04 511
#define AT24C08 1023
#define AT24C16 2047
#define AT24C32 4095
#define AT24C64 8191
#define AT24C128 16383
#define AT24C256 32767
```

因为开发板上使用的是 AT24C02，所以宏定义默认如下：

```
#define EE_TYPE AT24C02
```

4. 主函数

编写好 I2C 和 AT24CXX 驱动函数后，就可以编写主函数了，代码如下：

```c
#include "system. h"
#include "SysTick. h"
#include "led. h"
#include "usart. h"
#include "key. h"
#include "24cxx. h"
int main(){
    u8 i=0,key,k=0;
    SysTick_Init(72);
    NVIC_PriorityGroupConfig(NVIC_PriorityGroup_2);        //中断优先级分组,分两组
    LED_Init();
    USART1_Init(115200);
    KEY_Init();
    AT24CXX_Init();
    while(AT24CXX_Check())                                 //检测 AT24C02 是否正常
    { printf("AT24C02 检测不正常!\r\n");
    delay_ms(500);}
    printf("AT24C02 检测正常!\r\n");
    while(1){
        key=KEY_Scan(0);
        if(key==KEY_UP_PRESS){
            k++;
            if(k>255)k=255;
            AT24CXX_WriteOneByte(0,k);
            printf("I2C AT24C02 写入的数据=% d\r\n",k);
        }
        if(key==KEY1_PRESS){
            k=AT24CXX_ReadOneByte(0);
        printf("I2C AT24C02 读取的数据=% d\r\n",k);}
        i++;
        if(i% 20==0)LED1=!LED1;
        delay_ms(10);
    }
}
```

　　主函数首先调用硬件初始化函数,包括 SysTick 系统时钟、LED 初始化、AT24CXX_ Init() 函数等;然后调用 AT24CXX_Check() 函数检测是否存在 AT24CXX 芯片,如果芯片存在则会输出"AT24C02 检测正常!"信息,最后进入 while 循环,调用 KEY_Scan() 函数,不断检测 KEY_UP 和 KEY1 按键是否被按下。如果 KEY_UP 按键被按下,则将变量 k 加 1 写入 AT24C02 的地址 0,并通过打印输出写入的值。如果 KEY1 按键被按下,则将 AT24C02 的地址 0 的内数据读取出来保存到变量 k 中,并通过打印输出读取的值。整个过程中 DS0 指示灯会间隔 200 ms 闪烁,提示系统正常运行。

▶▶▶ 9.3.4 实验现象 ▶▶▶ ▶

将工程程序下载到开发板内运行，串口会输出 AT24C02 检测正常信息，同时可以看到 DS0 指示灯不断闪烁，表示程序正常运行。当按下 KEY_UP 键后，数据写入 AT24C02 芯片内，同时串口输出写入的值；当按下 KEY1 键后，读取芯片内的值，同时串口输出读取的值。如果想在串口调试助手上看到输出信息，则可以打开串口调试助手，实验现象如图 9-5 所示。

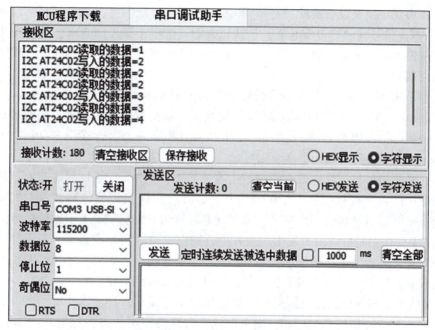

图 9-5 实验现象

9.4 SPI 与外部 FLASH 通信

串行外围设备接口（Serial Peripheral Interface，SPI）首先在 MC68HCXX 系列处理器上定义，主要应用在 EEPROM、FLASH、实时时钟、ADC，还有数字信号处理器和数字信号解码器之间。SPI 是一种高速、全双工、同步的通信总线，在芯片的引脚上只占用 4 根线，节约芯片引脚，同时为 PCB 的布局节省空间。如今，已有越来越多的芯片集成了 SPI，如 STM32 系列芯片。

SPI 接口一般使用 4 根线通信（MISO、MOSI、SCLK 和 CS），单向传输时，只需要 3 根线也可以进行 SPI 通信。它们的作用如下。

MISO：主设备输入/从设备输出引脚。主机从这根信号线读入数据，从机的数据由这根信号线输出到主机，即在这根线上数据的方向为从机到主机。

MOSI：主设备输出/从设备输入引脚。主机的数据从这根信号线输出，从机由这根信号线读入主机发送的数据，即这根线上数据的方向为主机到从机。

SCLK：时钟信号线，用于通信数据同步。它由主机产生，决定通信速度，不同的设备支持的最高时钟频率不一样，例如 STM32 的 SPI 时钟频率最大为 fpclk/2，两个设备之间通信时，通信速度受限于低速设备。

CS：从设备选择信号线，常称为片选信号线，也称为 NSS 或 CS（以下用 CS 表示）。当有多个 SPI 从设备与 SPI 主机相连时，设备的其他信号线 SCK、MOSI 及 MISO 同时并联到相同的 SPI 总线上，即无论有多少个从设备，都只使用这 3 根总线，而每个从设备都有独立的一根 CS 信号线，本信号线独占主机的一个引脚，即有多少个从设备，就有多少根片选信号线。I2C 协议中通过设备地址来寻址，选中总线上的某个设备，并与其进行通信。而 SPI 协议中没有设备地址，它使用 CS 信号线来寻址，当主机要选择从设备时，把该从设备的 CS 信号线设置为低电平，该从设备即被选中，即片选有效，接着主机开始与被选中的从设备进行 SPI 通信。因此，SPI 通信以 NSS 置低电平为开始信号，以 CS 被拉高作为结束信号。

SPI 使用 MOSI 及 MISO 信号线来传输数据，使用 SCK 信号线进行数据同步。MOSI 及 MISO 数据线在 SCK 的每个时钟周期传输一位数据，而且数据输入、输出同时进行。数据传输时，一般都会采用 MSB 先行模式。主机和从机都有一个串行移位寄存器，主机通过向它的 SPI 串行寄存器写入一个字节来发起一次传输，寄存器通过 MOSI 信号线将字节传输给从机，从机也将自己移位寄存器中的内容通过 MISO 信号线返回给主机。这样，两个移位寄存器中的内容就被交换。如果只进行写操作，主机只需要忽略接收到的字节；反之，如果主机要读取从机的一个字节，那么就必须发送一个空字节来引发从机传输。

SPI 的主要优点是可以同时发出和接收串行数据，可以当作主机或从机工作，提供频率可编程时钟，发送结束中断标志，写冲突保护，总线竞争保护等。与 I2C 总线相比，它的缺点是没有指定的流控制，没有应答机制确认是否接收到数据。

SPI 模块为了和外设进行数据交换，根据外设工作要求，其输出串行同步时钟极性和相位可以进行配置。如果 CPOL=0，则串行同步时钟的空闲状态为低电平；如果 CPOL=1，则串行同步时钟的空闲状态为高电平。时钟相位（CPHA）用于选择传输协议进行数据传输。如果 CPHA=0，则在串行同步时钟的第一个跳变沿（上升或下降沿）采样数据；如果 CPHA=1，则在串行同步时钟的第二个跳变沿（上升或下降沿）采样数据。SPI 主模块和与之通信的外设时钟相位和极性应该保持一致。

▶▶▶ 9.4.1　SPI 配置步骤 ▶▶▶

SPI 相关库函数在 stm32f10x_spi.c 和 stm32f10x_spi.h 文件中定义，使用库函数对 SPI 进行配置，具体步骤如下。

（1）使能 SPI 及对应 GPIO 端口时钟，并配置引脚的复用功能。要使用 SPI，就必须使能它的时钟，也需要使能对应引脚的端口时钟，同时配置为复用功能，代码如下：

```
RCC_APB2PeriphClockCmd(RCC_APB2Periph_GPIOB,ENABLE);
RCC_APB1PeriphClockCmd(RCC_APB1Periph_SPI2,ENABLE);
```

针对 SPI2 对应的 IO 接口，只需使用 SPI 的 3 根总线，片选信号线使用普通 IO 即可。配置引脚复用映射的代码如下：

```
GPIO_InitStructure. GPIO_Pin=GPIO_Pin_13|GPIO_Pin_14|GPIO_Pin_15;
GPIO_InitStructure. GPIO_Mode=GPIO_Mode_AF_PP;    //PB13、14、15 复用推挽输出
GPIO_InitStructure. GPIO_Speed=GPIO_Speed_50MHz;
GPIO_Init(GPIOB,&GPIO_InitStructure);
```

（2）初始化 SPI。数据帧长度、传输模式、MSB 和 LSB 顺序等使能 SPI 时钟后，就可以对 SPI 相关参数进行配置，这些是通过 SPI_CR1 寄存器来设置的。初始化 SPI 的函数如下：

```
void SPI_Init(SPI_TypeDef*SPIx,SPI_InitTypeDef*SPI_InitStruct);
```

该函数中的第一个参数是用来确定哪个 SPI，如 SPI2；第二个参数是一个结构体指针变量，结构体类型是 SPI_InitTypeDef。SPI 初始化的结构体成员如下：

```
typedef struct {
    uint16_t SPI_Direction;              //设置 SPI 的单/双向模式
    uint16_t SPI_Mode;                   //设置 SPI 的主/从机模式
    uint16_t SPI_DataSize;               //设置 SPI 的数据帧长度,可选 8 位或 16 位
    uint16_t SPI_CPOL;                   //设置时钟极性 CPOL,可选高电平或低电平
    uint16_t SPI_CPHA;                   //设置时钟相位,可选奇、偶数边沿采样
    uint16_t SPI_NSS;                    //设置 NSS 引脚由 SPI 硬件控制还是软件控制
    uint16_t SPI_BaudRatePrescaler;      //设置时钟分频系数
    uint16_t SPI_FirstBit;               //设置 MSB/LSB 顺序
    uint16_t SPI_CRCPolynomial;          //设置 CRC 校验的表达式
}SPI_InitTypeDef;
```

了解结构体成员的功能后，就可以进行参数配置，参数配置的代码如下：

```
SPI_InitTypeDef SPI_InitStructure;
SPI_InitStructure. SPI_Direction=SPI_Direction_2Lines_FullDuplex;
//设置 SPI 单向或双向的数据模式,SPI 设置为双线双向全双工
SPI_InitStructure. SPI_Mode=SPI_Mode_Master;       //设置 SPI 工作模式,设置为主 SPI
SPI_InitStructure. SPI_DataSize=SPI_DataSize_8b;
//设置 SPI 的数据大小：SPI 发送接收 8 位帧结构
SPI_InitStructure. SPI_CPOL=SPI_CPOL_High;         //串行同步时钟的空闲状态为高电平
SPI_InitStructure. SPI_CPHA=SPI_CPHA_2Edge;
//串行同步时钟的第二个跳变沿(上升或下降沿)数据被采样
SPI_InitStructure. SPI_NSS=SPI_NSS_Soft;           //NSS 信号由硬件还是软件控制
SPI_InitStructure. SPI_BaudRatePrescaler=SPI_BaudRatePrescaler_256;
//定义波特率预分频的值,波特率分频值为 256
SPI_InitStructure. SPI_FirstBit=SPI_FirstBit_MSB;
//指定数据传输从 MSB 位还是 LSB 位开始,数据传输从 MSB 位开始
SPI_InitStructure. SPI_CRCPolynomial=7;            //CRC 值计算的多项式
SPI_Init(SPI1,&SPI_InitStructure);
//根据 SPI_InitStruct 中指定的参数初始化外设 SPIx 寄存器
```

（3）使能（开启）SPI。要让 SPI 正常工作，还需要使能 SPI。通过 SPI_CR1 的第 6 位来设置，库函数中使能 SPI 的函数如下：

```
void SPI_Cmd(SPI_TypeDef*SPIx,FunctionalState NewState);
```

开发板使用的是 SPI2，因此调用的函数为 SPI_Cmd（SPI2，ENABLE）。

（4）SPI 数据传输。SPI 发送数据的函数原型如下：

```
void SPI_I2S_SendData(SPI_TypeDef*SPIx,uint16_t Data);
```

该函数向 SPIx 数据寄存器写入数据 Data，从而实现数据的发送。

SPI 接收数据的函数原型如下：

```
uint16_t SPI_I2S_ReceiveData(SPI_TypeDef*SPIx);
```

此函数从 SPIx 数据寄存器中读取接收到的数据。

（5）查看 SPI 传输状态。在 SPI 传输过程中，经常要判断数据是否传输完成，发送区是否为空等状态，这是通过 SPI_I2S_GetFlagStatus（）函数实现的，此函数原型如下：

```
FlagStatus SPI_I2S_GetFlagStatus(SPI_TypeDef*SPIx,uint16_t SPI_I2S_FLAG);
```

该函数的第二个参数是用来选择 SPI 传输过程中判断的标志，使用较多的是发送完成标志（SPI_I2S_FLAG_TXE）和接收完成标志（SPI_I2S_FLAG_RXNE）。

判断发送是否完成的方法如下：

```
SPI_I2S_GetFlagStatus(SPI1,SPI_I2S_FLAG_TXE);
```

以上配置好后，STM32F10x 就可以使用 SPI 和外部 FLASH（EN25Q128）进行通信。

▶▶▶ 9.4.2　硬件设计 ▶▶▶

本节使用的硬件资源有：DS0 指示灯、KEY_UP 和 KEY1 按键、串口 1、TFTLCD 模块、SPI、外部 FLASH（EN25Q128）等。SPI 属于芯片内部的资源，只要通过软件配置好即可使用。

EN25Q128 是大容量 SPI FLASH 产品，容量为 128 Mbit（16MB），该系列还有EN25Q08/16/32/64 等。开发板上使用的是 EN25Q128，将 16 MB 的容量分为 256 个块（Block），每块大小为 64 KB，每块又分为 16 个扇区（Sector），每个扇区大小为 4 KB。W25Q128 的最小擦除单位为一个扇区，也就是每次必须擦除 4 KB。

W25Q128 擦写周期多达 10 万次，具有 20 年的数据保存期限，支持电压为 2.7~3.6 V，支持标准的 SPI，还支持双输出/四输出的 SPI，最大 SPI 时钟频率可以到 80 MHz，双输出时相当于 160 MHz，四输出时相当于 320 MHz。EN25Q128 与 STM32F10x 的连接电路如图 9-6 所示。

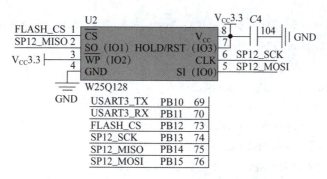

图 9-6　EN25Q128 与 STM32F10x 的连接电路

图中 W25Q128 与 EN25QXX 或 GD25QXX 系列芯片引脚完全兼容，EN25Q128 芯片 SPI 接口连接在 STM32F10x 的 SPI2 上，片选信号 FLASH_CS 连接在 PB12 引脚上，可以通过 PB12 来控制 FLASH 有效还是无效(低电平有效)。注意，如果在设计电路时出现共用 SPI 接口，那么共用器件在使用时必须分时复用(通过片选控制)才行。DS0 指示灯用来提示系统运行状态，KEY_UP 按键用来控制 EN25Q128 写入，KEY1 按键用来控制 EN25Q128 读取，TFTLCD 模块和串口 1 用来显示写入和读取的数据信息。

▶▶▶ 9.4.3　软件设计 ▶▶▶

软件实现的功能：首先检测外部 FLASH 是否正常，如果正常，则在 TFTLCD 上显示提示信息；然后使用 KEY_UP 和 KEY1 按键控制 FLASH 的写入和读取；最后将数据显示在 TFTLCD 和串口调试助手上。DS0 指示灯不断闪烁，提示系统正常运行。程序框架如下：

(1)配置 SPI2，初始化 EN25Q128；

(2)编写 EN25Q128 读写数据函数；

(3)编写主函数。

打开 F103ZET6LibTemplateSPI 工程，在 Hardware 工程组中添加 spi.c 和 flash.c 文件(包含 SPI 和 EN25QXX 驱动程序)，SPI 操作的库函数都放在 stm32f10x_spi.c 和 stm32f10x_spi.h 文件中，在 STM32F10x_StdPeriph_Driver 工程组中添加 stm32f10x_spi.c 库文件，同时要包含对应的头文件路径。

1. SPI2 初始化函数

SPI2 的初始化代码如下：

```
void SPI2_Init(void){
    GPIO_InitTypeDef GPIO_InitStructure;
    SPI_InitTypeDef SPI_InitStructure;
    //SPI 的 IO 接口和 SPI 外设打开时钟
    RCC_APB2PeriphClockCmd(RCC_APB2Periph_GPIOB,ENABLE);
    RCC_APB1PeriphClockCmd(RCC_APB1Periph_SPI2,ENABLE);
    //SPI 的 IO 接口设置
    GPIO_InitStructure.GPIO_Pin=GPIO_Pin_13|GPIO_Pin_14|GPIO_Pin_15;
```

```
    GPIO_InitStructure. GPIO_Mode＝GPIO_Mode_AF_PP;      //PB13、14、15复用推挽输出

    GPIO_InitStructure. GPIO_Speed＝GPIO_Speed_50MHz;

    GPIO_Init(GPIOB,&GPIO_InitStructure);

    SPI_InitStructure. SPI_Direction＝SPI_Direction_2Lines_FullDuplex;

    //设置SPI单向或双向的数据模式,SPI设置为双线双向全双工

    SPI_InitStructure. SPI_Mode＝SPI_Mode_Master;          //设置SPI工作模式,设置为主SPI

    SPI_InitStructure. SPI_DataSize＝SPI_DataSize_8b;

    //设置SPI的数据大小,SPI发送接收8位帧结构

    SPI_InitStructure. SPI_CPOL＝SPI_CPOL_High;

    //串行同步时钟的空闲状态为高电平

    SPI_InitStructure. SPI_CPHA＝SPI_CPHA_2Edge;

    //串行同步时钟的第二个跳变沿(上升或下降沿)数据被采样

    SPI_InitStructure. SPI_NSS＝SPI_NSS_Soft;

    SPI_InitStructure. SPI_BaudRatePrescaler＝SPI_BaudRatePrescaler_256;

    //定义波特率预分频的值,波特率分频值为256

    SPI_InitStructure. SPI_FirstBit＝SPI_FirstBit_MSB;       //指定数据传输从MSB位开始

    SPI_InitStructure. SPI_CRCPolynomial＝7;               //CRC值计算的多项式

    SPI_Init(SPI2,&SPI_InitStructure); .

    //根据SPI_InitStruct中指定的参数初始化外设SPIx寄存器

    SPI_Cmd(SPI2,ENABLE);                                //使能SPI外设

    SPI2_ReadWriteByte(0xff);                             //启动传输

}
```

在SPI2_Init()函数中，首先使能GPIOB和SPI2时钟，并将PB13、PB14和PB15配置为复用功能；然后配置SPI的模式、数据帧长度、波特率分频值等参数；最后使能SPI2。该函数最后调用SPI2_ReadWriteByte()函数，用于启动SPI2传输，函数内部还调用SPI2的发送数据和接收数据库函数，代码如下：

```
u8 SPI2_ReadWriteByte(u8 TxData){

    while(SPI_I2S_GetFlagStatus(SPI2,SPI_I2S_FLAG_TXE)==RESET);   //等待发送区空

    SPI_I2S_SendData(SPI2,TxData);        //通过外设SPIx发送一个字节的数据

    while(SPI_I2S_GetFlagStatus(SPI2,SPI_I2S_FLAG_RXNE)==RESET);

    //等待接收完一个byte

    return SPI_I2S_ReceiveData(SPI2);     //返回通过SPIx最近接收的数据

}
```

在SPI2初始化函数内，已将SPI2的速度设置为最低(256分频)，对于一些SPI接口的设备，通信速度还可以提高，因此在spi.c文件内单独写了一个控制SPI2速度的函数SPI2_SetSpeed()，方便外部调用从而改变SPI2的传输速度，具体代码如下：

```
void SPI2_SetSpeed(u8 SPI_BaudRatePrescaler){

    SPI2->CR1&=0xffc7;               //位3～5清零,用来设置波特率

    SPI2->CR1|=SPI_BaudRatePrescaler; //设置SPI的速度
```

```
        SPI_Cmd(SPI2,ENABLE);                    //使能 SPI2
}
```

该函数的参数范围是 SPI_BaudRatePrescaler_2～SPI_BaudRatePrescaler_256。

2. EN25Q128 初始化函数

初始化好 SPI2 后，还需要初始化 EN25QXX。因为使用 PB12 来控制 EN25QXX 的片选，所以要对这个 IO 接口进行配置，代码如下：

```
u16 EN25QXX_TYPE=EN25Q128;                    //默认是 EN25Q128
void EN25QXX_Init(void){
    GPIO_InitTypeDef GPIO_InitStructure;
    RCC_APB2PeriphClockCmd(RCC_APB2Periph_GPIOB|
    RCC_APB2Periph_GPIOG,ENABLE);
    GPIO_InitStructure. GPIO_Pin=GPIO_Pin_12;
    GPIO_InitStructure. GPIO_Mode=GPIO_Mode_Out_PP;
    GPIO_InitStructure. GPIO_Speed=GPIO_Speed_50MHz;
    GPIO_Init(GPIOB,&GPIO_InitStructure);         //初始化
    GPIO_SetBits(GPIOB,GPIO_Pin_12);
    //NRF24L01_CS PG7
    GPIO_InitStructure. GPIO_Pin=GPIO_Pin_7;
    GPIO_Init(GPIOG,&GPIO_InitStructure);         //初始化
    GPIO_SetBits(GPIOG,GPIO_Pin_7);               //输出 1,防止 NRF 干扰 SPI FLASH 的通信
    EN25QXX_CS=1;                                 //SPI FLASH 不选中
    SPI2_Init();                                  //初始化 SPI
    SPI2_SetSpeed(SPI_BaudRatePrescaler_2);
    EN25QXX_TYPE=EN25QXX_ReadID();                //读取 FLASH ID
    printf("使用的 FLASH 芯片 ID=% X\r\n",EN25QXX_TYPE);
}
```

该函数将 PB12 配置为推挽输出模式，初始化时关闭片选信号线。因为 NRF24L01 接口使用 SPI2，所以也要关闭 NRF 模块的片选，防止干扰 EN25QXX 的通信。

读取 EN25Q128 芯片 ID 的命令是 90H，命令发送的第 1 个字节是命令字节，第 2、3、4 个字节要么是伪字节，要么是无用字节，第 5 个字节返回生产商 ID，即 M7～M0，第 6 个字节返回器件 ID，即 ID7～ID0，开发板使用的是 EN25Q128，生产商 ID 是 0xc8，器件 ID 是 0x17，合起来的 ID 就是 0xc817。读取芯片的代码如下：

```
u16 EN25QXX_ReadID(void){
    u16 Temp=0;
    EN25QXX_CS=0;
    SPI2_ReadWriteByte(0x90);    //发送读取 ID 命令
    SPI2_ReadWriteByte(0x00);
    SPI2_ReadWriteByte(0x00);
```

```
        SPI2_ReadWriteByte(0x00);
        Temp|=SPI2_ReadWriteByte(0xff)<<8;
        Temp|=SPI2_ReadWriteByte(0xff);
        EN25QXX_CS=1;
        return Temp;
}
```

3. EN25Q128 读写数据函数

初始化 EN25Q128 后，就可以对它进行数据的读写操作，读数据函数的代码如下：

```
void EN25QXX_Read(u8*pBuffer,u32 ReadAddr,u16 NumByteToRead){
    EN25QXX_CS=0;                              //使能器件
    SPI2_ReadWriteByte(EN25X_ReadData);        //发送读取命令
    SPI2_ReadWriteByte((u8((ReadAddr)>>16));   //发送24位地址
    SPI2_ReadWriteByte((u8((ReadAddr)>>8));
    SPI2_ReadWriteByte((u8)ReadAddr);
    for(u16 i=0;i<NumByteToRead;i++)
    pBuffer[i]=SPI2_ReadWriteByte(0xff);       //循环读数
    EN25QXX_CS=1;
}
```

该函数从 EN25Q128 的指定地址读出指定长度的数据，函数中的 EN25X_ReadData 是在 flash.h 文件中定义的读命令宏。EN25Q128 支持在它的地址范围内以任意地址开始读取数据，在发送 24 位地址之后，程序就可以开始循环读取数据了，其地址会自动增加。

EN25Q128 写数据函数的代码如下：

```
u8 EN25QXX_BUFFER[4096];
void EN25QXX_Write(u8*pBuffer,u32 WriteAddr,u16 NumByteToWrite){
    u32 secpos;
    u16 secoff,secremain,i;
    u8*EN25QXX_BUF;
    EN25QXX_BUF=EN25QXX_BUFFER;
    secpos=WriteAddr/4096;                     //扇区地址
    secoff=WriteAddr%4096;                     //在扇区内的偏移
    secremain=4096-secoff;                     //扇区剩余空间大小
    if(NumByteToWrite<=secremain)
    secremain=NumByteToWrite;                  //不大于4 096个字节
    while(1){
        EN25QXX_Read(EN25QXX_BUF,secpos*4096,4096);  //读出整个扇区的内容
        for(i=0;i<secremain;i++)               //校验数据
        if(EN25QXX_BUF[secoff+i]!=0xff)break;  //需要擦除
        if(i<secremain){                       //需要擦除
            EN25QXX_Erase_Sector(secpos);      //擦除这个扇区
```

```
            for(i=0;i<secremain;i++)                           //复制
                EN25QXX_BUF[i+secoff]=pBuffer[i];
                EN25QXX_Write_NoCheck(EN25QXX_BUF,secpos*4096,4096);   //写入整个扇区
        }else
        EN25QXX_Write_NoCheck(pBuffer,WriteAddr,secremain);
        //写已经擦除了的,直接写入扇区剩余区间
        if(NumByteToWrite==secremain)
        break;                                                 //写入结束
        else{                                                  //写入未结束
            secpos++;                                          //扇区地址增1
            secoff=0;                                          //偏移位置为0
            pBuffer+=secremain;                                //指针偏移
            WriteAddr+=secremain;                              //写地址偏移
            NumByteToWrite-=secremain;                         //字节数递减
            if(NumByteToWrite>4096)
            secremain=4096;                                    //下一个扇区写不完
            else
            secremain=NumByteToWrite;                          //下一个扇区写完
        }
    }
}
```

该函数可以在 EN25Q128 的任意地址开始写入任意长度的数据,基本思路是先获得首地址(WriteAddr)所在的扇区,并计算在扇区内的偏移,然后判断要写入的数据长度是否超过本扇区所剩下的长度,如果不超过,再看看是否需要擦除,如果不需要,则直接写入数据即可,如果需要,则读出整个扇区,在偏移处开始写入指定长度的数据,然后擦除这个扇区,再一次性写入。当所需要写入的数据长度超过一个扇区的长度时,先把扇区剩余部分写完,再在新扇区内执行同样的操作,如此循环,直到写入结束。这里定义了一个 EN25QXX_BUFFER 的全局变量,用于擦除时缓存扇区内的数据。

4. 主函数

编写好 EN25Q128 初始化和读写数据函数后,就可以编写主函数了,代码如下:

```
#include "system. h"
#include "SysTick. h"
#include "led. h"
#include "usart. h"
#include "tftlcd. h"
#include "key. h"
#include "spi. h"
#include "flash. h"
const u8 text_buf[]="Computer,IOT,EN25Q128";
#define TEXT_LEN sizeof(text_buf)
int main(){
```

```
    u8 i=0,key,buf[30];
    SysTick_Init(72);
    NVIC_PriorityGroupConfig(NVIC_PriorityGroup_2);          //中断优先级分组,分两组
    LED_Init();
    USART1_Init(115200);
    TFTLCD_Init();                                           //LCD 初始化
    KEY_Init();
    EN25QXX_Init();
    FRONT_COLOR=BLACK;
    LCD_ShowString(10,10,tftlcd_data.width,tftlcd_data.height,16,"STM32F103ZET6");
    LCD_ShowString(10,30,tftlcd_data.width,tftlcd_data.height,16,"www.wlwzdsys.cn");
    LCD_ShowString(10,50,tftlcd_data.width,tftlcd_data.height,16,"FLASH-SPITest");
    LCD_ShowString(10,70,tftlcd_data.width,tftlcd_data.height,16,"KEY_UP:Write KEY1:Read");
    FRONT_COLOR=RED;
    while(EN25QXX_ReadID()!=EN25Q128){                       //检测不到 EN25QXX
        printf("EN25Q128 Check Failed!\r\n");
        LCD_ShowString(10,150,tftlcd_data.width,tftlcd_data.height,16,"EN25Q128 Check Failed!");
        delay_ms(500);
    }
    printf("EN25Q128 Check Success!\r\n");
    LCD_ShowString(10,150,tftlcd_data.width,tftlcd_data.height,16,"EN25Q128 Check Success!");
    LCD_ShowString(10,170,tftlcd_data.width,tftlcd_data.height,16,"Write Data:");
    LCD_ShowString(10,190,tftlcd_data.width,tftlcd_data.height,16,"Read Data:");
    while(1){
        key=KEY_Scan(0);
        if(key==KEY_UP_PRESS){
            EN25QXX_Write((u8*)text_buf,0,TEXT_LEN);
            printf("发送的数据:%s\r\n",text_buf);
            LCD_ShowString(10+11*8,170,tftlcd_data.width,tftlcd_data.height,16,"www.wlwzdsys.cn");
        }
        if(key==KEY1_PRESS){
            EN25QXX_Read(buf,0,TEXT_LEN);
            printf("接收的数据:%s\r\n",buf);
            LCD_ShowString(10+11*8,190,tftlcd_data.width,tftlcd_data.height,16,buf);
        }
        i++;
        if(i%20==0)   LED1=!LED1;
        delay_ms(10);
    }
}
```

主函数首先调用硬件初始化函数，包括 SysTick 系统时钟、LED 初始化、EN25QXX_ Init( )函数等；然后调用 EN25QXX_ReadID( )函数判断芯片 ID 是否是 EN25Q128，否则在 LCD 上显示"EN25Q128 Check Failed!"；最后进入 while 循环，调用 KEY_Scan( )函数，不断 检测 KEY_UP 和 KEY1 按键是否被按下，从而控制 EN25Q128 读写，并将读写的数据信息通 过 TFTLCD 和串口调试助手显示。DS0 指示灯会间隔 200 ms 闪烁，提示系统正常运行。

▶▶▶ 9.4.4　实验现象 ▶▶▶

将工程程序编译后下载到开发板内运行，程序开始时会检测 EN25Q128 芯片是否正常。 如果不正常，则会显示提示信息；如果正常，则会接着往下执行。可以看到 DS0 指示灯不断 闪烁，表示程序正常运行。当按下 KEY_UP 键，将"www.wlwzdsys.cn"字符串信息写入 EN25Q128，同时 TFTLCD 上也会显示写入的数据信息；当按下 KEY1 键，将写入信息那个地 址的数据读取出来，同时 TFTLCD 上也会显示读取的数据。实验现象如图 9-7 所示。

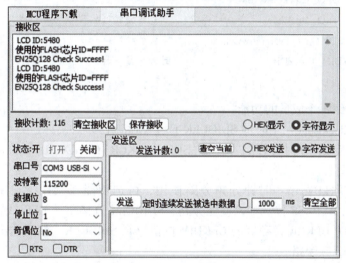

图 9-7　实验现象

EN25Q128 FLASH 具有掉电不丢失功能，如果 FLASH 初始化失败，则可能是芯片 ID 与定义 ID 不同。因为芯片种类较多，不同厂商的 ID 都不同，所以大家在做该实验时，可 先通过串口打印输出 ID，然后用串口调试助手显示的 ID 替换程序内的 ID。

9.5　SDIO 与 SD 卡通信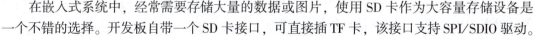

在嵌入式系统中，经常需要存储大量的数据或图片，使用 SD 卡作为大容量存储设备是 一个不错的选择。开发板自带一个 SD 卡接口，可直接插 TF 卡，该接口支持 SPI/SDIO 驱动。

STM32F10x 控制器有一个 SDIO，它由两部分组成：AHB 接口和 SDIO 适配器。SDIO 提供了 AHP 外设总线与多媒体卡(MMC)、SD 卡、SDIO 卡、CE-ATA 设备之间的接口。 总线通信基于命令和数据传输，如多媒体卡、SD 卡。SDIO 总线上的基本事务是命令/响 应事务，直接在命令或响应结构中传输其信息，某些操作还具有数据令牌。

固件库对 SDIO 外设建立了 SDIO 初始化结构体 SDIO_InitTypeDef、命令初始化结构体

SDIO_CmdInitTypeDef 和数据初始化结构体 SDIO_DataInitTypeDef。初始化结构体成员用于设置 SDIO 工作环境参数，并由 SDIO 相应初始化配置函数或功能函数调用，这些设定参数将会设置 SDIO 相应的寄存器，达到配置 SDIO 工作环境的目的。SDIO 的结构体及相关操作函数都在 stm32f10x_sdio.c 文件及其对应的头文件内，因此在创建工程时需要将此标准库文件添加到工程组中。

1. SDIO 初始化结构体

SDIO 初始化结构体用于配置 SDIO 基本工作环境，如时钟分频、时钟沿、数据宽度等，它被 SDIO_Init() 函数使用。SDIO 初始化结构体如下：

```
typedef struct {
    uint32_t SDIO_ClockEdge;              //SDIO_CK 移相选择位
    uint32_t SDIO_ClockBypass;            //时钟分频旁路使能位
    uint32_t SDIO_ClockPowerSave;         //节能模式配置位
    uint32_t SDIO_BusWide;                //宽总线模式位数,默认为 4 位或 8 位
    uint32_t SDIO_HardwareFlowControl;    //硬件流控制使能
    uint8_t SDIO_ClockDiv;                //时钟分频系数
} SDIO_InitTypeDef;
```

下面简单介绍每个成员的功能。

（1）SDIO_ClockEdge：主时钟 SDIOCLK 产生 CLK 引脚时钟有效沿，可选上升沿或下降沿。它用来设定 SDIO 时钟控制寄存器（SDIO_CLKCR）的 NEGEDGE 位的值，一般设置为高电平。

（2）SDIO_ClockBypass：时钟分频旁路使用，可选使能或禁用。它用来设定 SDIO_CLKCR 寄存器的 BYPASS 位。如果使能旁路，SDIOCLK 直接驱动 CLK 线输出时钟；如果禁用，使用 SDIO_CLKCR 寄存器的 CLKDIV 位值分频 SDIOCLK，然后输出到 CLK 线。一般选择禁用时钟分频旁路。

（3）SDIO_ClockPowerSave：节能模式选择，可选使能或禁用。它用来设定 SDIO_CLKCR 寄存器的 PWRSAV 位的值。如果使能节能模式，CLK 线只有在总线激活时才有时钟输出；如果禁用节能模式，始终使能 CLK 线输出时钟。

（4）SDIO_BusWide：数据线宽度选择，可选 1 位数据总线、4 位数据总线或 8 位数据总线。系统默认使用 1 位数据总线，操作 SD 卡时，在数据传输模式下一般选择 4 位数据总线，它用来设定 SDIO_CLKCR 寄存器的 WIDBUS 位的值。

（5）SDIO_HardwareFlowControl：硬件流控制选择，可选使能或禁用。它用来设定 SDIO_CLKCR 寄存器的 HWFC_EN 位的值，硬件流控制功能可以避免 FIFO 发送上溢和下溢错误。

（6）SDIO_ClockDiv：时钟分频值，它用来设定 SDIO_CLKCR 寄存器的 CLKDIV 位的值，设置 SDIOCLK 与 CLK 线输出时钟分频值。

CLK 线时钟频率的计算公式如下：

$$CLK 线时钟频率 = SDIOCLK \div ([CLKDIV+2])$$

2. SDIO 命令初始化结构体

SDIO 命令初始化结构体用于设置命令相关内容，如命令号、命令参数、响应类型等，它被 SDIO_SendCommand() 函数使用。SDIO 命令初始化结构体如下：

```
typedef struct {
    uint32_t SDIO_Argument;          //命令参数
    uint32_t SDIO_CmdIndex;          //命令号
    uint32_t SDIO_Response;          //响应类型
    uint32_t SDIO_Wait;              //等待使能
    uint32_t SDIO_CPSM;              //命令路径状态机
} SDIO_CmdInitTypeDef;
```

下面简单介绍每个成员的功能。

（1）SDIO_Argument：作为命令的一部分发送到卡的命令参数。它用来设定 SDIO 参数寄存器（SDIO_ARG）的值。

（2）SDIO_CmdIndex：命令号选择。它用来设定 SDIO 命令寄存器（SDIO_CMD）的 CMDINDEX 位的值。

（3）SDIO_Response：响应类型。SDIO 定义了长响应和短响应两个响应类型，用户可以根据命令号选择对应的响应类型。SDIO 定义了 4 个 32 位的 SDIO 响应寄存器（SDIO_RESPx，x=1~4），短响应只用到 SDIO_RESP1。

（4）SDIO_Wait：等待类型选择。其有 3 种状态可选：第一种是无等待状态，超时检测功能启动；第二种是等待中断；第三种是等待传输完成。它用来设定 SDIO_CMD 寄存器的 WAITPEND 位和 WAITINT 位的值。

（5）SDIO_CPSM：命令路径状态机控制，可选使能或禁用 CPSM。它用来设定 SDIO_CMD 寄存器的 CPSMEN 位的值。

开发板 SDIO 使用的是 2.0 协议，即只支持标准容量 SD 和高容量 SDHC 标准卡，不支持超大容量 SDXC 标准卡，支持的最高卡容量是 32 GB。要实现 SDIO 驱动 SD 卡，最重要的步骤就是 SD 卡的初始化，只要 SD 卡初始化完成了，读写操作就比较简单。

▶▶▶ 9.5.1　硬件设计 ▶▶▶

本节使用的硬件资源有：DS0 指示灯、串口 1、TFTLCD 模块、TF 卡等。TF 卡与 STM32F10x 的 SDIO 连接电路如图 9-8 所示。

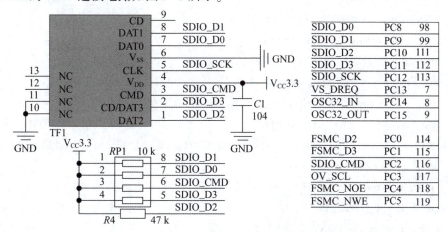

图 9-8　TF 卡与 STM32F10x 的 SDIO 连接电路

SDIO_D0	PC8	98	PC7/I2S3_MCK/IIM8_CH2/SDIO_D7
SDIO_D1	PC9	99	PC8/TIM8_CH3/SDIO_D0
SDIO_D2	PC10	111	PC8/TIM8_CH4/SDIO_D1
SDIO_D3	PC11	112	PC10/UART4_TX/SDIO_D2
SDIO_SCK	PC12	113	PC11/UART4_TX/SDIO_D3
VS_DREQ	PC13	7	PC12/UART5_TX/SDIO_CK
OSC32_IN	PC14	8	PC13/TAPER_RTC
OSC32_OUT	PC15	9	PC14/OSC32_IN
			PC15/OSC32_OUT
FSMC_D2	PC0	114	
FSMC_D3	PC1	115	PD0/FSMC_D2
SDIO_CMD	PC2	116	PD1/FSMC_D3
OV_SCL	PC3	117	PD2/TIM3_ETR/UART5_RX/SDIO_CMD
			PD3/FSMC_CLK

图 9-8　TF 卡与 STM32F10x 的 SDIO 连接电路(续)

开发板提供了一个 TF 卡接口,如需完成 SD 卡读写实验,应自备一张 TF 卡,插入此接口中即可。

▶▶▶ 9.5.2　软件设计 ▶▶▶

软件所要实现的功能:系统上电时,检测 SD 卡是否存在,若存在则在 TFTLCD 模块上显示 SD 卡的容量、类型等信息,并控制 DS0 指示灯闪烁,提示系统正常运行。程序框架如下:

(1)初始化 SD 卡;

(2)SD 卡读块函数和读写函数;

(3)编写主函数。

打开 F103ZET6LibTemplateSD 工程,在 Hardware 工程组中添加 sd_sdio.c 文件(里面包含 SD 卡驱动程序),在 STM32F10x_StdPeriph_Driver 工程组中添加 stm32f10x_sdio.c 库文件,同时要包含对应的头文件路径。

1. SD 卡初始化函数

要使用 SD 卡,必须对它进行初始化,初始化代码如下:

```
SD_Error SD_Init(void){
    NVIC_InitTypeDef NVIC_InitStructure;
    GPIO_InitTypeDef GPIO_InitStructure;
    u8 clkdiv=0;
    SD_Error errorstatus=SD_OK;                        //SDIO IO 接口初始化
    RCC_APB2PeriphClockCmd(RCC_APB2Periph_GPIOC|
    RCC_APB2Periph_GPIOD,ENABLE);                      //使能 PORTC,PORTD 时钟
    RCC_AHBPeriphClockCmd(RCC_AHBPeriph_SDIO|RCC_AHBPeriph_DMA2,ENABLE);
    //使能 SDIO,DMA2 时钟
    GPIO_InitStructure.GPIO_Pin=GPIO_Pin_8|GPIO_Pin_9|GPIO_Pin_10|
    GPIO_Pin_11|GPIO_Pin_12;                           //PC8~12 复用输出
    GPIO_InitStructure.GPIO_Mode=GPIO_Mode_AF_PP;      //复用推挽输出
```

```
    GPIO_InitStructure. GPIO_Speed=GPIO_Speed_50MHz;       //IO 接口频率为 50 MHz
    GPIO_Init(GPIOC,&GPIO_InitStructure);                  //根据设定参数初始化 PC8~12
    GPIO_InitStructure. GPIO_Pin=GPIO_Pin_2;               //PD2 复用输出
    GPIO_InitStructure. GPIO_Mode=GPIO_Mode_AF_PP;         //复用推挽输出
    GPIO_InitStructure. GPIO_Speed=GPIO_Speed_50MHz;       //IO 接口频率为 50 MHz
    GPIO_Init(GPIOD,&GPIO_InitStructure);                  //根据设定参数初始化 PD2
    GPIO_InitStructure. GPIO_Pin=GPIO_Pin_7;               //PD7 上拉输入
    GPIO_InitStructure. GPIO_Mode=GPIO_Mode_IPU;           //复用推挽输出
    GPIO_InitStructure. GPIO_Speed=GPIO_Speed_50MHz;       //IO 接口频率为 50 MHz
    GPIO_Init(GPIOD,&GPIO_InitStructure);                  //根据设定参数初始化 PD7
    //SDIO 外设寄存器设置为默认值
    SDIO_DeInit();
    NVIC_InitStructure. NVIC_IRQChannel=SDIO_IRQn;         //SDIO 中断配置
    NVIC_InitStructure. NVIC_IRQChannelPreemptionPriority=0; //抢占优先级 0
    NVIC_InitStructure. NVIC_IRQChannelSubPriority=0;      //子优先级 0
    NVIC_InitStructure. NVIC_IRQChannelCmd=ENABLE;         //使能外部中断通道
    NVIC_Init(&NVIC_InitStructure);
    //根据 NVIC_InitStruct 中指定的参数初始化外设 NVIC 寄存器
    errorstatus=SD_PowerON();                              //SD 卡上电
    if(errorstatus==SD_OK)errorstatus=SD_InitializeCards(); //初始化 SD 卡
    if(errorstatus==SD_OK)errorstatus=SD_GetCardInfo(&SDCardInfo);  //获取卡信息
    if(errorstatus==SD_OK)errorstatus=SD_SelectDeselect((u32)(SDCardInfo. RCA<<16));
    //选中 SD 卡
    if(errorstatus==SD_OK)
    errorstatus=SD_EnableWideBusOperation(1);   //4 位宽度,如果是 MMC 卡,则不能用 4 位模式
    if((errorstatus==SD_OK)||(SDIO_MULTIMEDIA_CARD==CardType)){
        if(SDCardInfo. CardType==SDIO_STD_CAPACITY_SD_CARD_V1_1||
        SDCardInfo. CardType==SDIO_STD_CAPACITY_SD_CARD_V2_0)
        clkdiv=SDIO_TRANSFER_CLK_DIV+6;   //V1. 1,V2. 0 卡,设置最高频率 72 MHz÷12=6 MHz
        else clkdiv=SDIO_TRANSFER_CLK_DIV;
        //SDHC 等其他卡,设置最高频率 72 MHz÷6=12 MHz
        SDIO_Clock_Set(clkdiv);                           //设置时钟频率
        errorstatus=SD_SetDeviceMode(SD_POLLING_MODE); //设置为轮询模式
    }
    return errorstatus;
}
```

该函数实现 SDIO 时钟及相关 IO 接口初始化，对 SDIO 部分寄存器进行清零操作，对 SD 卡进行初始化。通过 SD_PowerON( )函数完成 SD 卡上电，并获得 SD 卡的类型，然后调用 SD_InitializeCards( )函数，完成 SD 卡的初始化，代码如下：

```
SD_Error SD_InitializeCards(void){
    SD_Error errorstatus=SD_OK;
    u16 rca=0x01;
    if(SDIO_GetPowerState()==0)return SD_REQUEST_NOT_APPLICABLE;
    //检查电源状态,确保为上电状态
    if(SDIO_SECURE_DIGITAL_IO_CARD!=CardType)       //非 SECURE_DIGITAL_IO_CARD
    {    SDIO_CmdInitStructure. SDIO_Argument=0x0;        //发送 CMD2,取得 CID,长响应
        SDIO_CmdInitStructure. SDIO_CmdIndex=SD_CMD_ALL_SEND_CID;
        SDIO_CmdInitStructure. SDIO_Response=SDIO_Response_Long;
        SDIO_CmdInitStructure. SDIO_Wait=SDIO_Wait_No;
        SDIO_CmdInitStructure. SDIO_CPSM=SDIO_CPSM_Enable;
        SDIO_SendCommand(&SDIO_CmdInitStructure);         //发送 CMD2,取得 CID,长响应
        errorstatus=CmdResp2Error();                       //等待 R2 响应
        if(errorstatus!=SD_OK)return errorstatus;          //响应错误
        CID_Tab[0]=SDIO->RESP1;
        CID_Tab[1]=SDIO->RESP2;
        CID_Tab[2]=SDIO->RESP3;
        CID_Tab[3]=SDIO->RESP4;
    }
    if((SDIO_STD_CAPACITY_SD_CARD_V1_1==CardType)||
    (SDIO_STD_CAPACITY_SD_CARD_V2_0==CardType)||
    (SDIO_SECURE_DIGITAL_IO_COMBO_CARD==CardType)||
    (SDIO_HIGH_CAPACITY_SD_CARD==CardType))                      //判断卡的类型
    {   SDIO_CmdInitStructure. SDIO_Argument=0x00;                //发送 CMD3,短响应
        SDIO_CmdInitStructure. SDIO_CmdIndex=SD_CMD_SET_REL_ADDR;  //cmd3
        SDIO_CmdInitStructure. SDIO_Response=SDIO_Response_Short;   //R6
        SDIO_CmdInitStructure. SDIO_Wait=SDIO_Wait_No;
        SDIO_CmdInitStructure. SDIO_CPSM=SDIO_CPSM_Enable;
        SDIO_SendCommand(&SDIO_CmdInitStructure);                //发送 CMD3,短响应
        errorstatus=CmdResp6Error(SD_CMD_SET_REL_ADDR,&rca);     //等待 R6 响应
        if(errorstatus!=SD_OK)return errorstatus;                //响应错误
    }
    if(SDIO_MULTIMEDIA_CARD==CardType){
        SDIO_CmdInitStructure. SDIO_Argument=(u32)(rca<<16);       //发送 CMD3,短响应
        SDIO_CmdInitStructure. SDIO_CmdIndex=SD_CMD_SET_REL_ADDR;   //CMD3
        SDIO_CmdInitStructure. SDIO_Response=SDIO_Response_Short;    //R6
        SDIO_CmdInitStructure. SDIO_Wait=SDIO_Wait_No;
        SDIO_CmdInitStructure. SDIO_CPSM=SDIO_CPSM_Enable;
        SDIO_SendCommand(&SDIO_CmdInitStructure);                //发送 CMD3,短响应
```

```
        errorstatus＝CmdResp2Error();                    //等待 R2 响应
        if(errorstatus!＝SD_OK)return errorstatus;        //响应错误
    }
    if(SDIO_SECURE_DIGITAL_IO_CARD!＝CardType){
        RCA＝rca;
        SDIO_CmdInitStructure. SDIO_Argument＝(uint32_t)(rca << 16);
        //发送 CMD9＋卡 RCA,取得 CSD,长响应
        SDIO_CmdInitStructure. SDIO_CmdIndex＝SD_CMD_SEND_CSD;
        SDIO_CmdInitStructure. SDIO_Response＝SDIO_Response_Long;
        SDIO_CmdInitStructure. SDIO_Wait＝SDIO_Wait_No;
        SDIO_CmdInitStructure. SDIO_CPSM＝SDIO_CPSM_Enable;
        SDIO_SendCommand(&SDIO_CmdInitStructure);
        errorstatus＝CmdResp2Error();                    //等待 R2 响应
        if(errorstatus!＝SD_OK)return errorstatus;        //响应错误
        CSD_Tab[0]＝SDIO->RESP1;
        CSD_Tab[1]＝SDIO->RESP2;
        CSD_Tab[2]＝SDIO->RESP3;
        CSD_Tab[3]＝SDIO->RESP4;
    }
    return SD_OK;                                        //卡初始化成功
}
```

SD_InitializeCards()函数主要发送 CMD2 和 CMD3,获得 CID 寄存器内容和 SD 卡的相对地址(RCA),并通过 CMD9,获取 CSD 寄存器内容;然后 SD_Init()函数通过调用 SD_GetCardInfo()函数获取 SD 卡相关信息,并调用 SD_SelectDeselect()函数,选择要操作的卡(CMD7＋RCA),通过 SD_EnableWideBusOperation()函数设置 SDIO 的数据位宽为 4 位;最后设置 SDIO_CK 时钟的频率,并设置工作模式为 DMA 或轮询。

2. SD 卡读块函数

SD_ReadBlock()函数用于从 SD 卡指定地址读出一个块(扇区)数据,代码如下:

```
SD_Error SD_ReadBlock(u8*buf,long long addr,u16 blksize){
    SD_Error errorstatus＝SD_OK;
    u8 power;
    u32 count＝0,*tempbuff＝(u32*)buf;                   //转换为 u32 指针
    u32 timeout＝SDIO_DATATIMEOUT;
    if(NULL＝＝buf)return SD_INVALID_PARAMETER;
    SDIO->DCTRL＝0x0;                                   //数据控制寄存器清零(关 DMA)
    if(CardType＝＝SDIO_HIGH_CAPACITY_SD_CARD)          //大容量卡
    { blksize＝512;addr>>＝9;}
    SDIO_DataInitStructure. SDIO_DataBlockSize＝SDIO_DataBlockSize_1b;
    //清除 DPSM 状态机配置
    SDIO_DataInitStructure. SDIO_DataLength＝0;
```

```
SDIO_DataInitStructure. SDIO_DataTimeOut=SD_DATATIMEOUT;

SDIO_DataInitStructure. SDIO_DPSM=SDIO_DPSM_Enable;

SDIO_DataInitStructure. SDIO_TransferDir=SDIO_TransferDir_ToCard;

SDIO_DataInitStructure. SDIO_TransferMode=SDIO_TransferMode_Block;

SDIO_DataConfig(&SDIO_DataInitStructure);

if(SDIO->RESP1&SD_CARD_LOCKED)return SD_LOCK_UNLOCK_FAILED;   //卡锁定

if((blksize>0)&&(blksize<=2048)&&((blksize&(blksize-1))==0)){

    power=convert_from_bytes_to_power_of_two(blksize);

    SDIO_CmdInitStructure. SDIO_Argument=blksize;

    SDIO_CmdInitStructure. SDIO_CmdIndex=SD_CMD_SET_BLOCKLEN;

    SDIO_CmdInitStructure. SDIO_Response=SDIO_Response_Short;

    SDIO_CmdInitStructure. SDIO_Wait=SDIO_Wait_No;

    SDIO_CmdInitStructure. SDIO_CPSM=SDIO_CPSM_Enable;

    SDIO_SendCommand(&SDIO_CmdInitStructure);

    //发送 CMD16+设置数据长度为 blksize,短响应

    errorstatus=CmdResp1Error(SD_CMD_SET_BLOCKLEN); //等待 R1 响应

    if(errorstatus!=SD_OK)return errorstatus;               //响应错误

}else return SD_INVALID_PARAMETER;

SDIO_DataInitStructure. SDIO_DataBlockSize=power<<4;        //清除 DPSM 状态机配置

SDIO_DataInitStructure. SDIO_DataLength=blksize;

SDIO_DataInitStructure. SDIO_DataTimeOut=SD_DATATIMEOUT;

SDIO_DataInitStructure. SDIO_DPSM=SDIO_DPSM_Enable;

SDIO_DataInitStructure. SDIO_TransferDir=SDIO_TransferDir_ToSDIO;

SDIO_DataInitStructure. SDIO_TransferMode=SDIO_TransferMode_Block;

SDIO_DataConfig(&SDIO_DataInitStructure);

SDIO_CmdInitStructure. SDIO_Argument=addr;

SDIO_CmdInitStructure. SDIO_CmdIndex=SD_CMD_READ_SINGLE_BLOCK;

SDIO_CmdInitStructure. SDIO_Response=SDIO_Response_Short;

SDIO_CmdInitStructure. SDIO_Wait=SDIO_Wait_No;

SDIO_CmdInitStructure. SDIO_CPSM=SDIO_CPSM_Enable;

SDIO_SendCommand(&SDIO_CmdInitStructure);

//发送 CMD17+从 addr 地址处读取的数据,短响应

errorstatus=CmdResp1Error(SD_CMD_READ_SINGLE_BLOCK);   //等待 R1 响应

if(errorstatus!=SD_OK)return errorstatus;                    //响应错误

if(DeviceMode==SD_POLLING_MODE){                          //轮询模式,轮询数据

    INTX_DISABLE();   //关闭总中断(POLLING 模式,严禁中断打断 SDIO 读写操作)

    //无上溢/CRC/超时/完成(标志)/起始位错误

    while(!(SDIO->STA&((1<<5)|(1<<1)|(1<<3)|(1<<10)|(1<<9)))){

        //接收区半满,表示至少存 8 个字

        if(SDIO_GetFlagStatus(SDIO_FLAG_RXFIFOHF)!=RESET){
```

```
        for(count=0;count<8;count++)                              //循环读取数据
            *(tempbuff+count)=SDIO->FIFO;
            tempbuff+=8;
            timeout=0x7fffff;                                     //读数据溢出时间
        }else {
            if(timeout==0)return SD_DATA_TIMEOUT;                 //处理超时
            timeout--;
        }
    }
    if(SDIO_GetFlagStatus(SDIO_FLAG_DTIMEOUT)!=RESET)            //数据超时错误
    {   SDIO_ClearFlag(SDIO_FLAG_DTIMEOUT);                       //清除错误标记
        return SD_DATA_TIMEOUT;
    }else if(SDIO_GetFlagStatus(SDIO_FLAG_DCRCFAIL)!=RESET)      //数据块 CRC 错误
    {   SDIO_ClearFlag(SDIO_FLAG_DCRCFAIL);                       //清除错误标记
        return SD_DATA_CRC_FAIL;
    }else if(SDIO_GetFlagStatus(SDIO_FLAG_RXOVERR)!=RESET)       //接收 FIFO 上溢错误
    {   SDIO_ClearFlag(SDIO_FLAG_RXOVERR);                        //清除错误标记
        return SD_RX_OVERRUN;
    }else if(SDIO_GetFlagStatus(SDIO_FLAG_STBITERR)!=RESET)      //接收起始位错误
    {   SDIO_ClearFlag(SDIO_FLAG_STBITERR);                       //清除错误标记
        return SD_START_BIT_ERR;
    }
    //FIFO 里面还存在可用数据
    while(SDIO_GetFlagStatus(SDIO_FLAG_RXDAVL)!=RESET){
        *tempbuff=SDIO_ReadData();                                //循环读取数据
    tempbuff++;}
    INTX_ENABLE();                                                //开启总中断
    SDIO_ClearFlag(SDIO_STATIC_FLAGS);                            //清除所有标记
} else if(DeviceMode==SD_DMA_MODE){
    SD_DMA_Config((u32*)buf,blksize,DMA_DIR_PeripheralSRC);
    TransferError=SD_OK;
    StopCondition=0;   //单块读,不需要发送停止传输指令
    TransferEnd=0;   //传输结束标置位,在中断服务置 1
    SDIO->MASK|=(1<<1)|(1<<3)|(1<<8)|(1<<5)|(1<<9);              //配置需要的中断
    SDIO_DMACmd(ENABLE);
    while(((DMA2->ISR&0x2000)==RESET)&&(TransferEnd==0)
    &&(TransferError==SD_OK)&&timeout)timeout--;                 //等待传输完成
    if(timeout==0)return SD_DATA_TIMEOUT;                        //超时
    if(TransferError!=SD_OK)errorstatus=TransferError;
}
return errorstatus;
}
```

该函数用来发送 CMD16 设置块大小，先配置 SDIO 控制器读数据的长度，用 convert_from_bytes_to_power_of_two( ) 函数求出 blksize 以 2 为底的指数，该结果用于 SDIO 控制器读数据长度设置；然后发送 CMD17(带地址参数 addr)，从指定地址读取一块数据；最后根据所设置的模式(轮询模式/DMA 模式)，从 SDIO_FIFO 读出数据。

该函数有以下两个需要注意的地方。

(1)addr 的类型为 long long，不支持大于 4 GB 的卡，否则操作大于 4 GB 的卡可能有问题。

(2)轮询模式读写 FIFO 时，禁用任何中断打断，否则可能导致读写数据出错。因此，需使用 INTX_DISABLE( ) 函数关闭总中断，在 FIFO 写操作结束后，才打开总中断。

3. SD 卡读写函数

初始化 SD 卡后可获得 SD 卡的类型及容量大小等信息，SD 卡读写函数代码如下：

```
u8 SD_ReadDisk(u8*buf,u32 sector,u8 cnt){
    u8 sta=SD_OK,n;
    long long lsector=sector;
    lsector<<=9;
    if((u32)buf%4!=0){
        for(n=0;n<cnt;n++){                            //单个 SECTOR 的读操作
            sta=SD_ReadBlock(SDIO_DATA_BUFFER,lsector+512*n,512);
            memcpy(buf,SDIO_DATA_BUFFER,512);
        buf+=512;}
    }else {
        if(cnt==1)sta=SD_ReadBlock(buf,lsector,512);          //单个块的读操作
        else sta=SD_ReadMultiBlocks(buf,lsector,512,cnt);     //多个块的读操作
    }
    return sta;
}
u8 SD_WriteDisk(u8*buf,u32 sector,u8 cnt){
    u8 sta=SD_OK,n;
    long long lsector=sector;
    lsector<<=9;
    if((u32)buf%4!=0){
        for(n=0;n<cnt;n++){
            memcpy(SDIO_DATA_BUFFER,buf,512);
            sta=SD_WriteBlock(SDIO_DATA_BUFFER,lsector+512*n,512);//单个块的写操作
        buf+=512;}
    }else {
        if(cnt==1)sta=SD_WriteBlock(buf,lsector,512);          //单个块的写操作
    else sta=SD_WriteMultiBlocks(buf,lsector,512,cnt);       //多个块的写操作
    }
    return sta;
}
```

SD_ReadDisk()函数调用 SD 卡读块函数 SD_ReadBlock()和 SD_ReadMultiBlocks(),SD_WriteDisk()函数调用 SD 卡写块函数 SD_WriteBlock()和 SD_WriteMultiBlocks()。

在程序中,可使用轮询模式或 DMA 模式,如果对应的宏值为 1,则选择 DMA 模式,两种模式只能使用其中一种,该定义在 sdio_sdcard.h 头文件中,默认使用如下轮询模式:

```
#define SD_POLLING_MODE 0          //轮询模式
#define SD_DMA_MODE 1              //DMA 模式
```

4. 主函数

编写好 SD 卡初始化函数后,就可以知道 SD 卡的容量及类型,直接在主函数内调用即可,代码如下:

```
#include "system. h"
#include "SysTick. h"
#include "led. h"
#include "usart. h"
#include "tftlcd. h"
#include "key. h"
#include "malloc. h"
#include "sd_sdio. h"
int main(){
    u8 i=0;
    SysTick_Init(72);
    NVIC_PriorityGroupConfig(NVIC_PriorityGroup_2);          //中断优先级分组,分两组
    LED_Init();
    USART1_Init(115200);
    TFTLCD_Init();                                            //LCD 初始化
    FRONT_COLOR=RED;                                         //设置字体为红色
    LCD_ShowString(10,10,tftlcd_data. width,tftlcd_data. height,16,"STM32F103ZET6");
    LCD_ShowString(10,30,tftlcd_data. width,tftlcd_data. height,16,"SD CARD TEST");
    LCD_ShowString(10,50,tftlcd_data. width,tftlcd_data. height,16,"www. wlwzdsys. cn");
    while(SD_Init()){                                        //检测不到 SD 卡
        LCD_ShowString(10,80,tftlcd_data. width,tftlcd_data. height,16,"SD Card Error!");
        printf("SD Card Error!\r\n");
    delay_ms(500);}
    FRONT_COLOR=BLUE;                                        //设置字体为蓝色
    printf("SD Card OK!\r\n");                               //检测 SD 卡成功
    LCD_ShowString(10,80,tftlcd_data. width,tftlcd_data. height,16,
    "SD Card OK ");                                          //SD 卡的类型
    switch(SDCardInfo. CardType){
        case SDIO_STD_CAPACITY_SD_CARD_V1_1:
```

```
            printf("Card Type:SDSC V1. 1\r\n");
            LCD_ShowString(10,100,tftlcd_data. width,tftlcd_data. height,16,
            "SD Card Type: SDSC V1. 1");
            break;
            case SDIO_STD_CAPACITY_SD_CARD_V2_0:
            printf("Card Type:SDSC V2. 0\r\n");
            LCD_ShowString(10,100,tftlcd_data. width,tftlcd_data. height,16,
            "SD Card Type: SDSC V2. 0");
            break;
            case SDIO_HIGH_CAPACITY_SD_CARD:
            printf("Card Type:SDHC V2. 0\r\n");
            LCD_ShowString(10,100,tftlcd_data. width,tftlcd_data. height,16,
            "SD Card Type: SDHC V2. 0");
            break;
            case SDIO_MULTIMEDIA_CARD:
            printf("Card Type:MMC Card\r\n");
            LCD_ShowString(10,100,tftlcd_data. width,tftlcd_data. height,16,
            "SD Card Type: MMC Card ");
            break;
        }
        printf("SD Card Size: %lldMB\r\n",SDCardInfo. CardCapacity>>20);
        LCD_ShowString(10,120,tftlcd_data. width,tftlcd_data. height,16,"SD Card Size: MB");
        LCD_ShowNum(10+13*8,120,SDCardInfo. CardCapacity>>20,5,16); //显示 SD 卡的容量
        while(1){
            i++;
            if(i%20==0)LED1 =!LED1;
            delay_ms(10);
        }
    }
```

　　主函数首先调用硬件初始化函数，包括 SysTick 系统时钟、LED 初始化等；然后调用 SD_Init( )函数，判断 SD 卡是否初始化成功，如果 SD 卡初始化成功，则将通过 TFTLCD 模块和串口显示 SD 卡的容量和类型信息；最后进入 while 循环，控制 DS0 指示灯间隔 200 ms 闪烁，提示系统正常运行。

▶▶▶ 9.5.3　实验现象 ▶▶ ▶

　　将工程程序下载到开发板内运行，如果未插 TF 卡，则将显示"SD Card Error!"提示信息。在 SD 卡模块接口上插入 TF 卡，可以看到 TFTLCD 显示 SD 卡的类型和容量信息，DS0 指示灯不断闪烁，表示程序正常运行，实验现象如图 9-9 所示。

图 9-9 实验现象

如果需要通过串口调试助手显示，则按照前面实验设置串口调试助手的方式操作。

思考题

（1）使用内部 FLASH 验证掉电不丢失特性。

（2）使用 KEY_UP 按键写入多个字节数据到 AT24C02 内，如写入"Computer，IOT！"字符串，使用 KEY1 按键读取写入的数据，并通过串口输出（提示：调用 AT24CXX_Write（）与 AT24CXX_Read（）函数即可）。

（3）验证外部 FLASH 掉电不丢失特性（提示：可通过存储一个数据到 EN25Q128 内，然后下次开机再读取出来判断，如果是这个数据，那么就控制 DS1 指示灯亮）。

第 10 章
MPU6050 智能硬件

本章将介绍 MPU6050 智能硬件，MPU6050 是一款六轴传感器，主要用于四轴、平衡车和空中鼠标等智能设备的设计中，具有非常广泛的应用范围。

 ## 10.1　MPU6050 传感器介绍

▶▶▶ 10.1.1　MPU6050 传感器简介 ▶▶ ▶

MPU6050 是全球首款整合性六轴运动处理组件，相较于多组件方案，免除了组合陀螺仪与加速器时间轴之差的问题，减少了安装空间。

MPU6050 内部整合了三轴陀螺仪和三轴加速度传感器，并且含有一个 IIC 接口，可用于连接外部磁力传感器，并利用自带的数字运动处理器（Digital Motion Processor，DMP）硬件加速引擎，通过主 IIC 接口，向应用端输出完整的九轴融合演算数据。有了 DMP，用户可以使用厂商提供的运动处理资料库，方便地实现姿态解算，降低运动处理运算对操作系统的负荷，同时降低开发难度。

MPU6050 的优点包括：以数字形式输出六轴或九轴（需外接磁传感器）的旋转矩阵、四元数（Quaternion）、欧拉角格式（Euler Angle Forma）的融合演算数据（需 DMP 支持）；具有 131 dps（degree per second，度/秒）敏感度与全格感测范围为 ±250 dps、±500 dps、±1 000 dps 与 ±2 000 dps 的三轴角速度感测器（陀螺仪）；集成可程序控制，范围为 ±2g、±4g、±8g 和 ±16g 的三轴加速度传感器；移除加速器与陀螺仪轴间敏感度，降低给予的影响与感测器的漂移；自带数字运动处理引擎，可减少 MCU 复杂的融合演算数据、感测器同步化、姿势感应等的负荷；内建运作时间偏差与磁力感测器校正演算技术，免除另外进行校正的需求；自带一个数字温度传感器；带数字输入同步引脚支持视频电子影像稳定技术与 GPS；支持姿势识别、摇摄、画面放大/缩小、滚动、快速下降中断、零动作感应、触击感应、摇动感应功能；V_{DD} 供电电压为 (2.5±5%) V、(3.0±5%) V、(3.3±5%) V；V_{LOGIC} 可低至 (1.8±5%) V；陀螺仪工作电流为 5 mA，陀螺仪待机电流为 5 μA，加速器工作电流为 500 μA，加速器省电模式电流为 40 μA；自带 1 024 字节 FIFO，有助于降低系统功耗；高达 400 kHz 的 IIC 通信接口；超小封装尺寸 4 mm×4 mm×0.9 mm（QFN）。

10.1.2 MPU6050 传感器的使用步骤 ▶▶▶ ▶

MPU6050 采用 IIC 通信，STM32F10x 采用非中断方式读取 MPU6050 的加速度和角速度传感器数据，需要初始化的步骤如下。

（1）初始化 IIC 接口。MPU6050 采用 IIC 接口与 STM32F10x 通信，因此需要先初始化与 MPU6050 连接的 SDA 和 SCL 数据线。这里 MPU6050 与 AT24C02 共用一个 IIC，因此与初始化 IIC 相同。

（2）复位 MPU6050。通过电源管理寄存器 1(0x6b) 的第 7 位写 1，实现 MPU6050 所有寄存器恢复默认值。复位后，电源管理寄存器 1 恢复默认值 (0x40)，然后必须设置该寄存器为 0x00，以唤醒 MPU6050，进入正常工作状态。

（3）设置角速度传感器（陀螺仪）和加速度传感器的满量程范围。设置两个传感器的满量程范围 (FSR)，分别通过陀螺仪配置寄存器 (0x1b) 和加速度传感器配置寄存器 (0x1c) 设置。一般设置陀螺仪的满量程范围为 ±2 000 dps，加速度传感器的满量程范围为 $\pm 2g$。

（4）设置其他参数。关闭中断、关闭 AUX IIC 接口、禁止 FIFO、设置陀螺仪采样率和数字低通滤波器 (DLPF) 等。玄武 F103 开发板不用中断方式读取数据，因此关闭中断，因为没用到 AUX IIC 接口外接其他传感器，所以也关闭这个接口，分别通过中断使能寄存器 (0x38) 和用户控制寄存器 (0x6a) 控制。MPU6050 可以使用 FIFO 存储传感器数据，若没有用到，则可以关闭所有 FIFO 通道，通过 FIFO 使能寄存器 (0x23) 控制，默认都是 0，即禁止 FIFO。陀螺仪采样率通过采样率分频寄存器 (0x19) 控制，一般设置为 50。数字低通滤波器则通过配置寄存器 (0x1a) 设置，一般设置 DLPF 为带宽的 1/2。

（5）配置系统时钟源并使能角速度传感器和加速度传感器。通过电源管理寄存器 1(0x6b) 来设置系统时钟源，该寄存器的最低 3 位用于设置系统时钟源选择，默认值是 0，内部 8MB 的 *RC* 震荡，一般设置为 1，选择 x 轴陀螺 PLL 作为时钟源，以获得更高精度的时钟。同时，通过电源管理寄存器 2(0x6c) 使能角速度传感器和加速度传感器，设置对应位为 0 即可开启。

至此，MPU6050 初始化完成，其他未设置的寄存器全部采用默认值。接下来就可以读取相关寄存器，得到加速度传感器、角速度传感器和温度传感器的数据。

10.2 利用 DMP 进行姿态解算

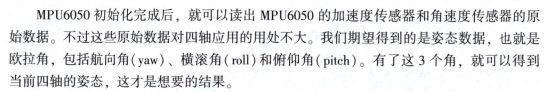

MPU6050 初始化完成后，就可以读出 MPU6050 的加速度传感器和角速度传感器的原始数据。不过这些原始数据对四轴应用的用处不大。我们期望得到的是姿态数据，也就是欧拉角，包括航向角 (yaw)、横滚角 (roll) 和俯仰角 (pitch)。有了这 3 个角，就可以得到当前四轴的姿态，这才是想要的结果。

要得到欧拉角数据，就得利用原始数据进行姿态融合解算。MPU6050 自带数字运动处理器，即 DMP，并且提供了嵌入式运动驱动库。结合 MPU6050 的 DMP，可以将原始数据直接转换成四元数输出，进而可以计算出欧拉角，得到 yaw、roll 和 pitch。使用内置的 DMP，简化了四轴的代码设计，且 MCU 不用进行姿态解算，降低了 MCU 的负担，从而有更多的时间去处理其他事件，提高了系统实时性。

使用 MPU6050 的 DMP 输出的四元数是 q30 格式，即浮点数放大 2^{30} 倍，在换算成欧拉角之前，必须先将其转换为浮点数，也就是除以 2^{30} 再进行计算，代码如下：

```
q0=quat[0]/q30;                                    //q30 格式的四元数转换为浮点数
q1=quat[1]/q30;
q2=quat[2]/q30;
q3=quat[3]/q30;
//计算得到俯仰角/横滚角/航向角
pitch=asin(-2*q1*q3+2*q0*q2)*57.3;                 //俯仰角
roll=atan2(2*q2*q3+2*q0*q1,-2*q1*q1-2*q2*q2+1)*57.3;  //横滚角
yaw=atan2(2*(q1*q2+q0*q3),q0*q0+q1*q1-q2*q2-q3*q3)*57.3;  //航向角
```

其中，quat[0]~quat[3]是 DMP 解算后的四元数，采用 q30 格式，因此要除以 2^{30}。q30 是一个常量 1 073 741 824，即 2^{30}，然后代入公式，计算出欧拉角。公式中的 57.3 是弧度转换为角度，即 $180/\pi$，这样得到的结果以度（°）为单位。

官方 DMP 驱动库移植比较简单，主要实现 i2c_write( )、i2c_read( )、delay_ms( ) 和 get_ms( ) 这 4 个函数，驱动库中有 inv_mpu. c 和 inv_mpu_dmp_motion_driver. c 两个关键文件。在 inv_mpu. c 文件中添加了几个函数，如 mpu_dmp_init( ) 和 mpu_dmp_get_data( )，前者是 MPU6050 DMP 的初始化函数，该函数的代码如下：

```
u8 mpu_dmp_init(void){
    u8 res=0;
    IIC_Init();                                              //初始化 IIC 总线
    if(mpu_init()==0){                                       //初始化 MPU6050
        res=mpu_set_sensors(INV_XYZ_GYRO|INV_XYZ_ACCEL);    //设置所需要的传感器
        if(res)return 1;
        res=mpu_configure_fifo(INV_XYZ_GYRO|INV_XYZ_ACCEL); //设置 FIFO
        if(res)return 2;
        res=mpu_set_sample_rate(DEFAULT_MPU_HZ);            //设置采样率
        if(res)return 3;
        res=dmp_load_motion_driver_firmware();             //加载 DMP 固件
        if(res)return 4;
        //设置陀螺仪方向
        res=dmp_set_orientation(inv_orientation_matrix_to_scalar(gyro_orientation));
        if(res)return 5;
        //设置 DMP 功能
        res=dmp_enable_feature(DMP_FEATURE_6X_LP_QUAT|DMP_FEATURE_TAP|
        DMP_FEATURE_ANDROID_ORIENT|DMP_FEATURE_SEND_RAW_ACCEL|
```

```
        DMP_FEATURE_SEND_CAL_GYRO|22. DMP_FEATURE_GYRO_CAL);
        if(res)return 6;
        res=dmp_set_fifo_rate(DEFAULT_MPU_HZ);      //设置 DMP 输出速度(最大不超过 200 Hz)
        if(res)return 7;
        res=run_self_test();                         //自检
        if(res)return 8;
        res=mpu_set_dmp_state(1);                     //使能 DMP
        if(res)return 9;
    }
    return 0;
}
```

此函数首先通过 IIC_Init( )函数初始化 MPU6050 的 IIC 接口，然后调用 mpu_init( )函数，初始化 MPU6050，进行 DMP 所用传感器、FIFO、采样率和加载固件设置等一系列操作。在所有操作都正常之后，通过 mpu_set_dmp_state(1)使能 DMP 功能，便可以通过 mpu_dmp_get_data( )函数来读取姿态解算后的数据。mpu_dmp_get_data( )函数的代码如下：

```
u8 mpu_dmp_get_data(float*pitch,float*roll,float*yaw){
    float q0=1. 0f,q1=0. 0f,q2=0. 0f,q3=0. 0f;
    unsigned long sensor_timestamp;
    short gyro[3],accel[3],sensors;
    unsigned char more;
    long quat[4];
    if(dmp_read_fifo(gyro,accel,quat,&sensor_timestamp,&sensors,&more))return 1;
    if(sensors&INV_WXYZ_QUAT){
        q0=quat[0]/q30;
        //q30 格式的四元数转换为浮点数
        q1=quat[1]/q30;
        q2=quat[2]/q30;
        q3=quat[3]/q30;
        //计算得到俯仰角/横滚角/航向角
        pitch=asin(-2*q1*q3+2*q0*q2)*57. 3;                      //计算 pitch
        roll=atan2(2*q2*q3+2*q0*q1,-2*q1*q1-2*q2*q2+1)*57. 3;    //计算 roll
        yaw=atan2(2*(q1*q2+q0*q3),q0*q0+q1*q1-q2*q2-q3*q3)*57. 3; //计算 yaw
    } else return 2;
    return 0;
}
```

此函数可得到 DMP 姿态解算后的 pitch、roll 和 yaw 值，函数局部变量有点多，在使用时，如果宕机，则需要在 startup_stm32f10x. s 文件里面将堆栈设置得大一点，默认是 400。将 dmp_read_fifo( )函数读到的 q30 格式的四元数转换成欧拉角。

利用上面这两个函数，就可以读取到姿态解算后的欧拉角，使用起来非常方便。

10.3　硬件设计

本节使用的硬件资源有 DS0 指示灯、KEY_UP 按键、串口 1、TFTLCD 模块、MPU6050 等。MPU6050 与 STM32F10x 的连接电路如图 10-1 所示。

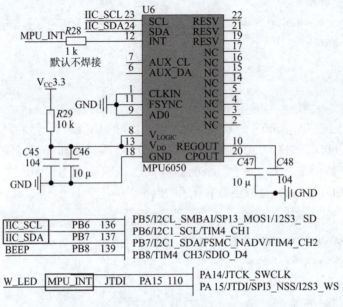

图 10-1　**MPU6050 与 STM32F10x 的连接电路**

从图中可以看到，MPU6050 芯片与 STM32F10x 芯片的连接只有 3 根线，其中两根是 IIC 总线（PB6 和 PB7），AT24C02 芯片也使用了这两根线，因此不能同时使用，但可以分时复用。MPU6050 的中断输出线（MPU_INT）连接在 PA15 引脚上，另外芯片的 AD0 接在 GND 上，因此 MPU6050 的器件地址是 0x68。

DS0 指示灯用来提示系统运行状态，KEY_UP 按键用来控制数据（加速度传感器、陀螺仪、DMP 姿态解算后的欧拉角等数据）上传功能，如果开启数据上传功能，那么这些数据将通过串口 1 发送给上位机，使用四轴上位机软件即可观察 3D 姿态变化。同时 TFTLCD 模块也可显示温度及欧拉角等信息。

10.4　软件设计

软件所要实现的功能：使用 STM32F10x 来驱动 MPU6050，读取其原始数据，并利用其自带的 DMP 实现姿态解算，结合四轴上位机软件和 TFTLCD 显示。软件使用 KEY_UP 按键来控制数据（加速度传感器、陀螺仪、DMP 姿态解算后的欧拉角等数据）上传。程序框架如下：

（1）初始化 MPU6050；

（2）读取 MPU6050 的加速度、陀螺仪原始数据和温度；

（3）使用 DMP 进行姿态解算获取欧拉角；

（4）将 DMP 解算后的数据打包上传给上位机；

（5）编写主函数。

打开 F103ZET6LibTemplateMPU 工程，在 Hardware 工程组中添加 mpu6050.c、inv_mpu.c、inv_mpu_dmp_motion_driver.c 文件（包含 MPU6050 及 DMP 解算的驱动程序），在 STM32F10x_StdPeriph_Driver 工程组中并未添加新的库文件，仍然采用的是一个工程的模板。

1. MPU6050 初始化函数

要使用 MPU6050，就要对它进行初始化，具体代码如下：

```
u8 MPU6050_Init(void){
    u8 res;
    IIC_Init();                                              //初始化 IIC 总线
    MPU6050_Write_Byte(MPU6050_PWR_MGMT1_REG,0x80);         //复位 MPU6050
    delay_ms(100);
    MPU6050_Write_Byte(MPU6050_PWR_MGMT1_REG,0x00);         //唤醒 MPU6050
    MPU6050_Set_Gyro_Fsr(3);                                //陀螺仪,±2 000 dps
    MPU6050_Set_Accel_Fsr(0);                               //加速度传感器,±2g
    MPU6050_Set_Rate(50);                                   //设置采样率 50 Hz
    MPU6050_Write_Byte(MPU6050_INT_EN_REG,0x00);            //关闭所有中断
    MPU6050_Write_Byte(MPU6050_USER_CTRL_REG,0x00);         //IIC 主模式关闭
    MPU6050_Write_Byte(MPU6050_FIFO_EN_REG,0x00);           //关闭 FIFO
    MPU6050_Write_Byte(MPU6050_INTBP_CFG_REG,0x80);         //INT 引脚低电平有效
    res=MPU6050_Read_Byte(MPU6050_DEVICE_ID_REG);
    if(res==MPU6050_ADDR){                                  //器件 ID 正确
    MPU6050_Write_Byte(MPU6050_PWR_MGMT1_REG,0x01);         //设置 CLKSEL,PLL x 轴为参考
    MPU6050_Write_Byte(MPU6050_PWR_MGMT2_REG,0x00);         //加速度传感器与陀螺仪都工作
    MPU6050_Set_Rate(50);                                   //设置采样率为 50 Hz
    }else return 1;
    return 0;
}
```

2. 获取 MPU6050 原始值和温度值函数

MPU 初始化成功后接下来就可以读取传感器数据，具体代码如下：

```
short MPU6050_Get_Temperature(void){
    u8 buf[2];
    short raw;
    float temp;
    MPU6050_Read_Len(MPU6050_ADDR,MPU6050_TEMP_OUTH_REG,2,buf);
```

```
        raw=((u16)buf[0]<<8)|buf[1];
        temp=36.53+((double)raw)/340;
        return temp*100;
    }
    u8 MPU6050_Get_Gyroscope(short*gx,short*gy,short*gz){
        u8 buf[6],res;
        res=MPU6050_Read_Len(MPU6050_ADDR,MPU6050_GYRO_XOUTH_REG,6,buf);
        if(res==0){
            *gx=((u16)buf[0]<<8)|buf[1];
            *gy=((u16)buf[2]<<8)|buf[3];
            *gz=((u16)buf[4]<<8)|buf[5];
        }
        return res;
    }
    u8 MPU6050_Get_Accelerometer(short*ax,short*ay,short*az){
        u8 buf[6],res;
        res=MPU6050_Read_Len(MPU6050_ADDR,MPU6050_ACCEL_XOUTH_REG,6,buf);
        if(res==0){
            *ax=((u16)buf[0]<<8)|buf[1];
            *ay=((u16)buf[2]<<8)|buf[3];
            *az=((u16)buf[4]<<8)|buf[5];
        }
        return res;
    }
```

MPU6050_Get_Temperature( )函数用于获取 MPU6050 自带温度传感器的温度值，通过读取相应寄存器获取温度数据，这些寄存器的宏在 mpu6050.h 文件中定义。MPU6050_Get_Gyroscope( )和 MPU6050_Get_Accelerometer( )函数分别用于读取陀螺仪和加速度传感器的原始数据。这些函数内部还调用了 MPU6050_Write_Len( )和 MPU6050_Read_Len( )函数，具体代码如下：

```
    u8 MPU6050_Write_Len(u8 addr,u8 reg,u8 len,u8*buf){
        u8 i;
        IIC_Start();
        IIC_Send_Byte((addr<<1)|0);              //发送器件地址和写命令
        if(IIC_Wait_Ack()){                      //等待应答
        IIC_Stop();return 1;}
        IIC_Send_Byte(reg);                      //写寄存器地址
        IIC_Wait_Ack();                          //等待应答
        for(i=0;i<len;i++){
            IIC_Send_Byte(buf[i]);               //发送数据
            if(IIC_Wait_Ack()){                  //等待 ACK
            IIC_Stop();return 1;}
```

```
        }
        IIC_Stop();
        return 0;
    }
    u8 MPU6050_Read_Len(u8 addr,u8 reg,u8 len,u8*buf){
        IIC_Start();
        IIC_Send_Byte((addr<<1)|0);              //发送器件地址和写命令
        if(IIC_Wait_Ack()){                      //等待应答
        IIC_Stop();return 1;}
        IIC_Send_Byte(reg);                      //写寄存器地址
        IIC_Wait_Ack();                          //等待应答
        IIC_Start();
        IIC_Send_Byte((addr<<1)|1);              //发送器件地址和读命令
        IIC_Wait_Ack();                          //等待应答
        while(len){
            if(len==1)*buf=IIC_Read_Byte(0);     //读数据,发送 nACK
            else*buf=IIC_Read_Byte(1);           //读数据,发送 ACK
            len--;
            buf++;
        }
        IIC_Stop();                              //产生一个停止条件
        return 0;
    }
```

　　MPU6050_Write_Len( )函数用于指定器件和地址，连续写数据，可用于实现 DMP 的 i2c_write( )函数；而 MPU6050_Read_Len( )函数用于指定器件和地址，连续读数据，可用于实现 DMP 的 i2c_read( )函数。

3. 获取 DMP 解算后的欧拉角函数

　　从 MPU6050 传感器读取出来的是原始数据，如果要将其应用到项目中，则还需要进行 DMP 姿态解算，即最终需要获得欧拉角。实现 DMP 解算过程主要代码如下：

```
    u8 mpu_dmp_get_data(float*pitch,float*roll,float*yaw){
        float q0=1.0f,q1=0.0f,q2=0.0f,q3=0.0f;
        unsigned long sensor_timestamp;
        short gyro[3],accel[3],sensors;
        unsigned char more;
        long quat[4];
        if(dmp_read_fifo(gyro,accel,quat,&sensor_timestamp,&sensors,&more))return 1;
        if(sensors&INV_WXYZ_QUAT){
            q0=quat[0]/q30;                           //q30 格式的四元数转换为浮点数
            q1=quat[1]/q30;
            q2=quat[2]/q30;
```

```
            q3=quat[3]/q30;
            //计算得到 pitch、roll、yaw 值
            *pitch=asin(-2*q1*q3+2*q0*q2)*57.3;                          //计算 pitch
            *roll=atan2(2*q2*q3+2*q0*q1,-2*q1*q1-2*q2*q2+1)*57.3;        //计算 roll
            *yaw=atan2(2*(q1*q2+q0*q3),q0*q0+q1*q1-q2*q2-q3*q3)*57.3;    //计算 yaw
        }else return 2;
        return 0;
    }
```

函数内将获取的原始数据通过前面介绍的 DMP 的计算公式获取欧拉角。

4. 上传 DMP 解算后的数据函数

通过 DMP 解算后，就可以将这些数据上传到上位机软件。这里将 DMP 解算后的数据及原始数据通过串口 1 上传，具体代码如下：

```
void usart1_send_char(u8 c){
    while(USART_GetFlagStatus(USART1,USART_FLAG_TC)==RESET);
    USART_SendData(USART1,c);
}
void usart1_niming_report(u8 fun,u8*data,u8 len){
    u8 send_buf[32];
    u8 i;
    if(len>28)return;                                        //最多 28 个字节的数据
    send_buf[len+3]=0;                                       //校验数置零
    send_buf[0]=0x88;                                        //帧头
    send_buf[1]=fun;                                         //功能字
    send_buf[2]=len;                                         //数据长度
    for(i=0;i<len;i++)send_buf[3+i]=data[i];                 //复制数据
    for(i=0;i<len+3;i++)send_buf[len+3]+=send_buf[i];        //计算校验和
    for(i=0;i<len+4;i++)usart1_send_char(send_buf[i]);       //发送数据到串口 1
}
void mpu6050_send_data(short aacx,short aacy,short aacz,short gyrox,short gyroy,short gyroz){
    u8 tbuf[12];
    tbuf[0]=(aacx>>8)&0xff;
    tbuf[1]=aacx&0xff;
    tbuf[2]=(aacy>>8)&0xff;
    tbuf[3]=aacy&0xff;
    tbuf[4]=(aacz>>8)&0xff;
    tbuf[5]=aacz&0xff;
    tbuf[6]=(gyrox>>8)&0xff;
    tbuf[7]=gyrox&0xff;
    tbuf[8]=(gyroy>>8)&0xff;
    tbuf[9]=gyroy&0xff;
```

```
        tbuf[10]=(gyroz>>8)&0xff;
        tbuf[11]=gyroz&0xff;
        usart1_niming_report(0xa1,tbuf,12);                    //自定义帧,0xa1
}
void usart1_report_imu(short aacx,short aacy,short aacz,short gyrox,short gyroy,
short gyroz,short roll,short pitch,short yaw){
        u8 tbuf[28],i;
        for(i=0;i<28;i++)tbuf[i]=0;                            //清零
        tbuf[0]=(aacx>>8)&0xff;
        tbuf[1]=aacx&0xff;
        tbuf[2]=(aacy>>8)&0xff;
        tbuf[3]=aacy&0xff;
        tbuf[4]=(aacz>>8)&0xff;
        tbuf[5]=aacz&0xff;
        tbuf[6]=(gyrox>>8)&0xff;
        tbuf[7]=gyrox&0xff;
        tbuf[8]=(gyroy>>8)&0xff;
        tbuf[9]=gyroy&0xff;
        tbuf[10]=(gyroz>>8)&0xff;
        tbuf[11]=gyroz&0xff;
        tbuf[18]=(roll>>8)&0xff;
        tbuf[19]=roll&0xff;
        tbuf[20]=(pitch>>8)&0xff;
        tbuf[21]=pitch&0xff;
        tbuf[22]=(yaw>>8)&0xff;
        tbuf[23]=yaw&0xff;
        usart1_niming_report(0xaf,tbuf,28);                    //飞控显示帧,0xaf
}
```

usart1_niming_report()函数用于将数据打包、计算校验和，然后上报给四轴上位机软件。mpu6050_send_data()函数用于上报加速度传感器和陀螺仪的原始数据，可用于显示传感器数据，通过0xa1自定义帧发送。usart1_report_imu()函数则用于上报飞控显示帧，可以实时3D显示MPU6050的姿态、传感器数据等。

5. 主函数

编写好MPU6050初始化、获取MPU6050原始值和温度值、获取DMP解算后的欧拉角、上传DMP解算后的数据函数后，就可以编写主函数了。代码如下：

```
int main(){
        u8 i=0,key,report=1;
        float pitch,roll,yaw;                                 //欧拉角
        short aacx,aacy,aacz;                                 //加速度传感器的原始数据
        short gyrox,gyroy,gyroz;                              //陀螺仪的原始数据
        short temp;                                           //温度
        SysTick_Init(72);
        NVIC_PriorityGroupConfig(NVIC_PriorityGroup_2);       //中断优先级分组,分两组
```

```
LED_Init();
USART1_Init(256000);
TFTLCD_Init();                                          //LCD 初始化
KEY_Init();
MPU6050_Init();                                         //初始化 MPU6050
FRONT_COLOR=BLACK;
LCD_ShowString(10,10,tftlcd_data. width,tftlcd_data. height,16,"PRECHIN STM32F1");
LCD_ShowString(10,30,tftlcd_data. width,tftlcd_data. height,16,"www. prechin. net");
LCD_ShowString(10,50,tftlcd_data. width,tftlcd_data. height,16,"MPU6050 Test");
printf("mpu_dmp_init()=% d\r\n",mpu_dmp_init());
FRONT_COLOR=RED;
while(mpu_dmp_init()){
    printf("MPU6050 Error!\r\n");
    LCD_ShowString(10,130,tftlcd_data. width,tftlcd_data. height,16,"MPU6050 Error!");
    delay_ms(200);
}
printf("MPU6050 OK!\r\n");
LCD_ShowString(10,130,tftlcd_data. width,tftlcd_data. height,16,"MPU6050 OK!");
LCD_ShowString(10,150,tftlcd_data. width,tftlcd_data. height,16,"K_UP:UPLOAD ON/OFF");
FRONT_COLOR=BLUE;                                       //设置字体为蓝色
LCD_ShowString(10,170,tftlcd_data. width,tftlcd_data. height,16,"UPLOAD ON ");
LCD_ShowString(10,200,tftlcd_data. width,tftlcd_data. height,16," Temp:. C");
LCD_ShowString(10,220,tftlcd_data. width,tftlcd_data. height,16,"Pitch:. C");
LCD_ShowString(10,240,tftlcd_data. width,tftlcd_data. height,16," Roll:. C");
LCD_ShowString(10,260,tftlcd_data. width,tftlcd_data. height,16," Yaw :. C");
while(1){
    key=KEY_Scan(0);
    if(key==KEY_UP_PRESS){
        report=!report;
        if(report)
        LCD_ShowString(10,170,tftlcd_data. width,tftlcd_data. height,16,"UPLOAD ON ");
        else
        LCD_ShowString(10,170,tftlcd_data. width,tftlcd_data. height,16,"UPLOAD OFF");
    }
    if(mpu_dmp_get_data(&pitch,&roll,&yaw)==0){
        temp=MPU6050_Get_Temperature();                //得到温度值
        MPU6050_Get_Accelerometer(&aacx,&aacy,&aacz);  //得到加速度传感器数据
        MPU6050_Get_Gyroscope(&gyrox,&gyroy,&gyroz);   //得到陀螺仪数据
        if(report)
        mpu6050_send_data(aacx,aacy,aacz,gyrox,gyroy,gyroz);
```

```
//用自定义帧发送加速度传感器和陀螺仪的原始数据
if(report)
usart1_report_imu(aacx,aacy,aacz,gyrox,gyroy,gyroz,
(int)(roll*100),(int)(pitch*100),(int)(yaw*10));
if((i%10)==0){
    if(temp<0){
        LCD_ShowChar(10+48,200,'-',16,0);          //显示负号
        temp=-temp;                                //转为正数
    }else
    LCD_ShowChar(10+48,200,' ',16,0);              //去掉负号
    LCD_ShowNum(10+48+8,200,temp/100,3,16);        //显示整数部分
    LCD_ShowNum(10+48+40,200,temp%10,1,16);        //显示小数部分
    temp=pitch*10;
    if(temp<0){
        LCD_ShowChar(10+48,220,'-',16,0);          //显示负号
        temp=-temp;                                //转为正数
    }else
    LCD_ShowChar(10+48,220,' ',16,0);              //去掉负号
    LCD_ShowNum(10+48+8,220,temp/10,3,16);         //显示整数部分
    LCD_ShowNum(10+48+40,220,temp%10,1,16);        //显示小数部分
    temp=roll*10;
    if(temp<0){
        LCD_ShowChar(10+48,240,'-',16,0);          //显示负号
        temp=-temp;                                //转为正数
    }else
    LCD_ShowChar(10+48,240,' ',16,0);              //去掉负号
    LCD_ShowNum(10+48+8,240,temp/10,3,16);         //显示整数部分
    LCD_ShowNum(10+48+40,240,temp%10,1,16);        //显示小数部分
    temp=yaw*10;
    if(temp<0){
        LCD_ShowChar(10+48,260,'-',16,0);          //显示负号
        temp=-temp;                                //转为正数
    }else
    LCD_ShowChar(10+48,260,' ',16,0);              //去掉负号
    LCD_ShowNum(10+48+8,260,temp/10,3,16);         //显示整数部分
    LCD_ShowNum(10+48+40,260,temp%10,1,16);        //显示小数部分
    LED1=!LED1;
    }
    }
i++;
    }
}
```

主函数首先调用硬件初始化函数，包括 SysTick 系统时钟、LED 初始化、MPU6050_Init( )函数等；其次调用 mpu_dmp_init( )函数初始化传感器内部的 DMP，并且不断循环检测初始化是否成功，如果失败，则 TFTLCD 显示"MPU6050 Error!"，如果成功，则显示"MPU6050 OK!"；然后进入 while 循环，调用 mpu_dmp_get_data( )函数读取解算后的欧拉角，并且读取传感器的原始数据和温度数据；最后通过 KEY_UP 按键控制解算后的数据和原始数据是否上传，通过四轴上位机软件查看，同时将解算后的欧拉角及温度数据显示在 TFTLCD 上。DS0 指示灯不断闪烁，提示系统正常运行。注意，为了能高速上传数据，这里将串口 1 的波特率设置为"256000"，使用上位机软件测试的时候也要改成这个值。

10.5 实验现象

将工程程序编译后下载到开发板内运行，可以看到 DS0 指示灯不断闪烁，表示程序正常运行。同时在 TFTLCD 模块上可以看到解算后的欧拉角及温度数据值，实验现象如图 10-2 所示。

图 10-2 实验现象

图中显示了 MPU6050 的温度、俯仰角、横滚角和航向角的数值。可以晃动开发板，查看各角度数值的变化。可以通过 KEY_UP 按键开启数据上传功能，然后打开四轴上位机软件，即可观察 3D 姿态图形。注意，一定要将串口 1 的波特率设置为"256000"。

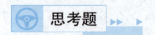

利用本实验程序的航向角控制开发板上蜂鸣器声音大小，左转加大，右转减小（提示：对航向角值进行处理后，控制 PWM 占空比，从而调节蜂鸣器声音）。

第 11 章
面向云平台的智能硬件

　　智能硬件是继智能手机之后的一个科技概念，它通过软、硬件结合的方式对传统设备进行改造，让其拥有智能化的功能。智能化之后，硬件具备连接的能力，可以实现互联网服务的加载，形成"云+端"的典型架构，从而具备了大数据等附加价值。目前，智能硬件已广泛应用于机器人控制、智能家居、工业控制、医疗设备、汽车电子等领域。本章将介绍面向云平台的智能硬件。

 11.1　无线模块与通信应用协议

▶▶▶ 11.1.1　ESP8266 模块 ▶▶ ▶

　　ESP8266 是一个完整且自成体系的 Wi-Fi 网络解决方案，支持无线接入点（softAP）模式、无线终端（station）模式和接入点+无线终端共存模式，能够独立运行，可以十分灵活地实现组网和网络拓扑。例如，ESP8266 作为接入点，手机、计算机、用户设备、其他 ESP8266 无线终端接口等均可以作为无线终端连入 ESP8266，组建成一个局域网；ESP8266 作为无线终端，通过路由器（AP）连入互联网，可向云端服务器上传、下载数据。用户可随时使用移动终端（手机、笔记本电脑等），通过云端监控 ESP8266 模块的状况，向 ESP8266 模块发送控制指令。

　　ESP8266 支持透传，即透明传输功能。主机通过串口将数据发送给 ESP8266，后者再通过无线网络将数据传输出去；ESP8266 通过无线网络接收到的数据，通过串口传到主机。ESP8266 只负责将数据传到目标地址，不对数据进行处理，发送方和接收方的数据内容、长度完全一致，传输过程就好像透明一样。

　　ESP8266 判断串口传来的数据的时间间隔，若时间间隔大于 20 ms，则认为一帧结束；否则一直接收数据到上限值 2 KB，认为一帧结束。ESP8266 模块判断串口传来的数据一帧结束后，通过 Wi-Fi 接口将数据转发出去。

　　ESP8266 Wi-Fi 模块可以通过串口与嵌入式单片机连接，模块电源一般为 3.3 V，通过编程给模块进行初始化设置，可以以透传模式运行。

11.1.2 MQTT 的通信应用协议

MQTT(Message Queuing Telemetry Transport，消息队列遥测传输)协议是一种基于客户端与服务器的发布/订阅(Publish/Subscribe)模式的轻量级通信协议，该协议构建于 TCP/IP 协议簇上。MQTT 协议最大优点在于，可以以极少的代码和有限的带宽，为远程连接设备提供实时可靠的消息服务，作为一种低开销、低带宽占用的即时通信协议，其在物联网、小型设备、移动应用等方面有较广泛的应用，也包括受限的环境中，如机器与机器(Machine to Machine，M2M)通信和卫星链路通信传感器、偶尔拨号的医疗设备等。

在 MQTT 协议中主要有 3 种身份：发布者(Publisher)、服务器(Broker)和订阅者(Subscriber)。其中，MQTT 消息的发布者和订阅者都是客户端，服务器只是作为中转存在，其将发布者发布的消息转发给所有订阅该主题的订阅者。发布者可以发布在其权限之内的所有主题，并且发布者可以同时是订阅者，从而实现了生产者与消费者的脱耦，发布的消息可以同时被多个订阅者订阅。

MQTT 客户端的功能包括发布消息给其他相关的客户端、订阅主题请求接收相关的应用消息、取消订阅主题请求移除接收应用消息、从服务端终止连接等。

MQTT 服务器也常被称为消息代理，可以是一个应用程序或一个设备，它一般为云服务器，如一些物联网平台常使用的就是 MQTT 协议，它是位于发布者和订阅者之间，以便用于接收消息并发送到订阅者之中，它的功能包括接受来自客户端的网络连接请求、接受客户端发布的应用消息、处理客户端的订阅和取消订阅请求、转发应用消息给符合条件的已订阅客户端(包括发布者自身)等。

MQTT 服务器为每个连接的客户端(订阅者)添加一个标签，该标签与服务器的所有订阅相匹配，服务器将消息转发给与标签相匹配的每个客户端。当然，订阅者也是需要有权限才能订阅对应主题的，例如像阿里云中的订阅者只能订阅同一个产品下的主题，而不能跨产品订阅，这种处理就能达到较高信息安全性，以及多个订阅者能及时收到消息。主题(Topic)是 MQTT 协议中的一个重要概念，用于标识发布者发布的消息类型。主题通常由一个或多个层级(级别)组成，层级之间由斜杠(/)分隔，如/test 和/test/test1/test2 都是有效的主题。发布者与订阅者可以通过主题名称，一般为 UTF-8 编码(如英文字符串)的形式发布和订阅主题，绝大多数的 MQTT 服务器支持动态发布/订阅主题，即当前服务器中没有某个主题，但是客户端可以直接向该主题发布/订阅消息，这样服务器就会创建对应的主题。当然，服务器中一般也会默认提供多个系统主题，所有连接的客户端均可订阅。

11.1.3 在线公共 MQTT 服务器

很多 MQTT 项目和物联网服务都提供了在线公共 MQTT 服务器，用户可以直接利用其进行 MQTT 学习、测试、原型制作，甚至是小规模使用，而无须再自行部署，应用起来十分方便快捷，节省时间与精力成本。但因为地理位置、网络环境及服务器负载的不同，每个公共 MQTT 服务器的稳定性及消息传输延时也不尽相同。

开发板选择 EMQ X 的 broker.emqx.io 作为 MQTT 服务器，其 TCP 的端口号为 1883，TLS 的端口号为 8883，WebSocket 的端口号为 8083 或 8084。

11.2　硬件设计

本节使用的硬件资源有温湿度传感器、光敏传感器、超声波传感器、人体红外传感器、直流电机风扇、DS0 指示灯、DS1 指示灯、蜂鸣器、报警器及 ESP8266 Wi-Fi 模块等。ESP8266 与 STM32F10x 的连接电路如图 11-1 所示。

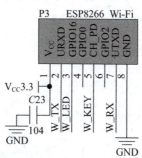

BEEP	PB8	139	PB8/TIM4_CH3/SDIO_D4
IRED	PB9	140	PB9/TIM4_CH4/SDIO_D5
USART3_TX	PB10	69	PB10/I2C2_SCI/USART3_TX
USART3_RX	PB11	70	PB11/I2C2_SDA/USART3_RX

图 11-1　ESP8266 与 STM32F10x 的连接电路

图 11-1 中，ESP8266 模块连接到 STM32F10x 的串口 3 上，使用 MQTT 协议与云平台服务器进行通信。

11.3　软件设计

软件所要实现的功能：基于 MQTT 协议和 broker.emqx.io 云服务器，实现智能硬件的远程数据采集与控制；开发板通过 ESP8266 Wi-Fi 模块连接云服务器，将各传感器的数据和状态上传至云服务器；同时，用户可以通过微信小程序控制端连接云服务器，获取开发板中各传感器数据或执行器的状态，也可以通过微信小程序对开发板智能硬件执行器设备进行控制、打开或关闭。软件包括开发板端智能感知程序和手机端微信小程序两部分。

▶▶▶ 11.3.1　开发板端智能感知程序 ▶▶▶ ▶

开发板端智能感知程序框架如下：

（1）初始化 ESP8266 Wi-Fi 模块；

（2）MQTT 应用协议的实现；

（3）编写主函数。

打开 F103ZET6LibTemplateWi-FiToCloud 工程，在 Hardware 工程组中添加 cJSON.c、OneNet.c、MqttKit.c、esp8266.c 等文件，其中包含 ESP8266 Wi-Fi 模块驱动程序。cJSON.c 是 C 语言中的 JSON 库，它可以将一个包含各种数据类型的 C 结构体转换为 JSON 格式的

字符串，也可以将 JSON 格式的字符串转换为一个 C 结构体；OneNet. c 和 MqttKit. c 文件使用 CJSON 格式，可以在 C 语言中方便地解析和生成 JSON 数据。在 STM32F10x_StdPeriph_Driver 工程组中并未添加新的库文件，仍然采用的是一个工程的模板。

1. 初始化 ESP8266 Wi-Fi 模块

ESP8266 Wi-Fi 模块的主要代码如下：

```
#define ESP8266_WIFI_INFO    "AT+CWJAP=\"TP-LINK_TEST\",\"12345678\"\r\n"
#define ESP8266_ONENET_INFO    "AT+CIPSTART=\"TCP\",\"broker. emqx. io\",1883\r\n"
```

ESP8266_WIFI_INFO 用来设置 ESP8266 连接当前 Wi-Fi 路由器的 SSID 和密码，Wi-Fi 场景不同，需要同步更新这两个参数。

```
void ESP8266_Clear(void){
    memset(esp8266_buf,0,sizeof(esp8266_buf));                //清空缓存
esp8266_cnt=0;}
Bool ESP8266_WaitRecive(void){
    if(esp8266_cnt==0)   //如果接收计数为 0,则说明没有接收数据,直接跳出结束函数
    return REV_WAIT;
    if(esp8266_cnt==esp8266_cntPre)   //如果上一次的值和这次相同,则说明接收完毕
    {esp8266_cnt=0;                        //清零接收计数
        return REV_OK;                      //返回接收完成标志
    }
    esp8266_cntPre=esp8266_cnt;             //设置为相同
    return REV_WAIT;                        //返回接收未完成标志
}
Bool ESP8266_SendCmd(char*cmd,char*res){
    unsigned char timeOut=200;
    Usart_SendString(USART3,(unsigned char*)cmd,strlen((const char*)cmd));
    while(timeOut--){
        if(ESP8266_WaitRecive()==REV_OK)         //如果接收到数据
        {if(strstr((const char*)esp8266_buf,res)!=NULL)  //如果检索到关键词
            {ESP8266_Clear();                    //清空缓存
            return 0;}
        }
        delay_ms(10);
    }
    return 1;
}
void ESP8266_SendData(unsigned char*data,unsigned short len){
    char cmdBuf[32];
    ESP8266_Clear();                              //清空接收缓存
```

```
        sprintf(cmdBuf,"AT+CIPSEND=% d\r\n",len);              //发送命令
        if(! ESP8266_SendCmd(cmdBuf,">"))                       //收到>时可以发送数据
        Usart_SendString(USART3,data,len);                     //发送设备连接请求数据
}
unsigned char*ESP8266_GetIPD(unsigned short timeOut){
    char*ptrIPD=NULL;
    do { if(ESP8266_WaitRecive()==REV_OK)                      //如果接收完成
        {   ptrIPD=strstr((char*)esp8266_buf,"IPD,");           //搜索 IPD 头
            //如果没找到,可能是 IPD 头延迟,还需要等待,但不会超过设定的时间
            if(ptrIPD!=NULL){
                ptrIPD=strchr(ptrIPD,':');                      //找到':'
                if(ptrIPD!=NULL){
                    ptrIPD++;
                    return(unsigned char*)(ptrIPD);
                } else return NULL;
            }
        }
        delay_ms(5);                                            //延时等待
        timeOut--;
    } while(timeOut > 0);
    return NULL;                                                //超时还未找到,返回空指针
}
void ESP8266_Init(void){
    ESP8266_Clear();
    UsartPrintf(USART1,"0. AT\r\n");
    while(ESP8266_SendCmd("AT\r\n","OK"))
    delay_ms(500);
    UsartPrintf(USART1,"1. AT+RST-软复位 8266");
    ESP8266_SendCmd("AT+RST\r\n","");
    delay_ms(500);
    ESP8266_SendCmd("AT+CIPCLOSE\r\n","");
    delay_ms(500);
    UsartPrintf(USART1,"2. CWMODE\r\n");
    while(ESP8266_SendCmd("AT+CWMODE=1\r\n","OK"))
    delay_ms(500);
    UsartPrintf(USART1,"3. AT+CWDHCP\r\n");
    while(ESP8266_SendCmd("AT+CWDHCP=1,1\r\n","OK"))
    delay_ms(500);
    UsartPrintf(USART1,"4. CWJAP\r\n");
    while(ESP8266_SendCmd(ESP8266_WIFI_INFO,"GOT IP"))
    delay_ms(500);
```

```
        UsartPrintf(USART1,"5. CIPSTART\r\n");
        while(ESP8266_SendCmd(ESP8266_ONENET_INFO,"CONNECT"))
        delay_ms(500);
        UsartPrintf(USART1,"6. ESP8266 Init OK\r\n");
    }
    void USART3_IRQHandler(void){
        if(USART_GetITStatus(USART3,USART_IT_RXNE)!=RESET)      //接收中断
        {if(esp8266_cnt >=sizeof(esp8266_buf))esp8266_cnt=0;        //防止串口被刷爆
            esp8266_buf[esp8266_cnt++]=USART3->DR;
            USART_ClearFlag(USART3,USART_FLAG_RXNE);
        }
    }
```

ESP8266_WaitRecive( )是等待数据接收完成的函数,用来循环调用检测数据是否接收完成;ESP8266_SendCmd( )和 ESP8266_SendData( )分别是发送命令和数据函数;ESP8266_GetIPD( )函数用于获取平台返回的数据,不同网络设备返回的格式不同,如 ESP8266 的返回格式为"+IPD,x：y",x 代表数据长度,y 代表数据内容;ESP8266_Init( )函数用于初始化 ESP8266 模块;USART3_IRQHandler( )函数是串口 3 收发中断的处理程序。

2. MQTT 应用协议的实现

固定头部消息类型为 MqttPacketType,对应的 MQTT 协议函数比较多,这里只列举发布和订阅主题相关的函数,代码如下:

```
    enum MqttPacketType{
        MQTT_PKT_CONNECT=1,      //连接请求数据包
        MQTT_PKT_CONNACK,        //连接确认数据包
        MQTT_PKT_PUBLISH,        //发布接收数据包
        MQTT_PKT_PUBACK,         //发布确认数据包
        MQTT_PKT_PUBREC,         //发布数据已接收数据包,QoS 2 时,回复 MQTT_PKT_PUBLISH
        MQTT_PKT_PUBREL,         //发布数据释放数据包,QoS 2 时,回复 MQTT_PKT_PUBREC
        MQTT_PKT_PUBCOMP,        //发布完成数据包,QoS 2 时,回复 MQTT_PKT_PUBREL
        MQTT_PKT_SUBSCRIBE,      //订阅数据包
        MQTT_PKT_SUBACK,         //订阅确认数据包
        MQTT_PKT_UNSUBSCRIBE,    //取消订阅数据包
        MQTT_PKT_UNSUBACK,       //取消订阅确认数据包
        MQTT_PKT_PINGREQ,        //ping 数据包
        MQTT_PKT_PINGRESP,       //ping 响应数据包
        MQTT_PKT_DISCONNECT,     //断开连接数据包
        MQTT_PKT_CMD             //命令下发数据包
    };
    uint8 MQTT_PacketSubscribe(uint16 pkt_id,enum MqttQosLevel qos,const int8*topics[],
    uint8 topics_cnt,MQTT_PACKET_STRUCTURE*mqttPacket){
```

```
        uint32 topic_len=0,remain_len=0;
        uint16 len=0;
        uint8 i=0;
        if(pkt_id==0)return 1;
        for(;i < topics_cnt;i++){
            if(topics[i]==NULL)return 2;
            topic_len+=strlen(topics[i]);              //计算 topic 长度
        }
        MQTT_NewBuffer(mqttPacket,remain_len+5);   //分配内存
        if(mqttPacket->_data==NULL)return 3;
        //固定头部消息
        mqttPacket->_data[mqttPacket->_len++]=MQTT_PKT_SUBSCRIBE << 4|0x02;
        //固定头部剩余长度值
        len=MQTT_DumpLength(remain_len,mqttPacket->_data+mqttPacket->_len);
        if(len < 0){
            MQTT_DeleteBuffer(mqttPacket);
            return 4;
        }else mqttPacket->_len+=len;
        //加载 pkt_id
        mqttPacket->_data[mqttPacket->_len++]=MOSQ_MSB(pkt_id);
        mqttPacket->_data[mqttPacket->_len++]=MOSQ_LSB(pkt_id);
        //加载 topic_len
        for(i=0;i < topics_cnt;i++){
            topic_len=strlen(topics[i]);
            mqttPacket->_data[mqttPacket->_len++]=MOSQ_MSB(topic_len);
            mqttPacket->_data[mqttPacket->_len++]=MOSQ_LSB(topic_len);
            strncat((int8*)mqttPacket->_data+mqttPacket->_len,topics[i],topic_len);
            mqttPacket->_len+=topic_len;
            mqttPacket->_data[mqttPacket->_len++]=qos & 0xff;
        }
        return 0;
}
uint8 MQTT_PacketPublish(uint16 pkt_id,const int8*topic,
const int8*payload,uint32 payload_len,
enum MqttQosLevel qos,int32 retain,int32 own,
MQTT_PACKET_STRUCTURE*mqttPacket){
        uint32 total_len=0,topic_len=0,data_len=0,len=0;
        uint8 flags=0;
        if(pkt_id==0)return 1;                    //检查 pkt_id 是否有效
        // $ dp 为系统上传数据点的指令
```

```
for(topic_len=0;topic[topic_len]!=' \0' ;++topic_len)
if((topic[topic_len]==' #' )||(topic[topic_len]==' +' ))return 2;
flags|=MQTT_PKT_PUBLISH << 4;                              //Publish 消息
if(retain)flags|=0x01;
total_len=topic_len+payload_len+2;                        //消息总长度
//qos 级别主要用于发布态消息,保证消息传递的次数
switch(qos){
    case MQTT_QOS_LEVEL0:
    flags|=MQTT_CONNECT_WILL_QOS0;                        //最多一次
    break;
    case MQTT_QOS_LEVEL1:
    flags|=0x02;                                          //最少一次
    total_len+=2;
    break;
    case MQTT_QOS_LEVEL2:
    flags|=0x04;                                          //只有一次
    total_len+=2;
    break;
    default:
    return 3;
}
if(payload!=NULL){
    if(payload[0]==2){
        uint32 data_len_t=0;
    while(payload[data_len_t++]!=' }' );
    data_len_t-=3;
    data_len=data_len_t+7;
    data_len_t=payload_len-data_len;
    MQTT_NewBuffer(mqttPacket,total_len+3-data_len_t);    //分配内存
    if(mqttPacket->_data==NULL)return 4;
    memset(mqttPacket->_data,0,total_len+3-data_len_t);
}else{
    MQTT_NewBuffer(mqttPacket,total_len+5);
    if(mqttPacket->_data==NULL)return 4;
    memset(mqttPacket->_data,0,total_len+5);
    }
}else{
    MQTT_NewBuffer(mqttPacket,total_len+5);
    if(mqttPacket->_data==NULL)return 4;
    memset(mqttPacket->_data,0,total_len+5);
```

```
}
//固定头部消息
mqttPacket->_data[mqttPacket->_len++]=flags;
//固定头部剩余长度值
len=MQTT_DumpLength(total_len,mqttPacket->_data+mqttPacket->_len);
if(len < 0){
    MQTT_DeleteBuffer(mqttPacket);return 5;
    }elsemqttPacket->_len+=len;
    //可变头部,写入 topic 长度和 topic 内容
    mqttPacket->_data[mqttPacket->_len++]=MOSQ_MSB(topic_len);
    mqttPacket->_data[mqttPacket->_len++]=MOSQ_LSB(topic_len);
    strncat((int8*)mqttPacket->_data+mqttPacket->_len,topic,topic_len);
    mqttPacket->_len+=topic_len;
    if(qos!=MQTT_QOS_LEVEL0){
        mqttPacket->_data[mqttPacket->_len++]=MOSQ_MSB(pkt_id);
        mqttPacket->_data[mqttPacket->_len++]=MOSQ_LSB(pkt_id);
    }
    //可变头部,写入 payload
    if(payload!=NULL){
        if(payload[0]==2){
            memcpy((int8*)mqttPacket->_data+mqttPacket->_len,payload,data_len);
            mqttPacket->_len+=data_len;
        }else{
            memcpy((int8*)mqttPacket->_data+mqttPacket->_len,payload,payload_len);
            mqttPacket->_len+=payload_len;}
    }
    return 0;
}
Bool OneNet_DevLink(void)                          //与 OneNET 平台建立连接
{MQTT_PACKET_STRUCTURE mqttPacket={NULL,0,0,0};     //协议包
unsigned char*dataPtr;
_Bool status=1;
UsartPrintf(USART_DEBUG,"OneNet_DevLink\r\n" "PROID: %s,
AUIF: %s,DEVID:%s\r\n",PROID,AUTH_INFO,DEVID);
if(MQTT_PacketConnect(PROID,AUTH_INFO,DEVID,256,0,
MQTT_QOS_LEVEL0,NULL,NULL,0,&mqttPacket)==0){
    ESP8266_SendData(mqttPacket._data,mqttPacket._len);  //上传平台
    dataPtr=ESP8266_GetIPD(250);                         //等待平台响应
    if(dataPtr!=NULL){
        if(MQTT_UnPacketRecv(dataPtr)==MQTT_PKT_CONNACK)
```

```
            {switch(MQTT_UnPacketConnectAck(dataPtr)){
                case 0:UsartPrintf(USART_DEBUG,"连接成功\r\n");status=0;break;
                case 1:UsartPrintf(USART_DEBUG,"WARN 连接失败:协议错误\r\n");break;
                case 2:UsartPrintf(USART_DEBUG,"WARN 连接失败:非法的 clientid\r\n");break;
                case 3:UsartPrintf(USART_DEBUG,"WARN 连接失败:服务器失败\r\n");break;
                case 4:UsartPrintf(USART_DEBUG,"WARN 连接失败:用户名或密码错误\r\n");break;
                case 5:UsartPrintf(USART_DEBUG,"WARN 连接失败:非法链接(如 token 非法)\r\n");break;
                default:UsartPrintf(USART_DEBUG,"ERR:连接失败:未知错误\r\n");break;
            } } }
        MQTT_DeleteBuffer(&mqttPacket);                    //删包
    }else UsartPrintf(USART_DEBUG,"WARN:MQTT_PacketConnect Failed\r\n");
    return status;
}
void OneNet_Subscribe(const char*topics[],unsigned char topic_cnt){
    unsigned char i=0;
    MQTT_PACKET_STRUCTURE mqttPacket={NULL,0,0,0};    //协议包
    for(;i < topic_cnt;i++)
    UsartPrintf(USART_DEBUG,"Subscribe Topic: % s\r\n",topics[i]);
    if(MQTT_PacketSubscribe(MQTT_SUBSCRIBE_ID,MQTT_QOS_LEVEL0,
    topics,topic_cnt,&mqttPacket)==0){
        ESP8266_SendData(mqttPacket._data,mqttPacket._len);    //向平台发送订阅请求
        MQTT_DeleteBuffer(&mqttPacket);
    }
}
void OneNet_Publish(const char*topic,const char*msg){
    MQTT_PACKET_STRUCTURE mqttPacket={NULL,0,0,0};    //协议包
    UsartPrintf(USART_DEBUG,"Publish Topic: % s,Msg: % s\r\n",topic,msg);
    if(MQTT_PacketPublish(MQTT_PUBLISH_ID,topic,msg,strlen(msg),
    MQTT_QOS_LEVEL0,0,1,&mqttPacket)==0){
        ESP8266_SendData(mqttPacket._data,mqttPacket._len);    //向平台发送订阅请求
        MQTT_DeleteBuffer(&mqttPacket);
    }
}
void OneNet_RevPro(unsigned char*cmd){
    MQTT_PACKET_STRUCTURE mqttPacket={NULL,0,0,0};
    char*req_payload=NULL,*cmdid_topic=NULL;
    unsigned short topic_len=0,req_len=0;
    unsigned char type=0,qos=0;
```

```
static unsigned short pkt_id=0;
short result=0;
char*dataPtr=NULL,numBuf[10];
int num=0;
cJSON*json,*json_value;
type=MQTT_UnPacketRecv(cmd);
switch(type){
    case MQTT_PKT_CMD:                                      //命令下发
    result=MQTT_UnPacketCmd(cmd,&cmdid_topic,&req_payload,&req_len);
    //解出 topic 和消息体
    if(result==0){
        UsartPrintf(USART_DEBUG,"cmdid: % s,req: % s,req_len: % d\r\n",
        cmdid_topic,req_payload,req_len);
        MQTT_DeleteBuffer(&mqttPacket);
    }
    break;
    case MQTT_PKT_PUBLISH:                                  //接收的 Publish 消息
    result=MQTT_UnPacketPublish(cmd,&cmdid_topic,&topic_len,
    &req_payload,&req_len,&qos,&pkt_id);
    if(result==0){
        UsartPrintf(USART_DEBUG,"topic: % s,topic_len: % d,payload: % s,
        payload_len: % d\r\n",cmdid_topic,topic_len,req_payload,req_len);
        //对数据包 req_payload 进行 JSON 格式解析
        json=cJSON_Parse(req_payload);
        if(! json)
        UsartPrintf(USART_DEBUG,"Error before: [% s]\n",cJSON_GetErrorPtr());
        else { json_value=cJSON_GetObjectItem(json,"target");
            UsartPrintf(USART_DEBUG,"json_value: [% s]\n",json_value->string);        //键
            UsartPrintf(USART_DEBUG,"json_value: [% s]\n",json_value->valuestring);    //键值
            if(strstr(json_value->valuestring,"LED")!=NULL)              //控制 DS0
            { json_value=cJSON_GetObjectItem(json,"value");
                if(json_value->valueint)LED2=0;                         //点亮 DS0
                else LED2=1;                                            //关闭 DS0
            } else if(strstr(json_value->valuestring,"ALARM")!=NULL)    //控制警报
            {json_value=cJSON_GetObjectItem(json,"value");
                if(json_value->valueint)alarmFlag=1;                   //打开警报
                else alarmFlag=0;                                      //关闭警报
            }
        }
```

```
            cJSON_Delete(json);
        }
    break;
    case MQTT_PKT_PUBACK:      //发送 Publish 消息,平台回复的 Ack
    if(MQTT_UnPacketPublishAck(cmd)==0)
    UsartPrintf(USART_DEBUG,"Tips:MQTT Publish Send OK\r\n");
    break;
    case MQTT_PKT_PUBREC:      //发送 Publish 消息,平台回复的 Rec,设备需回复 Rel 消息
    if(MQTT_UnPacketPublishRec(cmd)==0){
        UsartPrintf(USART_DEBUG,"Tips:Rev PublishRec\r\n");
        if(MQTT_PacketPublishRel(MQTT_PUBLISH_ID,&mqttPacket)==0)
        {UsartPrintf(USART_DEBUG,"Tips:Send PublishRel\r\n");
            ESP8266_SendData(mqttPacket._data,mqttPacket._len);
        MQTT_DeleteBuffer(&mqttPacket);}
    }
    break;
    case MQTT_PKT_PUBREL:
    //收到 Publish 消息,设备回复 Rec 后,平台回复 Rel,设备需再回复 Comp
    if(MQTT_UnPacketPublishRel(cmd,pkt_id)==0){
        UsartPrintf(USART_DEBUG,"Tips:Rev PublishRel\r\n");
        if(MQTT_PacketPublishComp(MQTT_PUBLISH_ID,&mqttPacket)==0)
        {UsartPrintf(USART_DEBUG,"Tips:Send PublishComp\r\n");
            ESP8266_SendData(mqttPacket._data,mqttPacket._len);
            MQTT_DeleteBuffer(&mqttPacket);
        }
    }
    break;
    case MQTT_PKT_PUBCOMP:
    //发送 Publish 消息,平台返回 Rec,设备回复 Rel,平台再返回 Comp
    if(MQTT_UnPacketPublishComp(cmd)==0)
    UsartPrintf(USART_DEBUG,"Tips: Rev PublishComp\r\n");
    break;
    case MQTT_PKT_SUBACK:      //发送 Subscribe 消息的 Ack
    if(MQTT_UnPacketSubscribe(cmd)==0)
    UsartPrintf(USART_DEBUG,"Tips:MQTT Subscribe OK\r\n");
    else
    UsartPrintf(USART_DEBUG,"Tips:MQTT Subscribe Err\r\n");
    break;
    case MQTT_PKT_UNSUBACK: //发送 UnSubscribe 消息的 Ack
```

```
            if(MQTT_UnPacketUnSubscribe(cmd)==0)
            UsartPrintf(USART_DEBUG,"Tips:MQTT UnSubscribe OK\r\n");
            else
            UsartPrintf(USART_DEBUG,"Tips:MQTT UnSubscribe Err\r\n");
            break;
            default:
            result=-1;
            break;
        }
        ESP8266_Clear();                            //清空缓存
        if(result==-1)return;
dataPtr=strchr(req_payload,'}');                    //搜索'}'
if(dataPtr!=NULL && result!=-1)                      //如果找到
{dataPtr++;
        while(*dataPtr>='0' &&*dataPtr<='9')          //判断是否是下发的命令控制数据
        numBuf[num++]=*dataPtr++;
        num=atoi((const char*)numBuf);               //转换为数值形式
}
if(type==MQTT_PKT_CMD||type==MQTT_PKT_PUBLISH)
{MQTT_FreeBuffer(cmdid_topic);
        MQTT_FreeBuffer(req_payload);}
}
```

OneNet_DevLink( )函数用于与云平台创建连接，OneNet_RevPro( )函数用于检测云平台返回的数据，OneNet_Publish( )函数用于发布消息，OneNet_Subscribe( )函数用于订阅主题。这些函数是对 MQTT 协议进行二次封装，供主函数调用。

3. 主函数

编写好各模块初始化、MQTT 协议数据函数后，就可以编写主函数了。代码如下：

```
int main(void){
        unsigned short timeCount=0;                  //发送间隔变量
        unsigned char*dataPtr=NULL;
        Usart1_Init(115200);                         //串口1初始化
        delay_init();                                //延时函数初始化
        NVIC_PriorityGroupConfig(NVIC_PriorityGroup_2); //中断优先级分组,分两组
        LED_Init();                                  //初始化与 LED 连接的硬件接口
        BEEP_Init();                                 //初始化蜂鸣器
        Lsens_Init();                                //光敏传感器初始化
        TIM4_Init(1000,36000-1);                     //定时 500ms
        Usart3_Init(115200);                         //STM32F103ZET6 与 ESP8266 通信串口
        temp_init();                                 //初始化内部温度检测 ADC
        ESP8266_Init();                              //初始化 ESP8266
```

201

```
while(OneNet_DevLink())                                    //接入 OneNET
delay_ms(500);
DEBUG_LOG("OneNET 接入成功!");
GPIO_ResetBits(LED1_PORT,LED1_PIN);                        //点亮 DS0
GPIO_ResetBits(LED2_PORT,LED2_PIN);                        //点亮 DS1
BEEP=1;
delay_ms(1000);
GPIO_SetBits(LED1_PORT,LED1_PIN);
GPIO_SetBits(LED2_PORT,LED2_PIN);
BEEP=0;
OneNet_Subscribe(devSubTopic,1);                           //订阅 topic
while(1){
    if(timeCount % 40==0){                                 //每秒执行一次
        STM32_unTemp=read_ADC();                           //读取 ADC 的值
        //若测得温度不准确,请根据实际参考手册,修改计算公式参数
        STM32_fTemp=(float)((1.43-(STM32_unTemp/4096.0)*3.3)/4.3*1000+25);
        UsartPrintf(USART1,"内部温度检测值=%4.2f\r\n",STM32_fTemp);
        delay_ms(10);
        lsens_value=Lsens_Get_Val();                       //获取光照强度
        LED1=!LED1;                                         //DS0 状态翻转
        UsartPrintf(USART1,"光照强度=%d\r\n",lsens_value);
        //各标志位状态
        DS0_Status=GPIO_ReadInputDataBit(GPIOB,GPIO_Pin_5);   //LED1 状态
        DS1_Status=GPIO_ReadInputDataBit(GPIOE,GPIO_Pin_5);   //LED2 状态
        UsartPrintf(USART1,"DS0_Status=%d\r\n",DS0_Status);
        UsartPrintf(USART1,"DS1_Status=%d\r\n",DS1_Status);
    }
    if(++timeCount >=200)//发送间隔时间为 5 s
    {UsartPrintf(USART1,"OneNet_Publish\r\n");
        DEBUG_LOG("OneNet_Publish 发布 Light+DS1+BeepAlarm 数据");
        sprintf(PUB_BUF,"{\"Temperature\":%4.2f,\"Light\":%d,\"DS1LED2\":%d,\"
BeepAlarm\":%d}",
        lsens_value,DS1_Status? 0:1,alarmFlag);   //必须与微信小程序定义的数据保持一致
        OneNet_Publish(devPubTopic,PUB_BUF);
        timeCount=0;
        ESP8266_Clear();
    }
    dataPtr=ESP8266_GetIPD(3);                             //完成这一行需要 15ms
    if(dataPtr!=NULL)
    OneNet_RevPro(dataPtr);
```

```
        delay_ms(10);
    }
}
```

主函数首先调用硬件初始化函数，包括 SysTick 系统时钟、LED 初始化、ESP8266_Init( )函数，初始化 STM32F103ZET6 芯片与 ESP8266 串口 3 等；然后调用 OneNet_DevLink( )函数接入 OneNET 平台，并且不断循环检测接入是否成功，如果成功，则蜂鸣器 BEEP 会响一声，调试串口显示"OneNET 接入成功!"，连接成功后，调用 OneNet_Subscribe( )函数订阅主题；最后进入 while 循环，每秒执行一次调用 Lsens_Get_Val( )函数读取光照强度，串口显示当前 DS0、DS1 的状态，每间隔 5 s 发布一次光敏传感器、DS1、BEEP 的状态数据，调用 ESP8266_GetIPD( )函数，向云平台获取智能硬件各模块数据，并刷新微信小程序的对应信息。DS0 指示灯不断闪烁，提示系统正常运行。

▶▶▶ 11.3.2　手机端微信小程序 ▶▶▶

1. 微信开发者工具安装与新建工程

（1）在官网 https://developers.weixin.qq.com/miniprogram/dev/devtools/download.html 下载并安装微信开发者工具稳定版安装文件，如 wechat_devtools_1.06.2308310_win32_x64.exe。安装完毕后，首次运行需要微信扫码才能进入开发主界面。创建基于 SMART-HARDWAREMINIPROGRAM 目录的小程序主界面，如图 11-2 所示。

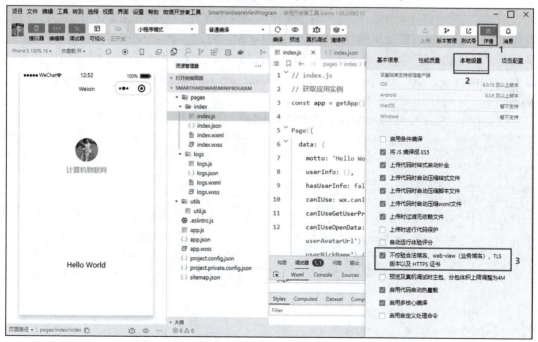

图 11-2　创建基于 SMARTHARDWAREMINIPROGRAM 目录的小程序主界面

（2）在图 11-2 中使用测试号设置 AppID，基于 JS（即 JavaScript）基础模板进行小程序设计。在主界面右侧单击"详情"下的"本地设置"选项卡，勾选"不校验合法域名、web-view（业务域名）、TLS 版本以及 HTTPS 证书"复选框。

2. 小程序 UI 底栏、头部及数据部分开发

智能硬件微信小程序的 UI 界面开发主要包括各部分的布局、图标、颜色、字体、背景等的设计，如图 11-3 所示。

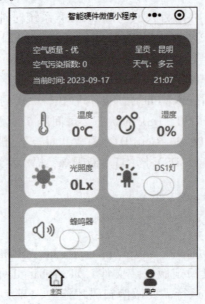

图 11-3　智能硬件微信小程序的 UI 界面

（1）在工程中新建文件夹 static，用于保存矢量图标文件，矢量图标文件可以自己创建，使用 PNG 格式，也可以使用阿里巴巴的矢量图标库（网站为 https://www.iconfont.cn/），该网站提供丰富的矢量图标下载、在线存储、格式转换等功能。本节小程序使用的矢量图标有 beepalarm. png、ds1_led. png、home. png、home_active. png、user. png、light. png、user_active. png、temperature. png 和 humidity. png。

（2）在 app. json 全局通用配置文件中设置 tabBar 底栏的两个页面相关参数，代码如下：

```
{ "pages":[
    "pages/index/index",
    "pages/logs/logs"],
  "window":{
      "backgroundTextStyle":"light",
      "navigationBarBackgroundColor": "#fff",
      "navigationBarTitleText": "智能硬件微信小程序",
      "navigationBarTextStyle":"black"
  },
  "style": "v2",
  "sitemapLocation": "sitemap. json",
  "tabBar": {
      "list": [ {
          "pagePath": "pages/index/index",
          "text": "主页",
          "iconPath": "static/home. png",
```

```
            "selectedIconPath": "static/home_active. png" },{
            "pagePath": "pages/logs/logs",
            "text": "用 户",
            "iconPath": "static/user. png",
        "selectedIconPath": "static/user_active. png"}
    ] }
}
```

（3）重新编辑 index. wxss 样式文件，设置头部和数据部分的外观参数，代码如下：

```
. page-container {                               //整个布局内边距
    padding: 10px;
    background-color: #a0ebb4;
}
. header-container {
    background-color: #3d7ef9;
    color: #ffffff;
    border-radius: 20px;
    padding: 15px 30px;
    position: relative;
    justify-content: space-between;
}
. header-container. header-airQualityLocation {
    position: relative;
    display: flex;
    justify-content: space-between;
    font-size: 32rpx;
}
. header-container. header-title {
    margin-top: 18rpx;
    display: flex;
    justify-content: space-between;
    font-size: 32rpx;
}
. header-container. header-advice {
    margin-top: 18rpx;
    font-size: 32rpx;
}
. header-container. header-datetime {
    margin-top: 18rpx;
    font-size: 32rpx;
    margin-top: 10px;                            //设置顶部边距为 10 像素
    display: flex;                               //设置元素布局方式为 flexbox
    justify-content: space-between;              //设置元素间水平距离均匀分布,左、右贴近容器边缘
```

```
    }
    //中间无线传感器和执行器节点的外观布局
    . data-container {
        margin-top: 28rpx;
        display: grid;
        justify-content: center;
        grid-template-columns: repeat(auto-fill,300rpx);
        grid-gap: 36rpx;
    }
    . data-container. data-card {
        position: relative;
        background-color: #fff;
        height: 175rpx;
        box-shadow: #d6d6d6 0 0 8rpx;
        border-radius: 36rpx;
        display: flex;
        justify-content: space-between;
    }
    . data-container. data-card. data-card_icon {
        position: absolute;
        height: 40px;
        width: 40px;
        margin-top: 12px;
        left: 32rpx;
        top: 16rpx;
    }
    . data-container. data-card. data-card_text {
        position: absolute;
        top: 36rpx;
        right: 24rpx;
        text-align: right;
        white-space: nowrap;
    }
    . data-container. data-card. data-card_title {
        font-size: 32rpx;
        color: #7f7f7f;
    }
    . data-container. data-card. data-card_value {
        padding-top: 12rpx;
        font-size: 52rpx;
        font-weight: bold;
        color: #7f7f7f;
    }
```

（4）编辑 index. wxml 布局文件，设置头部和数据部分的布局，代码如下：

```
<view class="page-container">
  <!--头部部分-->
  <view class="header-container">
    <view class="header-airQualityLocation">
      <view>
        空气质量-{{ airText }}
      </view>
      <view>
        {{ area }}-{{ city }}
      </view>
    </view>
    <view class="header-title">
      <view>
        空气污染指数: {{ airPollutionIndex }}
      </view>
    </view>
    <view class="header-weather">
      <view>
        天气:{{ weather }}
      </view>
    </view>
  </view>
  <view class="header-datetime">
    <span>当前时间: {{update}}</span>
    <span> {{uptime}}</span>
  </view>
</view>   <!--header-container END-->
<!--数据部分-->
<view class="data-container">
  <!--温度-->
  <view class="data-card">
    <image class="data-card_icon" src="/static/tempature. png"/>
    <view class="data-card_text">
      <view class="data-card_title">
        温度
      </view>
      <view class="data-card_value">
        {{Tempature}} ℃
      </view>
    </view>
  </view>
  <!--湿度-->
  <view class="data-card">
```

```
        <image class="data-card_icon" src="/static/humidity. png"/>
        <view class="data-card_text">
          <view class="data-card_title">
            湿度
          </view>
          <view class="data-card_value">
            {{Humidity}} %
          </view>
        </view>
      </view>
      <!--光照度-->
      <view class="data-card">
        <image class="data-card_icon" src="/static/light. png"/>
        <view class="data-card_text">
          <view class="data-card_title">
            光照度
          </view>
          <view class="data-card_value">
            {{Light}} Lx
          </view>
        </view>
      </view>
      <!--DS1_LED  -->
      <view class="data-card">
        <image class="data-card_icon" src="/static/ds1_led. png"/>
        <view class="data-card_text">
          <view class="data-card_title">
            DS1_LED
          </view>
          <view class="data-card_value">
            <switch  checked="{{DS1_LED}}" bindchange="onDS1LEDChange" color="#3d7ef9"/>
          </view>
        </view>
      </view>
      <!--蜂鸣器-->
      <view class="data-card">
        <image class="data-card_icon" src="/static/beepalarm. png"/>
        <view class="data-card_text">
          <view class="data-card_title">
            蜂鸣器
          </view>
```

```
        <view class="data-card_value">
            <switch checked="{{Beep}}" bindchange="onBeepChange" color="#3d7ef9"/>
        </view>
    </view>
  </view>
 </view> <!--data-container END-->
</view> <!--Page-container END-->
```

3. 连接 MQTT 服务器和订阅消息处理

(1)打开 https://unpkg.com/mqtt@4.1.0/dist/mqtt.min.js 文件，将其复制到工程下的新文件 mqtt.js 里，即加入 MQTT 客户端库。

(2)在 index.js 逻辑文件中给变量赋初值，编写事件处理函数，即数据与 UI 视图绑定和下发命令到服务器等操作，代码如下：

```
//获取应用实例
const app=getApp()
const { connect }=require("../../utils/mqtt");
const mqttHost="broker.emqx.io";              //MQTT 服务器域名/IP
const mqttPort=8084;                          //MQTT 服务器端口/8084
const deviceSubTopic="/Wi-FiToCloud/sub";     //设备订阅 topic(小程序发布命令的 topic)
const devicePubTopic="/Wi-FiToCloud/pub";     //设备发布 topic(小程序订阅数据的 topic)
const mpSubTopic=devicePubTopic;
const mpPubTopic=deviceSubTopic;
const mqttUrl=' wxs://${mqttHost}:${mqttPort}/mqtt'; //MQTT 连接路径
Page({
    data: {
        client: {},
        Temperature: 0,
        Humidity: 0,
        Light: 0,
        DS1LED2: false,
        BeepAlarm: false,
        area: "请求中",                        //城区
        city: "请求中",                        //城市
        airText: "请求中",                     //空气质量——优良
        airPollutionIndex: 0,                  //空气污染指数
        weather: "请求中"                      //天气
    },
    //事件处理函数
    onDS1LEDChange(event){
        var that=this;
        console.log(event.detail);
        let sw=event.detail.value;
        that.setData({
```

```
            DS1LED2: sw})
            if(sw){
                that. data. client. publish(mpPubTopic,JSON. stringify({
                    target: "DS1LED2",
                    value: 1
                }),function(err){
                    if(! err){
                        console. log("成功下发命令——开 DS1_LED2 灯");
                    }
                });
            } else {
                that. data. client. publish(mpPubTopic,JSON. stringify({
                    target: "DS1LED2",
                    value: 0
                }),function(err){
                    if(! err){
                        console. log("成功下发命令——关 DS1_LED2 灯");
                    }
                });
            }
        },
        onBeepAlarmChange(event){
            var that=this;
            console. log(event. detail);
            let sw=event. detail. value;
            that. setData({
            BeepAlarm: sw})
            if(sw){
                that. data. client. publish(mpPubTopic,JSON. stringify({
                    target: "BEEPALARM",
                    value: 1
                }),function(err){
                    if(! err){
                        console. log("成功下发命令——开蜂鸣器");
                    } });
            } else {
                that. data. client. publish(mpPubTopic,JSON. stringify({
                    target: "BEEPALARM",
                    value: 0
                }),function(err){
                    if(! err){
                        console. log("成功下发命令——关蜂鸣器");
                    } });}
```

```
        },
    onShow(){
        var that=this;
        that. setData({
            client: connect(mqttUrl)
        })
        that. data. client. on("connect",function(){
            console. log("成功连接 mqtt 服务器!");
            //clearInterval(toastTimer);
            wx. showToast({
                title: "连接成功",
                icon: "success",
                mask: true,
            });
            //1 s 后订阅主题
            setTimeout(()=> {
                that. data. client. subscribe(mpSubTopic,function(err){
                    if(! err){
                        console. log("成功订阅设备上行数据 Topic!");
                        wx. showToast({
                            title: "订阅成功",
                            icon: "success",
                            mask: true,
                        });}
                });
            },1000);
        });
        that. data. client. on("message",function(topic,message){
            console. log(topic);
            //message 是十六进制的 Buffer 字节流
            let dataFromDev={};
            //尝试进行 JSON 解析
            try {
                dataFromDev=JSON. parse(message);
                console. log(dataFromDev);
                that. setData({
                    Temperature: dataFromDev. Temperature,
                    Humidity: dataFromDev. Humidity,
                    Light: dataFromDev. Light,
                    DS1LED2: dataFromDev. DS1LED2,
                    BeepAlarm: dataFromDev. BeepAlarm
                })
            } catch(error){
```

```
            //解析失败,捕获错误并打印,捕获错误之后不会影响程序继续运行
            console. group(' [ $ {formatTime(new Date)}][消息解析失败]' )
            console. log(' [错误消息]' ,message. toString());
            console. log(' 上报数据 JSON 格式不正确' ,error);
            console. groupEnd()
        } })}
})
```

4. 获取实时天气预报

和风天气是中国领先的气象科技服务商,致力于运用先进的气象模型,结合大数据、人工智能技术发展智慧型气象服务。其业务主要包括气象数据分发、地理位置定位、气象可视化、个人气象服务等,在全球多个国家建有数据中心,为多家中国及全球企业和开发者提供优质的数据服务。下面调用和风天气获取实时天气预报信息。

(1)index. js 逻辑文件需要一个可用的和风天气 API,源码如下:

```
//当前用户必须申请有效 Web API 的 Key,否则得不到天气信息
//const hefengKey="9c84377675b94a9e9e91f04e028329f3";表示现在不可用
const hefengKey="4021449630ba4e82b78f3192c6727402"; //和风天气 Web API 的 Key
const hefengVIP=false;                          //false:和风天气免费 API;true:需要付费 API
```

(2)加入位置权限获取代码,在 app. json 文件第 12 行加入位置权限获取代码,便于用微信小程序获取当前地理位置。

5. 添加更新日期和时间

在 index. js 逻辑文件中添加日期和时间两个变量,分别用来存储更新日期和更新时间,然后在"获取天气实时数据"API 中获取天气更新日期和更新时间,代码如下:

```
update: "加载中",   //更新日期
uptime: "加载中",   //更新时间
```

获取天气相关数据的函数如下:

```
wx. getLocation({
    type: "wgs84",
    success(res){
        const latitude=res. latitude;
        const longitude=res. longitude;
        const key=hefengKey;
        wx. request({
            url: ' $ {geoApi}location= $ {longitude}, $ {latitude}&key= $ {key}' ,//获取地理位置
            success(res){
                console. log(res. data);
                if(res. data. code=="401"){
                    console. error("请检查你的和风天气 API 或 Key 是否正确!");
                    return;
```

```
        } try {const {   location }=res. data;
            that. setData({
                    area: location[0]. name,        //城区
                    city: location[0]. adm2          //城市
                })
        } catch(error){
            console. error(error);
        } },
    });
    wx. request({
        url: ' $ {hefengWeather}location= $ {longitude}, $ {latitude}&key= $ {key}',
        //获取实时天气数据
        success(res){
            console. log(res. data);
            if(res. data. code=="401"){
                console. error("HUAQING---请检查你的和风天气 API 或 Key 是否正确!");
                return;
            }   try {
                const {   now }=res. data;
                that. setData({
                    weather: now. text,              //天气
                    update: res. data. updateTime. slice(0,10),
                    uptime: res. data. updateTime. slice(11,16),
                })} catch(error){   console. error(error);} },
        });
    wx. request({
        url: ' $ {hefengAir}location= $ {longitude}, $ {latitude}&key= $ {key}',
        //获取空气污染数据
        success(res){
            console. log(res. data);
            if(res. data. code=="401"){
                console. error("请检查你的和风天气 API 或 Key 是否正确!");
                return;
            } try {
                const {   now }=res. data;
                that. setData({
                    airText: now. category,    //空气质量
                    airValue: now. aqi         //空气指数
                })} catch(error){
        console. error(error);} },
    });},
});
```

11.4 实验现象

　　将工程程序编译后下载到开发板内运行，可以看到 DS0 指示灯不断闪烁，表示程序正常运行。打开连接开发板的串口调试助手，调试的输出信息如下：

[LOG]/> UART1 初始化 [OK]

[LOG]/> 延时函数初始化 [OK]

[LOG]/> 中断优先初始化 [OK]

[LOG]/> LED 初始化 [OK]

[LOG]/> BEEP 初始化 [OK]

[LOG]/> 光敏传感器初始化 [OK]

[LOG]/> UART2 初始化 [OK]

0. AT

1. AT+RST-软复位 8266

2. CWMODE

3. AT+CWDHCP

4. CWJAP

5. CIPSTART

6. ESP8266 Init OK

OneNet_DevLink

PROID: 8888,AUIF: fhgfh,DEVID:6666

OneNet 连接成功

[LOG]/> OneNET 接入成功!

Subscribe Topic:/Wi-FiToCloud/sub

…

Tips: MQTT Subscribe OK

内部温度检测值=30. 05

光照强度=38

DS0_Status=0

DS1_Status=1

OneNet_Publish

[LOG]/> OneNet_Publish 发布 Light+DS1+BeepAlarm 数据

Publish Topic:/Wi-FiToCloud/pub,Msg:

{"Temperature":29. 47,"Light":21,"DS1LED2":0,"BeepAlarm":0}

…

光照强度=62

DS0_Status=0

DS1_Status=1

Publish Topic:/Wi-FiToCloud/pub,Msg:

{"Temperature":30. 32,"Light":62,"DS1LED2":1,"BeepAlarm":1}

…

启动微信开发者工具，打开 SMARTHARDWAREMINIPROGRAM 项目，单击"编译"按钮，项目若没有错误，则在模拟器中会短暂弹出"连接成功，订阅成功"提示消息，用户可以控制模拟器上的按钮与开发板进行通信。单击"真机调试"按钮，弹出真机调试对话二维码，用微信扫描二维码，即可在手机上启动 SMARTHARDWAREMINIPROGRAM 小程序，与开发板进行通信测试，手机上的运行界面与模拟器上运行的小程序功能完全相同。智能硬件微信小程序界面布局如图 11-4 所示。

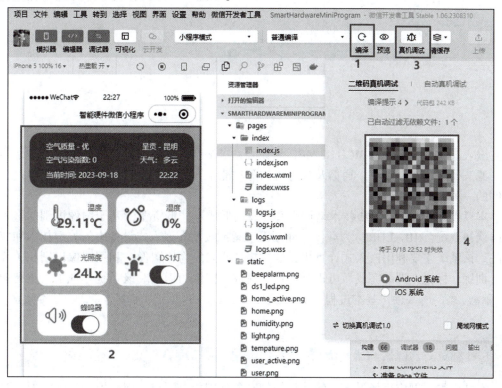

图 11-4　智能硬件微信小程序界面布局

思考题

(1) 基于嵌入式开发板和 MQTT 协议，设计一个智能家居的微信小程序。

(2) 基于嵌入式开发板和 OneNet 云平台，设计一个 RFID 智能货架的微信小程序。

第 12 章
嵌入式人工智能

嵌入式人工智能是以 MCU 或 MPU 为核心，了解基本学习或推理算法，融合传感器采样、滤波处理、边缘计算、通信及执行机构等功能于一体的嵌入式计算机系统，也是智能硬件的一种典型应用。

本章以苏州大学-ARM 技术培训中心开发的低成本、低资源的基于图像识别的嵌入式物体认知系统(AHL-EORS)为载体，介绍人工智能技术在嵌入式设备中的关键技术和应用方法。该系统主要利用嵌入式计算机，通过摄像头采集物体图像，利用图像识别相关算法进行训练、标记，训练完成后可进行推理，完成对图像的识别。该系统体现了人类智能中的"示教、学习、识别"基本过程，展示了人工智能中的"标记、训练、推理"基本要素。

12.1　AHL-EORS 数据处理基本流程

在特定物联网应用场景下，物体认知的对象类别相对固定，网络模型训练需要大量资源。由于模型参数不需要频繁更新，因此通常把消耗资源较少的推理过程部署在嵌入式终端，而将消耗资源较多的模型训练部分部署在 PC，以降低终端的资源消耗。AHL-EORS 就是基于这种思想进行设计的，它在 PC 端使用基于神经网络结构的算法模型进行样本训练，而嵌入式终端提取图像特征，利用算法推导函数与算法模型参数进行物体识别。嵌入式物体认知系统数据处理基本流程如图 12-1 所示。

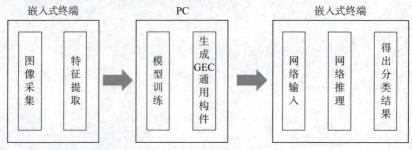

图 12-1　嵌入式物体认知系统数据处理基本流程

 12.2 模型训练算法

为便于读者更好地理解在 AHL-EORS 中基于 MobileNetV2 的图像识别算法和基于神经回路策略(Neural Circuit Policies,NCP)的图像识别算法,下面先介绍卷积神经网络的基础知识。

12.2.1 基本的卷积神经网络

卷积神经网络(Convolutional Neural Network,CNN)是模型训练的基本算法之一。从数学角度来看,最基本的 CNN 包含卷积、激活与池化 3 个组成部分。如果将 CNN 应用于图像分类,则输出结果是输入图像高级特征的集合。处理图像分类的任务,会把 CNN 输出的高级图像特征集作为全连接神经网络(Fully Connected Neural Network,FCNN)的输入,用全连接层来完成输入图像到标签机的映射,也就是图像分类。

1. 输入层

图像是对客观对象的一种相似的、生动的描述或表示。在自然的形式下,图像并不能直接由计算机进行分析,因此需要对图像进行数字化。从计算机科学的角度来看,所谓数字图像,可以理解为对二维函数 $f(x, y)$ 进行采样和离散处理后得到的图像。因此,通常用二维矩阵来表示一幅数字图像。

将一幅数字图像进行数字化的过程就是在计算机内生成一个二维矩阵的过程,数字化图像的过程包括 3 个步骤:扫描、采样和量化。扫描是按照一定的先后顺序对图像进行遍历的过程,如果按照行优先的顺序进行遍历扫描,则像素是遍历过程中最小的寻址单元。采样是指遍历过程中,在图像的每个最小寻址单元(即像素位置)对像素进行离散化,采样的结果将得到每一个像素的 RGB 值或灰度值,采样通常由光电传感器完成。量化则是将采样得到的数值通过数模转换器等器件转换为离散的整数值。

在许多问题中,可以用传统矩阵来表示 $M \times N$ 大小的数字图像 **Image**,$a_{i,j}$ 表示矩阵第 i 行第 j 列的像素数值:

$$Image = \begin{bmatrix} a_{0,0} & a_{0,1} & \cdots & a_{0,N-1} \\ a_{1,0} & a_{1,1} & \cdots & a_{1,N-1} \\ \vdots & \vdots & & \vdots \\ a_{M-1,0} & a_{M-1,1} & \cdots & a_{M-1,N-1} \end{bmatrix} \tag{12-1}$$

假设每个像素点所占的字节数为 V,则图像 **Image** 占用的空间大小为 $M \times N \times V$ 个字节。若存储一幅 32 px×32 px 的灰度图像,灰度图像每个像素用一个字节表示(即 256 个分级灰度值),则所需空间大小为 32×32×1 = 1 024 个字节。

一般来说,颜色是物体的重要特征之一,而 RGB 色彩模式是工业界的一种颜色标准,是通过对红(R)、绿(G)、蓝(B)3 个颜色通道的变化及它们相互之间的叠加来得到各式各样的颜色的。RGB 即代表红、绿、蓝 3 个通道的颜色,该标准几乎包括了人类视力所能感知的所有颜色,是运用最广的颜色系统之一。对于图像分类的卷积神经网络,其输入是 RGB 彩色图像,经过处理后,将 RGB 图像分为红色、绿色及蓝色 3 个通道,将分离后的 3 幅图像作为输入。这里的图像通道数也是图像的"深度",这样在 RGB 图像中深度为 3,

若是用灰度图像，则深度为1。

2. 卷积层

从数学角度来说，卷积是通过两个函数 h 和 g 生成第三个函数的一种数学算子，表示函数 h 与 g 经过翻转和平移的重叠部分函数值的乘积对重叠长度的积分。翻转即卷积的"卷"，指函数的翻转，从 $g(t)$ 变成 $g(-t)$ 这个过程。平移则是求积分，即卷积的"积"，连续情况下指的是对两个函数值的乘积求积分，离散情况下就是加权求和。

在图像处理中，卷积是卷积神经网络中重要的一个组成部分，其作用是通过卷积核与输入图像进行卷积操作提取图像的特征，同时过滤掉图像中的一些干扰。卷积简单来说就是对输入的图像二维数组和卷积核进行内积，即对输入矩阵与卷积核矩阵进行对应元素相乘并求和，因此单次卷积操作的结果是一个自然数。卷积核对整个输入矩阵进行遍历，最终得到一个二维矩阵，矩阵中每个元素的数值代表着每次卷积核与输入图像的卷积结果。一次完整的卷积操作，实际上就是每个卷积核在图像上滑动，与滑动过程中的指定区域进行卷积操作后得到的卷积结果，最终得到输出矩阵的过程。

在图像处理中，卷积核的一般数学表现形式为 $P \times Q$ 大小的矩阵 $(P < M, Q < N)$。设卷积核中第 i 个元素为 u_i，输入图像矩阵区域的第 i 个元素为 v_i，卷积得到的输出矩阵 v 中第 x 行第 y 列元素为 $v_{x,y}$，那么可以得出计算公式：

$$v_{x,y} = \sum_{i}^{PQ} u_i v_i \tag{12-2}$$

卷积核会依次从左往右、从上往下滑过该图像所有的区域，与滑动过程中每一幅覆盖到的局部图像 $(M \times N)$ 进行卷积，最终得到特征图像。每一次滑动卷积核都会获得特征图像中的一个元素。卷积核每次平移的像素点个数，称为卷积核的滑动步长。

卷积核在对整幅图像滑动进行卷积处理时，每经过一个图像区域得到的值越高，则该区域与卷积核检测的特定特征相关度越高。要想得到需求的图像特征，如何选用合适的卷积核是一个十分关键的问题。要根据需求选择特定的卷积核，不同的卷积核可以实现不同的检测效果，如弧度检测，锐化/模糊图像等。在卷积神经网络中，通过在训练过程中不断更新每一个卷积核的参数来调整卷积核的所有参数，使提取的图像特征更接近需求。

在终端中，卷积层所占的空间大小分为3个部分：卷积核数组、输入图像数组及输出图像数组。假设每一个数据为浮点型数据，那么输入图像大小为 $M \times N$，拥有 H 个 $P \times Q$ 大小的卷积核，而且卷积核的滑动步长为1时，卷积层所占的空间大小(字节)为

$$4 \times [M \times N + H \times P \times Q + H \times (M - P + 1) * (N - Q + 1)] \tag{12-3}$$

举一个简单的例子，假设数据为浮点型数据，若输入图像大小为 32×32，拥有 1 个 5×5 的卷积核，卷积核的滑动步长为1，该卷积层所占的空间大小(字节)为：

$$4 \times [32 \times 32 + 1 \times 5 \times 5 + 1 \times (32 - 5 + 1) * (32 - 5 + 1)] = 7\ 332$$

3. BN 层

学习神经网络，本质是学习数据分布，若训练数据和测试数据分布不同，那么网络的泛化能力就会大大降低。另外，若每批训练数据的分布不同，那么网络每次迭代都要适应不同的分布，这样会大大降低网络的训练速度。因此，需要对数据进行批量归一化预处理 (Batch Normalization，BN)。BN 层常接在激活层之前，通过这种方式可以解决在训练过程中中间数据分布发生改变的问题，以防止梯度消失或爆炸，加快训练速度。

BN 层的计算公式如下：

$$O_{b, c, x, y} \leftarrow \gamma_c \frac{I_{b, c, x, y} - \mu_c}{\sqrt{\sigma_c^2 + \varepsilon}} + \beta_c \tag{12-4}$$

其中，$I_{b, c, x, y}$ 和 $O_{b, c, x, y}$ 分别是 BN 层的输入和输出，b 表示 batch 的值，c 表示通道数，x 和 y 表示空间的维度；μ_c 是输入数据的均值；σ_c^2 是数据方差；γ_c 和 β_c 是可学习的表示分布的参数。

4. 激活层

在卷积神经网络中，上层节点的输出和下层节点的输入之间具有函数关系，这个函数关系称为激活函数，定义为 $f(x)$。激活层通过激活函数把卷积层的输出结果做非线性映射，如果不使用激活函数，那么每一层输出都是上一层输入的线性函数，无论拥有多少层神经网络，输出都是输入的线性组合，这样的效果等同于只有一层神经网络。

卷积神经网络在激活层通过激活函数的方法，将处理的数据控制在一个合理的范围中，同时提升数据处理速度。激活函数会将输出数值压缩在 $(0, 1)$ 之间，将较大数值变为接近 1 的数，较小数值变为接近 0 的数。因此，在最后计算每种可能所占比重时，Softmax 函数(含有指数函数)会将输出数值拉开距离，即大的数值比重会更大。

例如，卷积层中卷积核的部分参数数值低于 0.00 001，而图像输入的大小为 0~255，这样通过卷积层卷积处理后的特征图像的元素值在 0.00 001 左右。在经过激活函数后，将这类数值尽可能归零，而把计算重点放在激活数值较大的特征图像上，输出大的数值，这样的情况就可以看作激活。

例如，卷积输出矩阵的第 x 行第 y 列元素及该层偏置 w 经过激活函数 $f(x)$ 后的结果 $z_{x, y}$ 的计算公式为

$$z_{x, y} = f\left(\sum_i^{PQ} u_i v_i + w\right) \tag{12-5}$$

常用的激活函数有 ReLU、sigmoid、tanh、Leaky ReLU 等。相对于其他图像来说，简单物体识别场景的环境噪声小，层次结构组成单一。因此，采用的激活函数可作为修正线性单元函数，其特点是收敛快、求梯度简单，但较脆弱。该函数可以表示为

$$f(x) = \max(kx, 0) \tag{12-6}$$

其中，k 为上升梯度，在 ReLU 激活函数中，k 的取值为 1。

对于激活层来说，占用的存储空间主要是输入与输出的二维矩阵，且二维矩阵的大小没有发生改变，因此本层占用的存储空间是输入矩阵大小与输出矩阵大小之和。

5. 池化层

池化实际上是降采样的一种形式，它使用矩形窗体在输入图像上进行滑动扫描，并且通过取滑动窗口中的所有成员中最大、平均或其他的操作来获得最终的输出值。

池化层对每一幅输入的特征图像都会进行缩减操作，进而减少后续的模型计算量，同时模型可以抽取到更加广泛的特征。池化层的作用也可以描述为模糊图像，丢掉一些不是那么重要的特征，保留有用信息。

池化层一般包括均值池化、最大池化、高斯池化、可训练池化等。目前常用的池化操作有最大池化法和均值池化法两种。

池化层所占的存储空间为输入经过池化压缩后的二维矩阵，设每个数据为浮点型，则

对于 $E×F$ 大小的输入图像使用 $R×S$ 截取窗口的最大值池化，该层所占用的空间大小为

$$\times \left(\frac{E \times F}{R \times S} \right) \qquad (12-7)$$

举一个简单的例子，假设数据为浮点型数据，经过卷积操作得到池化层输入图像大小为 28×28，池化操作的截取窗口大小为 2×2，则改成所占用的空间大小（字节）为

$$4 \times \left(\frac{28 \times 28}{2 \times 2} \right) = 784$$

6. 全连接层

当在处理图像分类任务时，会把 CNN 输出的图像高级特征集作为 FCNN 的输入，用全连接层来完成从输入图像到标签集的映射，也就是将图像分类。

神经网络是由具有适应性简单的单元组成的互联网络，其原理是模拟生物神经系统对真实世界物体所做出的交互反应。FCNN 是一种多层次的全连接网络，它的输入是多次卷积/池化的结果，输出是分类结果。

假设单层的全连接网络拥有 x 个输入神经元、y 个输出神经元，则该层共占用的空间大小为 $4×[x+y+(x×y)]$。

7. 输出层

Softmax 是分类网络中最常见的最后一层的激活函数，用于生成概率值，但由于 Softmax 不太适用于开集识别，会出现当识别未知类时置信度过高的问题。因此，通常使用 Openmax 替代 Softmax 函数。Openmax 主要分为两部分：构建 Weibull 模型和得分修正。

（1）构建 Weibull 模型。根据模型配置文件中已计算好的每个类别的平均中心向量和训练样本与平均中心向量之间的距离拟合 Weibull 模型。

（2）得分修正。Openmax 主要是通过对 Softmax 前一层特征进行处理，也就是对全连接层的输出向量进行处理。首先对输出向量值进行排序，对于值大小较为靠前的多个值赋予一定的修正权重（即修正力度），然后计算新输入样本到平均中心向量的距离值，再通过 Weibull 累积分布函数计算该样本偏离当前样本类的概率（即不属于当前样本类的概率），最后通过偏离概率及修正权重计算修正后的 Openmax 得分。其中代表未知类的新元素是原始激活向量 V_A 和修改后的激活向量 V_{Am} 之间的差所累加起来的值。具有 $N+1$ 个变量的 Openmax 得分映射到概率域即可完成对物体的识别，如果输入是已知的类别，那么 Openmax 的输出就是已知的具体某个类别，如果测试时输入的为未知的类别，那么最终的输出就是未知的。

综上所述，卷积神经网络分为卷积层、池化层及全连接网络层 3 种网络结构，针对每一层的不同结构，可使用不同的训练方式进行训练。

▶▶▶ 12.2.2 基于 MobileNetV2 的图像识别算法 ▶▶▶

轻量级网络 MobileNetV2 模型对传播网络进行了结构性优化设计，把标准卷积分解成深度卷积和逐点卷积，用深度可分离卷积代替传统的卷积方式，在保证模型性能的情况下降低了模型所占的资源大小，大幅降低了终端参数量和计算量，进一步降低了模型部署门槛。

1. 网络结构

MobileNetV2 网络在每层的传播过程中都需要使用前一层输出的特征图像、本层的权

重、偏置数组和输出的特征图像数组，其网络结构如图 12-2 所示。框中的函数 conv2d 表示普通卷积，DW 代表深度卷积，AvgPool 代表全局平均池化；框中的数字代表卷积核的大小；框下的数字代表经过处理后的特征图像输出大小。

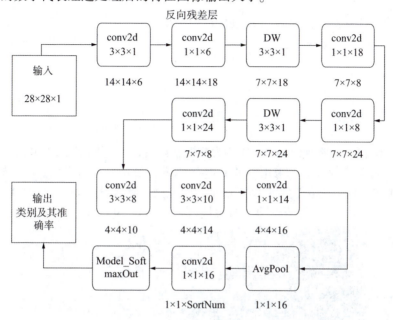

图 12-2　MobileNetV2 的网络结构

2. PC 端训练程序

因为 AHL-EORS 系统的主芯片的计算能力和存储空间有限，其数据采集训练平台 AHL-EORS-CX 需要运行在上位机 PC 上，所以在训练程序过程中使用 Tkinter 模块进行界面设计，用图像界面交互的方式实现基本参数和图像数据的输入。

3. 终端推理程序

终端 MobileNetV2 推理程序主要包括降采样、归一化、卷积层、反向残差层、全局平均池化层和输出层等模块。

►►► 12.2.3　基于神经回路策略的图像识别算法 ►►► ►

基于 CNN 构建 NCP 的基本思想：先通过 CNN 提取图像特征并降低维度，然后在输入 NCP 网络中进行分类。为了能在低资源的嵌入式终端上运行，需要对 NCP 网络进行一定调整，即在输入 NCP 网络前的 CNN 由一层卷积、一层池化、一层卷积、一层池化、一层平铺和一层全连接组成，之后的 NCP 网络包含 4 层 NCP 神经层。

1. 网络结构

通过 CNN 提取出图像特征之后，将进入神经回路策略网络。神经回路策略网络是基于液态时间常数(Liquid Time Constant，LTC)神经元和突触模型设计的稀疏循环神经网络，其优势是可以用很少的神经元实现高维对低维的映射。

2. PC 端训练程序

NCP 网络训练过程如下：首先通过感知神经元获取信息，然后传递给中间神经元和命令神经元进行处理,最后产生输出决策并传递给运动神经元。由于 NCP 网络是自行设定的网络,因此可通过初始化函数调整具体的网络结构,训练程序也是部署在上位机 PC 上的。

3. 终端推理程序

NCP 网络结构在终端的推理过程包括预处理层(即降采样和归一化)、卷积神经网络 CNN 层(一层卷积、一层池化、一层卷积、一层池化、一层平铺和一层全连接)和 NCP 神经层。

12.3　AHL-EORS 嵌入式终端

AHL-EORS 嵌入式终端使用 D1-H 作为微控制器核心,外围搭载 2.8 寸(240 px×320 px)彩色 LCD 显示屏与摄像头等,采用标准 USB 接口进行数据传输与系统供电,如图 12-3 所示。其中,摄像头用于获取图像的 LCD 显示,图像大小默认设置为 112 px×112 px,接口底板上含有光敏、热敏、磁阻等传感器,外设接口有 UART、SPI、I2C、A/D、PWM 等。

图 12-3　AHL-EORS 嵌入式终端

系统软件资源可从苏州大学嵌入式学习社区下载,主要资源有:集成开发环境 AHL-GEC-IDE(4.53).exe、工程资源 AHL-EORS-D1-H-V2.0.rar(资源中除源码,还包含数据手册、开发手册、数据集样例、串口驱动工具等)、数据采集训练平台 AHL-EORS-CX 2.3.exe 及交叉编译工具链 riscv64-elf-mingw.rar。

▶▶▶ 12.3.1　开发环境部署 ▶▶▶

嵌入式终端集成开发环境(Integrated Development Environment,IDE)在 PC 端的操作系统为 Windows 10。

(1)双击 AHL-GEC-IDE(4.53).exe 安装文件,根据界面提示进行安装。推荐选择默认安装在 D 盘,默认安装文件夹为 D:\AHL-GEC-IDE(4.53)。安装界面出现后,可根据提示进行安装。应勾选"添加环境变量"复选框,否则 IDE 会出现无法找到编译器的问题。

(2)解压 riscv64-elf-mingw.rar 文件到 AHL-GEC-IDE-V4.53 目录中,右击"我的电脑"图标,在弹出的快捷菜单中单击"属性"命令,单击右上角的"高级系统设置"选项,单击"环境变量""系统变量"下的"Path"选项,单击"编辑"选项,选择"新建"选项,选择

riscv64-elf-mingw 文件夹下的 bin 文件夹，单击"确定"按钮。

（3）查看 riscv64-elf-mingw 是否安装成功。右击"开始"按钮，在弹出的快捷菜单中选择"运行"命令，在"打开"文本框中输入 cmd 并确定，在打开的运行框中输入 riscv64-unknown-elf-gcc-v 并确定，可查看 riscv64-elf-mingw 是否安装成功，交叉工具链安装成功如图 12-4 所示。

图 12-4　交叉工具链安装成功

安装完成后，提示重启计算机，这是由于写入了环境变量，需要重启生效，重启计算机后完成 IDE 的安装。

▶▶▶ 12.3.2　工程编译下载 ▶▶ ▶

（1）解压 AHL-EORS-D1-H-V2.0.rar 文件到 D 盘根目录，运行开发环境 AHL-GEC-IDE，在 IDE 中单击"文件"下的"导入工程"选项，导入\04-Software\EORS_DataSend_Gray 工程。AHL-GEC-IDE 的工程布局的左侧为工程目录，右边为文件编辑区，初始显示 main.c 文件的内容，如图 12-5 所示。为便于自行编译，在工程目录中若存在 Debug 文件夹，则删除此文件夹，此文件夹是源程序编译链接后产生的机器码 .hex 文件的存放位置。

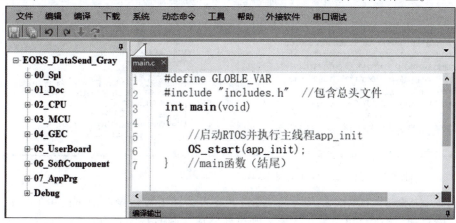

图 12-5　AHL-GEC-IDE 的工程布局

（2）编译工程。单击"编译"下的"编译工程"选项，开始编译。正确的情况下，系统会重新生成 Debug 文件夹，内含机器码 .hex 文件，如图 12-6 所示。若出现不正确的编译情况，则可能是 riscv64-elf-mingw 交叉编译工具链没有找到，可重新启动计算机再编译一次。

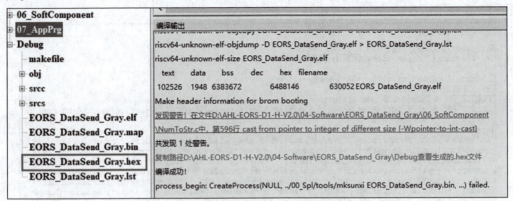

图 12-6　工程编译成功

（3）硬件连接。用硬件套件内的连接线连接目标板与 PC 或笔记本电脑上的 USB 接口。注意，Type-C 接小板子上的接口，USB 接 PC 或笔记本电脑上的 USB 接口。

（4）软件连接。单击"下载"下的"串口更新"选项，将进入更新窗体界面。单击"连接GEC"按钮，找到目标 GEC，提示串口号和目标名称与版本等信息，此时"连接 GEC"按钮变为"重新连接 GEC"，目的是允许用户再次连接当前 GEC 模块或其他的 GEC 模块，如图12-7 所示。

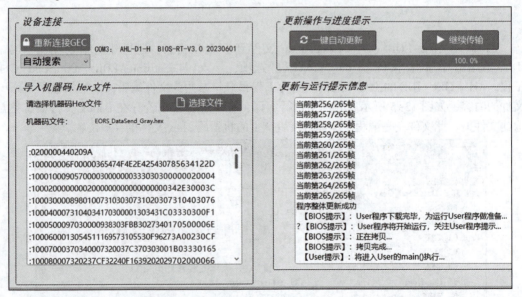

图 12-7　硬件连接

（5）下载机器码。单击"选择文件"按钮，导入编译工程目录下 Debug 中的 .hex 文件，单击"一键自动更新"按钮，等待程序自动更新完成。此时程序自动运行，可在"更新与运行提示信息"列表框中观察目标板运行情况。

▶▶│12.3.3　数据采集 ▶▶▶

（1）双击 AHL-EORS-CX 2.3.exe 文件进行安装，该软件默认安装地址为D：\AHL-EORS-CX 2.3。单击"下一步"按钮，选择是否创建桌面快捷方式（默认为创建），再次单击"下一步"按钮，单击"安装"按钮，最后单击"完成"按钮，即可完成对 AHL-EORS-CX 软件的安装，安装完成效果如图12-8所示。

图 12-8　安装完成效果

（2）要进行机器学习，就要有学习样本。例如，要识别 K、M、S 三个字符，第一步需要做的就是对这 3 个字符进行图像特征的提取，并且分别保存在 3 个 .txt 文件中，这 3 组图像数据的集合称为"数据集"，其中每一组图像数据称为一个样本。

在终端上运行 EORS_DataSend_Gray 程序准备数据采集，摄像头对准被采集的图片，同时将终端串口与 PC 相连，单击"通用采集软件"按钮，选择设备连接 GEC 的一样的串口号，如 COM3，单击"打开串口"按钮，随后单击"选择路径"按钮，出现选择文件路径界面，选择要保存的具体文件位置，单击"开始采集"按钮，这样采集到的图像数据便源源不断地通过串口传输并保存到 PC 端。此时存放数据集的文件名为"ModelTrain x 年 x 月 x 日 x 时 x 分 x 秒 .txt"，采集一组完整的图像数据后，系统会显示采集到的这幅图像，同时显示二值化后的图像。终端摄像头获取的图像数据如图12-9所示。

图 12-9　终端摄像头获取的图像数据

对应 PC 端采集的图像数据如图 12-10 所示。

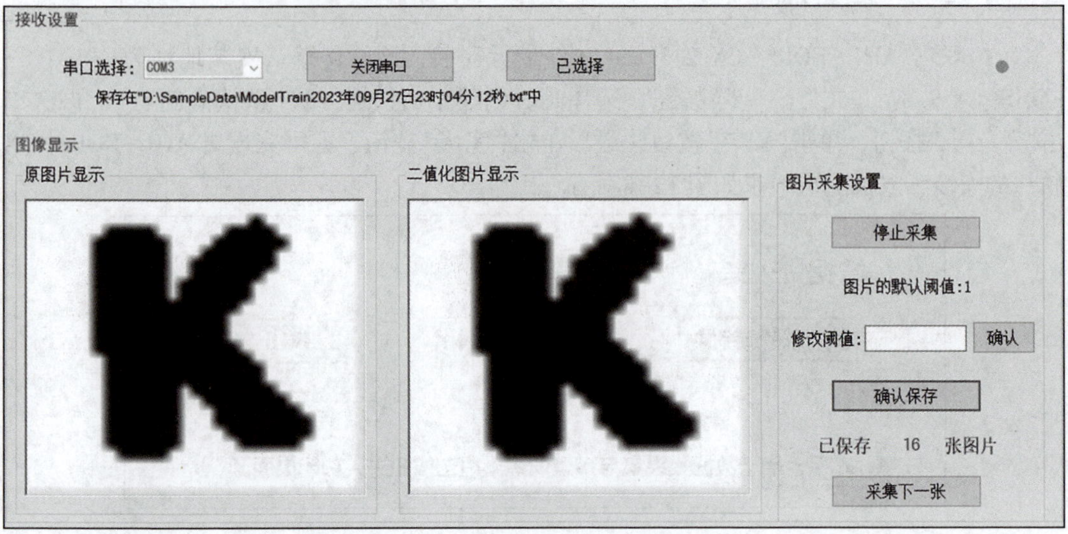

图 12-10　对应 PC 端采集的图像数据

若显示的图像清晰且无其他干扰，满足采集要求，可单击"确认保存"按钮，将这幅图像添加到物体数据集中，否则可通过修改阈值调整图像清晰度。阈值大小应为 0~255，若输入非法字符则将进行弹窗提示，若调整后图像依旧不清晰，则可单击"采集下一张"按钮，放弃这幅图像。需要注意的是，在图像的采集即数据集的获取过程中，应对物体在整幅图像中的相对位置与大小进行全面采集。同时，为了提高模型的准确率和推理的正确率，例如，若识别"苹果"模型的准确率要达到 90%，一般要求至少采集 500 张苹果图像的数据。

（3）继续采集字符 M 和 S 的图像，采集完成所有的该图像数据集之后，将所有的 .txt 文件按照类别合并，存放在对应的 .txt 文件中。将文件名改为对应的类别名即 k.txt、m.txt 和 s.txt。

这样便完成了嵌入式物体认知系统 3 个步骤中的第一步——标记。

▶▶▶ 12.3.4　上位机训练 ▶▶▶

为了能让终端设备识别具体的对象，必须对采集到的对象数据集进行训练，获取图像特征，建立模型。这样在面对新的对象时，终端设备会根据训练的模型进行推理，通过计算预测识别该对象。

认知系统提供两种图像识别算法用于模型训练，一种是基于 MobileNetV2 的图像识别算法，另一种是基于 NCP 的图像识别算法。下面基于 NCP 的图像识别算法介绍如何使用模型训练软件进行数据集的训练。

（1）单击 AHL-EORS-CX 软件中的 NCP 按钮，当程序运行成功后，可以输入物体种类数及选择图像格式。本次训练以识别 3 个字符为例，数据采集为灰度图像。在输入物体种类数 3 后，选择"灰度图像"单选按钮，如图 12-11 所示。

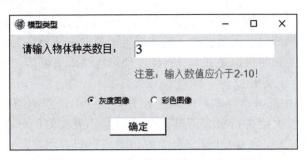

图12-11 输入训练图片集种类数目和类型

（2）单击"确定"按钮，打开"训练模型"窗口，如图12-12所示。读取数据集k.txt、m.txt和s.txt，即单击对应每个类别数据集后的"选择文件"按钮，选择对应的数据集文件。在确定每个类别的训练集与测试集之后，继续选择模型构件的保存位置。单击"模型生成路径"后的"选择文件夹"按钮，选择模型输出的文件夹。

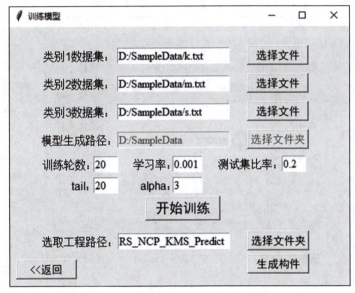

图12-12 "训练模型"窗口

窗口中还提供了"训练轮数""学习率""测试集比率"、tail、alpha五个参数供对机器学习有较深研究的人员使用，此处保持默认即可。

①训练轮数。训练轮数越高，模型对数据集的拟合越高，耗时也会更长。模型收敛即可停止迭代。一般采用验证集作为停止迭代的条件，如果连续几轮模型损失都没有相应减少，则停止迭代。

②学习率。学习率作为监督学习及深度学习中重要的参数，用来控制网络模型的学习进度，决定这个网络模型能否成功，或者需要多久找到全局最小值，从而得到全局最优解。一般来说，学习率过大则学习的速度过快，可能会忽略某些阶段，直接进入下一阶段进行学习。例如，网络模型中需要的最佳值为50，我们所设置的是50，则可一步到位，若设置的为10，多走几步依然可以到达，若设置的为100，则直接跳过50，这样就会忽略最优值。若学习率设置得太小，网络收敛非常缓慢，也就是步长太小，可能造成进入局部极值点就收敛，没有找到真正的最优解。在训练过程中，一般根据训练轮数动态设置学习

率，刚开始训练时，学习率以 0.01~0.001 为宜，一定轮数过后进行微调即可。

③测试集比率。训练时，需要在输入的数据集里分出一部分作为测试集，用来验证训练出的模型准确率。测试集应该足够大，这样能使训练结果更可信。一般分配比例为训练集与测试集比例为 7∶3 或 8∶2。

④tail。每个类别中的每个样本对应向量和其类别中心的距离需要进行排序，并针对排序后的 tail 个尾部极大值进行极大值理论分析。这些极大值的分布符合 Weibull 分布，因此使用 Weibull 分布来拟合 tail 个尾部极大的距离，得到一个拟合分布的模型。tail 值越大，模型对未知类识别的能力越强，但是过高会影响对部分已知类的判断。

⑤alpha。对全连接层的元素值进行排序，仅前 alpha 个值会进行修正，越靠前的值修正力度越大。alpha 值越大，对未知类识别的能力越强，但是过高也会影响对已知类的判断，较好的范围是 $2 \sim (k-1)$，其中 k 为类别数。

（3）单击"开始训练"按钮，系统便开始训练模型，训练结束后，模型的训练准确率将会在提示窗口中显示，如图 12-13 所示。

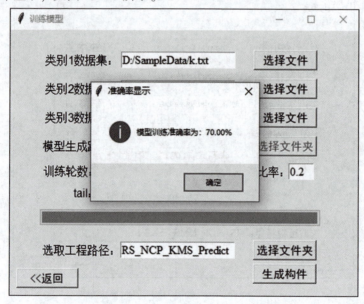

图 12-13 "准确率显示"对话框

训练完成后，若对模型的训练准确率不满意，则可继续单击"开始训练"按钮，对模型进行训练，直到模型的训练准确率趋于平稳或达到用户预期为止。需要重新训练或选取物体种类时，可单击左下角的"返回"按钮，返回上一个界面。注意，返回后将丢失目前的模型和训练进度。

若进行多次训练后，训练准确率依然无法得到明显的提升，则应结束训练。太多次的训练也会产生不良影响，如模型过拟合，即对训练样本识别得很好，但在应用时识别效果变差。

（4）在训练完成之后，在图 12-12 中选取工程路径 EORS_NCP_KMS_Predict，单击"生成构件"按钮。确定写入后，程序将自动生成可以直接在嵌入式工程中编译的模型参数配置文件 model_init.c、model_init.h、model_md.c、model_md.h，并覆盖工程中原有的文件，如图 12-14 所示。

图 12-14　生成构件的配置文件

12.3.5　终端推理

经过模型训练后，已经获得 K、M 和 S 字符的图像特征，并更新 EORS_NCP_KMS_Predict 工程中的模型参数配置文件 model_init.c 和 model_init.h，下面就应在终端设备上通过推理识别这 3 个字符。

在 AHL-GEC-IDE 中导入 EORS_NCP_KMS_Predict 终端推理工程，删除 Debug 文件夹，然后重新编译工程，连接串口，将编译好的机器码下载到终端设备。将 K、M 和 S 中的某张字符卡片放置在距离摄像头前 20 cm 左右的位置，终端通过推理程序可以识别该字符，并在上位机端输出相应的信息。

基于 MobileNetV2 的图像识别算法识别字符的步骤与基于 NCP 的图像识别算法识别字符的步骤类似，此处不再赘述。

🛞 **思考题** ▶▶ ▶

（1）基于 NCP 的图像识别算法识别某几个字符串。

（2）基于 NCP 的图像识别算法识别某几个常见商品的 Logo。

（3）基于 MobileNetV2 的图像识别算法识别某一种蔬菜或水果。

参 考 文 献

［1］STMicroelectronics. STM32F103xE datasheet［EB/OL］.［2024-06-05］.https：//www.all-datasheetcn.com/datasheet-pdf/pdf/506701/STMICROELECTRONICS/STM32F103xE.html.

［2］STMicroelectronics. STM32F10X 标准外设库 STM32F10x_StdPeriph_Lib_V3.6.0［EB/OL］.［2024-06-05］. https：//www.st.com.cn/zh/embedded-software/stsw-stm32054.html.

［3］ARM Limited. MDK528 开发工具［EB/OL］.［2024-06-05］.https：//www.keil.com/download/product/.

［4］ARM Limited，Keil. STM32F1xx_DFP.2.4.0.pack 芯片包［EB/OL］.［2024-06-05］.https：//www.keil.arm.com/packs/stm32f1xx_dfp-keil/boards/.

［5］教育部高等学校计算机类专业教学指导委员会，物联网工程专业教学研究专家组. 高等学校物联网工程专业规范(2020 版)［M］. 北京：机械工业出版社，2021.

［6］深圳市普中科技有限公司. 玄武 F103 开发工具［EB/OL］.［2024-06-05］.http：//www.prechin.cn/stm/217.html.

［7］深圳市普中科技有限公司. STM32F1xx 开发攻略［EB/OL］.［2024-06-05］.https：//max.book118.com/html/2020/1023/5323111112003013.shtm.

［8］王宜怀. 嵌入式技术基础与实践——基于 STM32L431 微控制器［M］. 6 版. 北京：清华大学出版社，2021.

［9］苏州大学嵌入式学习社区. AHL-GEC-IDE 开发工具［EB/OL］.［2024-06-05］.https：//sumcu.suda.edu.cn/AHLwGECwIDE/list.htm.

［10］苏州大学嵌入式学习社区. AHL-EORS 开发套件［EB/OL］.［2024-06-05］.https：//sumcu.suda.edu.cn/AIwEORS/list.htm.

［11］李斌. 嵌入式人工智能［M］. 北京：清华大学出版社，2023.